Android 入门教程

高　莲　张榆锋　编著

科 学 出 版 社
北　京

内 容 简 介

本书是一本适合初学者使用的移动平台应用开发实践教材，内容涵盖Android操作系统及架构、Android Studio开发平台的使用、Android Studio项目结构、Activity组件及生命周期、Activity常用及高级控件、Service组件及其应用、网络编程等。本书以Android程序开发基础知识讲解为先导，以案例说明和工程实践为特色，使读者理解、巩固并掌握各部分知识点，提高读者综合利用相关知识完成项目需求分析、过程设计及功能代码的能力，以满足Android移动平台应用开发的要求。建议学时不少于54学时，且各章内容相对独立，可进行适当增减。

本书既可作为没有实际编程经验的本、专科学生Android必修课或选修课教材，也可以作为本、专科学生自学Android操作系统的入门教材，还可作为Android应用程序开发公司职员入职培训教材。

图书在版编目(CIP)数据

Android入门教程 / 高莲，张榆锋编著. —北京:科学出版社，2020.8
ISBN 978-7-03-063913-4

Ⅰ.①A… Ⅱ.①高… ②张… Ⅲ.①移动终端-应用程序-程序设计-高等学校-教材 Ⅳ.①TN929.53

中国版本图书馆CIP数据核字（2019）第287879号

责任编辑：华宗琪 朱小刚 / 责任校对：彭 映
责任印制：罗 科 / 封面设计：墨创文化

科 学 出 版 社 出版
北京东黄城根北街16号
邮政编码：100717
http://www.sciencep.com

四川锦瑞印刷有限责任公司印刷
科学出版社发行 各地新华书店经销

*

2020年8月第 一 版 开本：787×1092 1/16
2020年8月第一次印刷 印张：17 1/2
字数：400 000

定价：79.00元
（如有印装质量问题，我社负责调换）

前　　言

随着移动互联网时代的到来，智能手机爆炸式发展并成为人们获取信息最便捷、最直接的设备。Google 的 Android 操作系统是基于 Linux 开放性内核的手机操作系统，凭借良好的用户体验、低廉的成本和较高的开放性，吸引着越来越多的终端厂商。

目前中国拥有世界最大的手机用户群，各手机制造企业及应用程序开发企业对 Android 工程师需求量大，高等院校肩负着相关人才的培养任务。但在目前的培养过程中，依赖教师讲授，面对庞大的 Android 知识体系，学生望而生畏，有必要编写一本简单有效的入门教材。作者与复旦大学余锦华教授合作申请"移动平台应用开发实践"Google 教改项目，并借鉴学习复旦大学相关课程教学课件、实验指导手册、病例信息采集应用程序系统等教学内容，编写本书。

本书以 Android 程序开发基础知识讲解为先导，以案例说明和工程实践为特色，使高等院校学生掌握运用数据库、HTML、XML 及 Java 程序设计语言进行 Android 应用软件开发的方法。本书各个章节内容安排如下：

第 1 章 Android 简介，简要介绍 Android 操作系统及其架构、Android Studio（AS）开发平台搭建、Android 程序开发及运行。

第 2 章 Android 应用程序结构，详细介绍 Android 应用程序组件、Android Studio 项目结构及 Android Studio 程序调试功能。

第 3 章 Activity 组件，主要介绍使用 Android Studio 如何创建、配置和使用 Activity，每个 Activity 的生命周期，以及多个 Activity 如何进行信息交互。

第 4 章 Android 常用基本控件及其布局，介绍 Android 程序中常用的基本控件（TextView、Button、EditText、CheckBox、RadioButton 等）及常用布局控件（LinearLayout、RelativeLayout、AbsoluteLayout、TableLayout、GridLayout、FrameLayout 等），并通过计算器示例程序进一步说明它们的使用方法。

第 5 章 Android 控件进阶一，主要介绍 ImageView、ImageButton、ToggleButton、AnalogClock、DigitalClock、ListView 和 Spinner 等控件的使用方法。

第 6 章 Android 控件进阶二，主要介绍用于图片集浏览的 Gallery 控件及多界面程序设计常用控件，包括：①用于简化程序操作的 Menu 控件；②用于显示较耗时操作进度以提高界面友好性的 ProgressBar 控件；③用于用户交互的 Toast 及 Dialog 对话框控件；④用于实现代码重用并改善用户体验而将 Activity 中的图形用户界面（GUI）组件进行分组和模块化管理的 Fragment 控件。

第 7 章数据存储，主要介绍 SharedPreferences、文件存储、SQLite 数据存储三种常用的数据存储方式。

第 8 章 ContentProvider 组件，主要介绍通过 ContentProvider 不同应用借助统一资源标识符(URI)以统一方式交换存储于数据库、文件及网络中的无安全隐患数据。

第 9 章 Service 组件及网络应用，主要介绍 Service 的定义、配置、启动及生命周期等基础知识，并通过示例说明其使用方法。此外，还简要介绍通过 HttpURLConnection 访问网络资源以及针对传输控制协议/网际协议(TCP/IP)的 Socket 编程实现。

本书涵盖了 Android 操作系统及架构、Android Studio 环境平台、Android 程序结构、四大组件、常用控件、数据存储、网络访问等，通过丰富的案例及工程实践说明各知识点的具体使用方法。本书既可作为没有实际编程经验的本、专科学生 Android 必修课或选修课教材，也可以作为本、专科学生自学 Android 的入门教材，还可作为 Android 应用程序开发公司职员入职培训教材，建议学时不少于 54 学时，且各章内容相对独立，可进行适当增减。

欢迎广大本专科院校相关专业学生选用本书，但因作者水平有限，难免存在疏漏或不足之处，欢迎广大读者批评指正，以便作者进一步改进，在此深表谢意。作者的联系方式为 gaolian@ynu.edu.cn。

在本书编写过程中，得到了陈建华教授、任文平副教授、李鹏副教授、梁竹关副教授等的大力支持，特此表示感谢。

目　　录

第1章 Android简介

随着移动互联网时代的到来，智能手机爆炸式发展并成为人们获取信息最便捷、最直接的设备。而 Google 的 Android 操作系统因开源、价廉、兼容性强等优点，成为世界市场占有率第一的智能手机操作系统。

本章简要介绍 Android 操作系统及其架构、Android Studio (AS)开发平台搭建、Android 程序开发及运行。

1.1 Android操作系统及其架构

1.1.1 Android操作系统发展历史

Android操作系统是Google和开放手机联盟合作开发的一款基于Linux修订版本的开源操作系统，主要用于智能手机、平板电脑等移动终端设备。2007 年 11 月 5 日最早的 Android 1.0 Beta 发布，开放手机联盟中 34 家手机制造商、软件开发商、电信运营商以及芯片制造商对其表示支持并共同开发 Android 操作系统的开放源代码。从此，通过不断修复已有 Android 操作系统中存在的缺陷(bug)并添加相关新功能形成以下更新版本：

2009 年 2 月 2 日，Android 1.1——Petit Four；

2009 年 4 月，Android 1.5——Cupcake；

2009 年 9 月，Android 1.6——Donut；

2009 年 10 月/2010 年 1 月，Android 2.0/2.1——Éclair；

2010 年 5 月，Android 2.2——Froyo；

2010 年 12 月，Android 2.3——Gingerbread；

2011 年 2 月、5 月、7 月，Android 3.0/3.1/3.2——Honeycomb；

2011 年 10 月，Android 4.0——Ice Cream Sandwich；

2012 年 7 月、11 月，2013 年 7 月，Android 4.1/4.2/4.3——Jelly Bean；

2013 年 10 月，Android 4.4——KitKat；

2014 年 11 月、2015 年 3 月，Android 5.0/5.1——Lollipop (Android L)；

2015 年 5 月，Android 6.0——Marshmallow (Android M)；

2016 年 8 月，Android 7.0——Nougat (Android N)；

2017 年 8 月，Android 8.0——Oreo (Android O)；

2017 年 12 月, Android 8.1——Oreo (Android O)；

2018 年 8 月，Android 9.0——Pie (Android P)。

1.1.2 Android 操作系统的优点

作为 Google 大力倡导的智能手机操作系统，Kantar 2018 年第一季度的市场调研结果显示 Android 操作系统全球市场份额已超过 60%。这得益于其一系列无法比拟的优势，如下所述：

(1) 平台开放性。Android 平台的开放性允许任何移动终端厂商加入 Android 联盟中，吸引更多的开发者，使系统很快走向成熟。此外，开放性使消费者可使用丰富的软件资源，提高手机产品的竞争力。

(2) 丰富的硬件选择。由于 Android 的开放性，国内外各大手机生产厂家纷纷推出相应的 Android 平台手机及相关电子设备，华为、小米、Vivo、HTC、索尼爱立信、魅族、摩托罗拉、夏普、LG、三星、联想等，机型数不胜数。尽管各设备有功能差异，但相同的操作系统使它们之间的数据同步成为现实，应用软件也可兼容。

(3) 方便开发。Android 为第三方手机程序开发商提供了一个开放自由的开发环境，且手机应用程序的设计不受条条框框限制，使得每年有很多新颖别致的软件诞生，供用户下载使用。

(4) Google 应用。作为 Google 开发和主推的智能设备操作系统，Android 平台设备可无缝地使用 Google 的一系列优秀服务，如 Google 地图、邮件、搜索等。

(5) 依托 Java 丰富的编程资源和开发环境，包括模拟机、调试工具、内存运行检测等。

1.1.3 Android 操作系统架构

Android 操作系统架构共有四层，从高到低分别是应用层、应用框架层、系统运行层及 Linux 内核层，具体如图 1-1 所示。

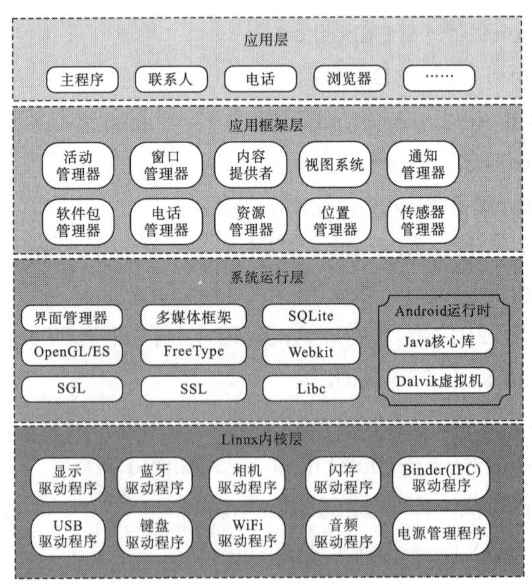

图 1-1 Android 系统架构

1. Linux 内核层

Linux 内核层是 Android 的基础，提供了包括安全管理、内存管理、进程管理、网络协议栈、驱动程序模型和电源管理等服务。该层提供了几乎所有与手机、平板电脑相关的设备的驱动程序，实现系统与各种硬件的通信，如显示屏、摄像头、内存、键盘、无线网络、音频设备、电源组件等。内存管理实现对所有可用的内存进行统一编码管理，定义一整套内存使用与回收策略，提供低内存管理器(low memory killer)策略，根据系统运行资源使用情况，自动决定是否需要杀死进程来释放所需要的内存。进程管理用于进程的创建与销毁、进程间通信、解决与避免死锁问题等。USB 驱动基于标准 Linux USB gadget 驱动框架实现数据传输及充电等操作。此外，Linux 内核层开放了一系列框架接口便于相关操作。

2. 系统运行层

系统运行层包含一系列 C/C++系统库和 Android 运行时库两部分，用于对系统各组件进行访问。系统库是应用程序框架的支撑，为应用框架层与 Linux 内核层的重要连接纽带，主要包括界面管理器(surface manager)、多媒体框架(multi-media framework)、小型的关系型数据库引擎、三维绘图函数库、浏览器的软件引擎(Webkit)、点阵字与向量字的描绘与显示(FreeType)、标准 C 系统函数库(Libc)等。Android 运行时库包含 Java 核心库和 Dalvik 虚拟机、ART(Android run time)虚拟机。Java 核心库提供了 Java 语言应用程序编程接口(application programming interface, API)中的大多数功能，同时也包含 Android 的一些核心 API，如 android.OS、android.net、android.media 等。Dalvik 虚拟机是一种基于寄存器的 Java 虚拟机，每个 Android 应用都运行在自己的进程上，享有 Dalvik 虚拟机为它分配的专有实例，并在该实例中执行。Google 在 2014 年推出了新的 ART 虚拟机，力图从根本上改善系统卡顿的问题，从 Android5.0 开始全面使用 ART，ART 采用 AOT(ahead-of-time)技术，在应用程序安装时就转换成机器语言，优化应用程序运行速度，并优化内存分配和回收管理，降低了内存碎片化程度。

3. 应用框架层

应用框架层提供了构建应用程序可能用到的各种 API，包括活动管理器、窗口管理器、内容提供者、视图系统、软件包管理器、电话管理器、资源管理器、位置管理器、通知管理器、基于可扩展通信和表示协议(extensible messaging and presence protocol, XMPP)服务等。

4. 应用层

应用层包含了安装在手机上的所有应用程序，包括短信客户端程序、电话拨号程序、图片浏览器、Web 浏览器等。这些应用程序都是用 Java 语言编写的，可被开发人员开发的其他应用程序所替换，灵活程度较高，个性化较强。

1.2 Android 应用开发环境的搭建

2013 年 5 月 16 日，Google 推出新的基于 IntelliJ IDEA 的 Android 开发环境——Android Studio。IntelliJ IDEA 是目前最优秀的 Java 开发工具之一，具有智能代码助手、代码自动提示、重构、Java 2 平台企业版(Java 2 platform enterprise edition，J2EE)支持、各类版本工具(git、svn 等)、JUnit、版本控制系统(concurrent version system，CVS)整合、代码分析、创新的图形用户界面(graphical user interface，GUI)设计等方面的功能。Android Studio 继承了 IntelliJ IDEA 的所有功能，具有丰富的文件管理、好用的文件编辑、方便的视图查看、快捷的导航模式、快速代码生成、智能的代码检测、强大的运行/调试等功能。本节详细介绍如何搭建 Android Studio 开发环境，具体分为以下步骤：下载并安装 Java 开发套件(Java development kit，Java JDK)、下载并安装 Android 软件开发套件(software development kit，Android SDK)、下载并安装 Android Studio。

1.2.1 下载并安装 Java JDK

JDK 是 Java 语言的软件开发工具包，包含 Java 的运行环境(JVM+Java 系统类库)和相关工具，为 Java 应用程序开发必不可少的核心部分。JDK 官方网站下载地址是 http://www.oracle.com/technetwork/java/javase/downloads/index.html(图 1-2，由于互联网技术更新较快，下载页面可能会有变化)。

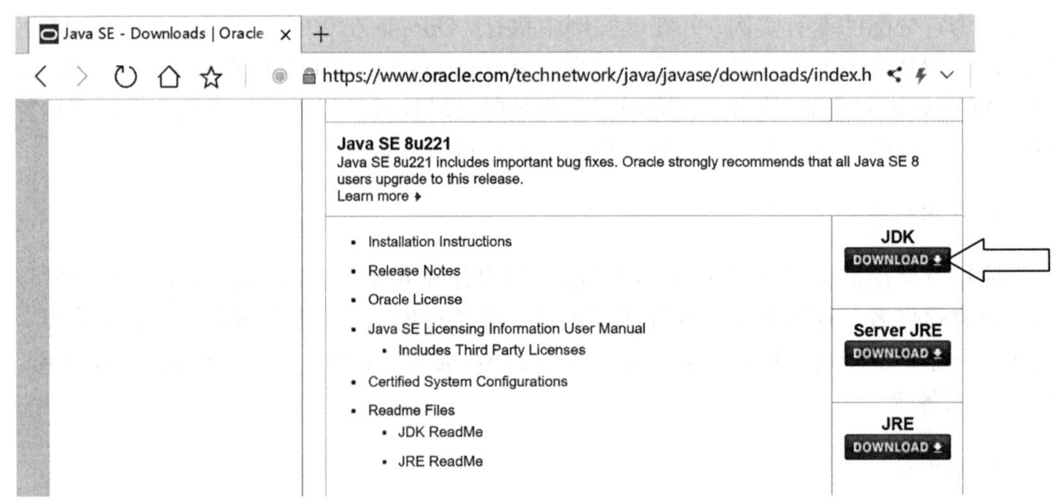

图 1-2　JDK 官网下载界面

单击图 1-2 中箭头所示按钮即可下载最新版本的 JDK，下载时需勾选接受用户许可，如图 1-3 箭头所示。

Java SE Development Kit 8u221

You must accept the Oracle Technology Network License Agreement for Oracle Java SE to download this software.

Accept License Agreement　Decline License Agreement

Product / File Description	File Size	Download
Linux ARM 32 Hard Float ABI	72.9 MB	jdk-8u221-linux-arm32-vfp-hflt.tar.gz
Linux ARM 64 Hard Float ABI	69.81 MB	jdk-8u221-linux-arm64-vfp-hflt.tar.gz
Linux x86	174.18 MB	jdk-8u221-linux-i586.rpm
Linux x86	189.03 MB	jdk-8u221-linux-i586.tar.gz
Linux x64	171.19 MB	jdk-8u221-linux-x64.rpm
Linux x64	186.06 MB	jdk-8u221-linux-x64.tar.gz
Mac OS X x64	252.52 MB	jdk-8u221-macosx-x64.dmg
Solaris SPARC 64-bit (SVR4 package)	132.99 MB	jdk-8u221-solaris-sparcv9.tar.Z
Solaris SPARC 64-bit	94.23 MB	jdk-8u221-solaris-sparcv9.tar.gz
Solaris x64 (SVR4 package)	133.66 MB	jdk-8u221-solaris-x64.tar.Z
Solaris x64	91.95 MB	jdk-8u221-solaris-x64.tar.gz
Windows x86	202.73 MB	jdk-8u221-windows-i586.exe
Windows x64	215.35 MB	jdk-8u221-windows-x64.exe

图 1-3　最新版本 JDK 下载页面

选中操作系统对应的 JDK 版本并下载安装，其中安装路径可根据需要进行修改；然后对环境变量进行设置，右键单击“我的电脑”，在下拉列表中单击“属性”打开“系统”窗口，在打开的窗口中单击“高级系统设置”(图 1-4 中箭头所示)打开“系统属性”窗口。

图 1-4　控制面板主页

打开“系统属性”窗口后，单击“环境变量”按钮(图 1-5)，打开“环境变量”对话框(图 1-6)，单击“系统变量”选项卡下的“新建”按钮，如图 1-6 箭头所示，打开“新建系统变量”对话框，如图 1-7 所示。

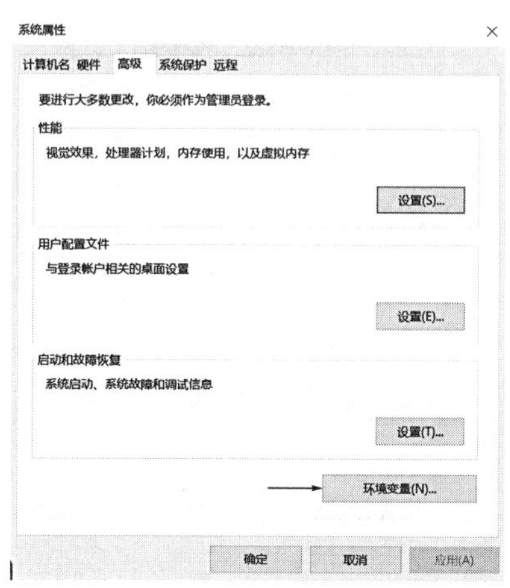

图 1-5　“系统属性”对话框

图 1-6 “环境变量”对话框

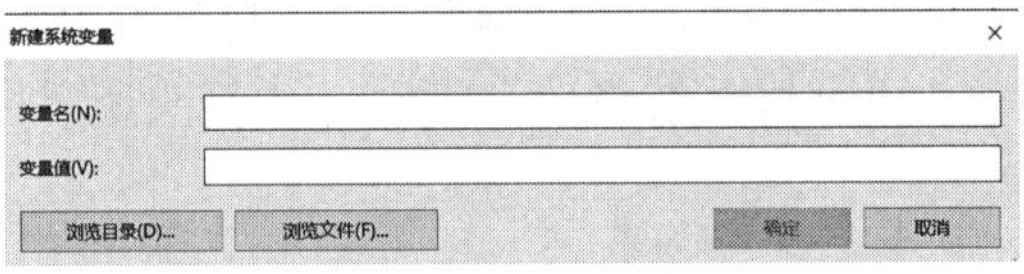

图 1-7 “新建系统变量”对话框

图 1-7 中新建系统变量相关参数如下。

变量名：JAVA_HOME。

变量值：安装 JDK 的目录。

按上述步骤，再新建一个名为 CLASSPATH 的系统变量，变量值为“.;%JAVA_HOME%\lib;%JAVA_HOME%\lib\tools.jar”。

此后修改 PATH 系统变量的值，单击“编辑文本”按钮打开“编辑系统变量”对话框，将“%JAVA_HOME%\bin;%JAVA_HOME%\jre\bin;”添加到变量值后(图 1-8)，单击“确定”按钮即可。

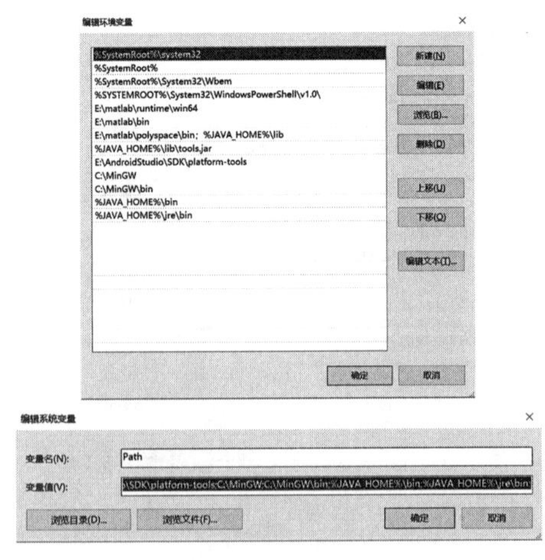

图 1-8 “编辑系统变量”对话框

为验证 JDK 环境配置是否正确，在操作系统搜索窗口(图 1-9 左)中输入 cmd 打开命令提示符窗口，输入 java -version 命令，若提示安装 JDK 版本相关信息(图 1-9 右)，则说明安装正确。

图 1-9　搜索窗口及命令窗口运行结果

1.2.2　下载并安装 Android SDK

Android SDK 是 Android 软件开发工具包，包含用于构建基于 Android 应用程序所需的相关工具。AndroidDevTools 网站(http://www.androiddevtools.cn)收集整理了 Android SDK 及相关开发工具、Android 开发教程、Android 设计规范、免费的设计素材等材料，如图 1-10 所示。

AndroidDevTools - Android开
https://www.androiddevtools.cn/
AndroidDevTools　Android SDK 工具　Android 开发工

版本	平台	下载	大小
3.5 正式版	Windows IDE 安装版 (64-bit)	android-studio-ide-191.5791312-windows.exe	745221696 bytes
	Windows (64-bit)	android-studio-ide-191.5791312-windows.zip	758599868 bytes
	Window (32-bit)	android-studio-ide-191.5791312-windows32.zip	758063033 bytes
	Mac OS X	android-studio-ide-191.5791312-mac.dmg	759266051 bytes
	Linux	android-studio-ide-191.5791312-linux.tar.gz	765055716 bytes
	Chrome OS	android-studio-ide-191.5791312-cros.deb	644224704 bytes
	Windows IDE 安装版 (64-bit)	android-studio-ide-191.5721125-windows.exe	772254792 bytes
	Windows (64-bit)	android-studio-ide-191.5721125-windows.zip	786079499 bytes

图 1-10　AndroidDevTools 网站首页

在此网站找到合适的 Android SDK 后，将其下载复制到指定文件夹即可，详细位置及设定方法将在 1.2.3 节详述。

1.2.3 下载并安装 Android Studio

Android Studio 是 Google 推出的新的基于 IntelliJ IDEA 的 Android 开发环境，可在 http://www.android-studio.org 下载，也可在 AndroidDevTools 网站(http://www.androiddevtools.cn)下载。安装时首先等待系统资源提取，如图 1-11 所示。

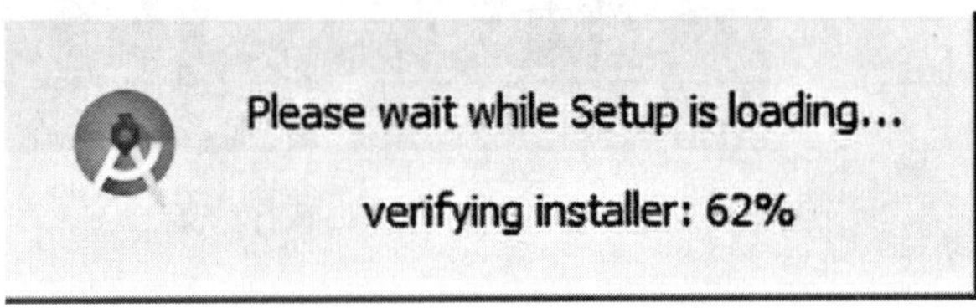

图 1-11 等待系统资源提取窗口

此后，出现安装内容选择窗口(图 1-12)，除默认的选项外，选中 Android SDK 以及 Android Virtual Device，单击 Next 按钮，进入安装路径选择界面(图 1-13)，确定 Android Studio 及 Android SDK 安装的路径，然后单击 Next 按钮进行安装即可。

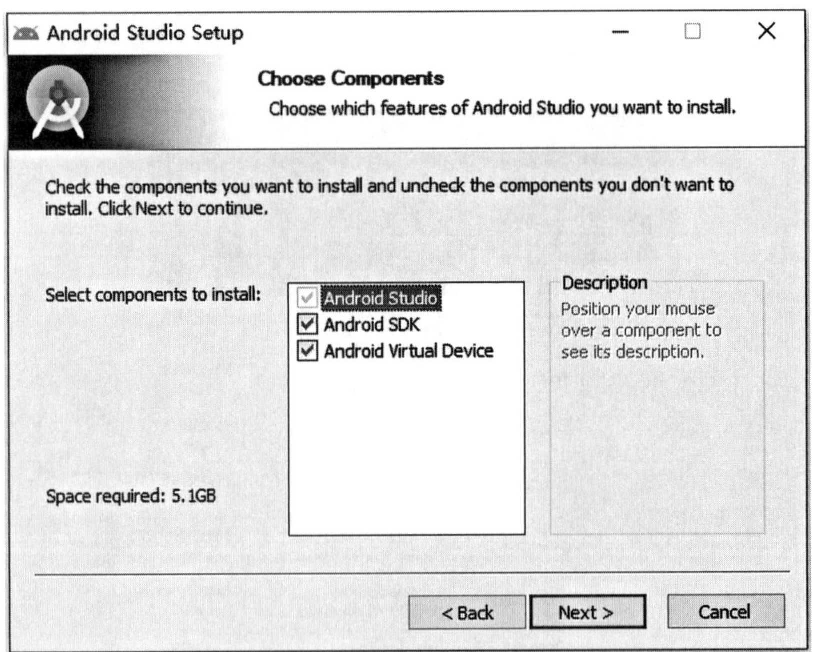

图 1-12 安装内容选择窗口

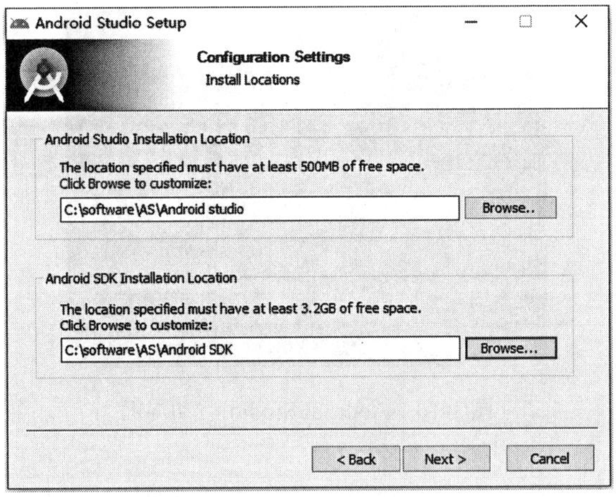

图 1-13　安装路径选择界面

安装过程界面如图 1-14 所示。

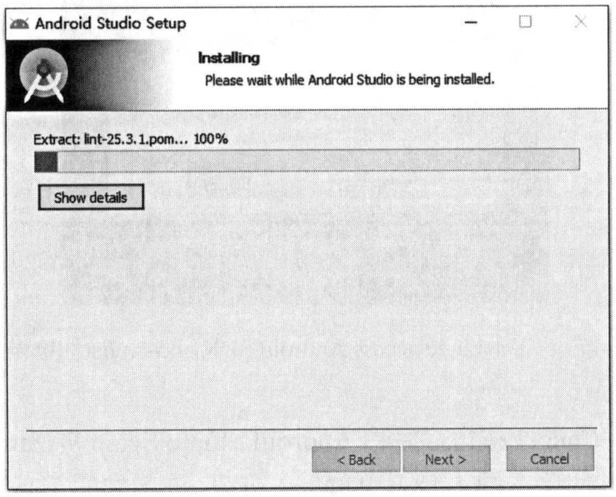

图 1-14　Android Studio 安装过程界面

安装完成后，弹出如图 1-15 所示提示对话框，若为首次安装 Android Studio，则直接单击 OK 按钮即可，默认情况下启动 Android Studio，如图 1-16 所示。

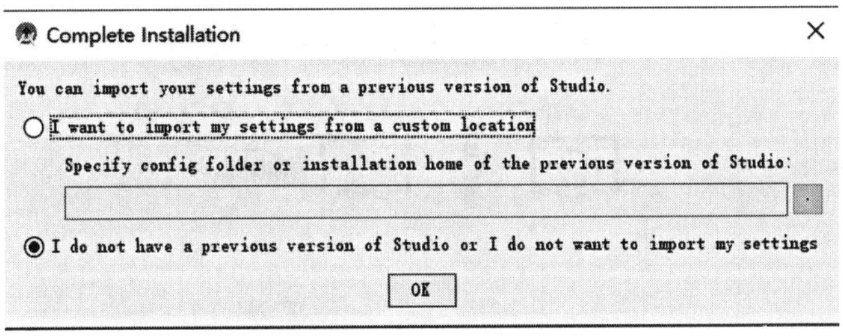

图 1-15　提示对话框

图 1-16　Android Studio 启动界面

若 Android SDK 未能成功安装，则启动过程中会出现“Unable to access Android SDK add-on list”的错误提示(图 1-17)。

图 1-17　“Unable to access Android SDK add-on list”错误提示

单击图 1-17 中的 Cancel 按钮，启动 Android Studio Setup Wizard(Android Studio 设置向导，图 1-18)对话框，并单击图 1-18 中的 Next 按钮，进入如图 1-19 所示界面，对 Android Studio 进行详细配置。

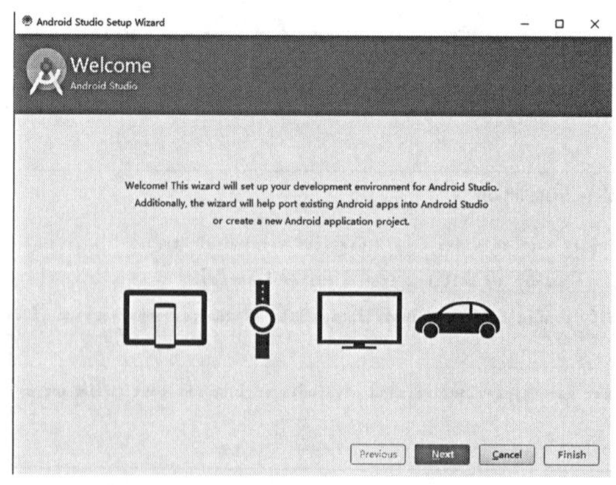

图 1-18　Android Studio 设置向导

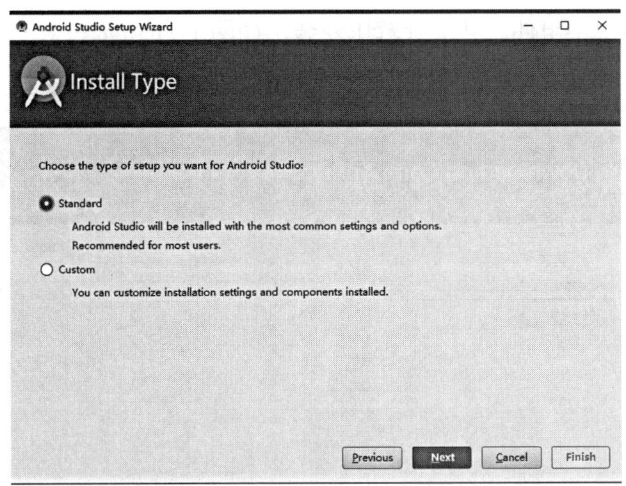

图 1-19　Android Studio 配置方式选择窗口

Android Studio 配置方式有两种，一种是 Standard(标准)配置方式，另一种是 Custom(用户自定义)配置方式。在 Custom 配置方式下用户可以根据自己的需求，实现个性化配置；Standard 配置方式无须用户过多干预，随配置向导，一步步完成配置即可。在此，为简化配置过程，选择 Standard 配置方式，单击 Next 按钮后显示 SDK Components Setup(SDK 组件配置)窗口(图 1-20)。

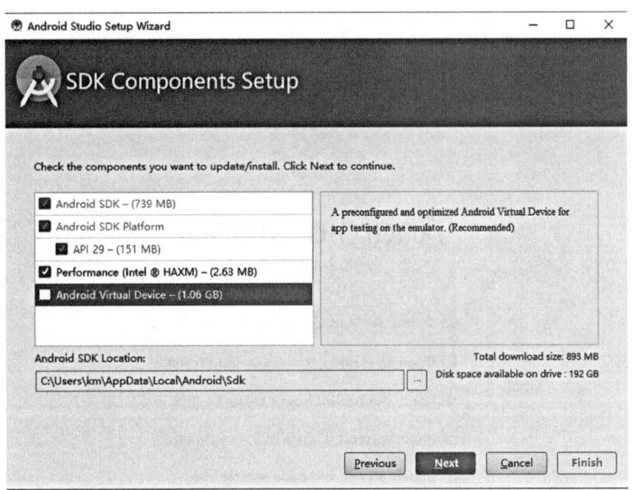

图 1-20　SDK 组件配置窗口

在 SDK 组件配置窗口中选择需要安装的 SDK 组件，其中 Android SDK 为默认选项，Android SDK Platform 为可选 Android SDK 平台，Performance(Intel® HAXM)使用 Intel HAXM 为 Android 虚拟设备加速，使模拟设备的运行速度无限接近于真机，Android Virtual Device 为虚拟设备。选中需要安装的 SDK 组件后，在 Android SDK Location 选项卡下选择 Android SDK 安装的路径，单击 Next 按钮进入下一步设置。

从网络上下载选中组件，并进行解压安装，如图 1-21 所示。

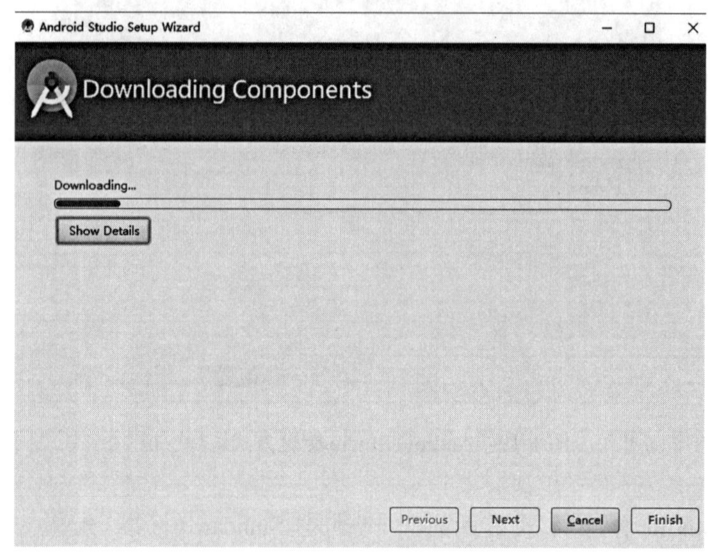

图 1-21 组件下载界面

SDK 下载安装完成后，Android Studio 就配置成功了，显示欢迎使用 Android Studio 窗口，如图 1-22 所示。

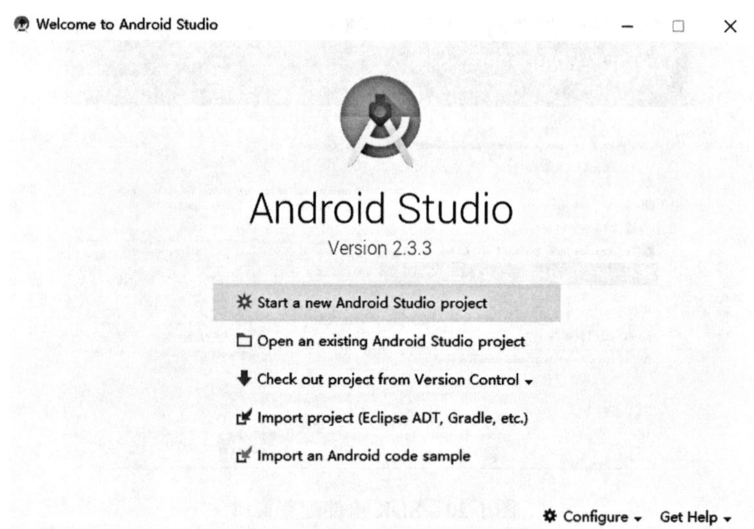

图 1-22 欢迎使用 Android Studio 窗口

若图 1-18～图 1-21 的操作失败，则可通过如图 1-23 所示的 Android Studio >Tools> Android>SDK Manager 菜单打开 Android SDK Manager Settings 窗口进行相关设置。

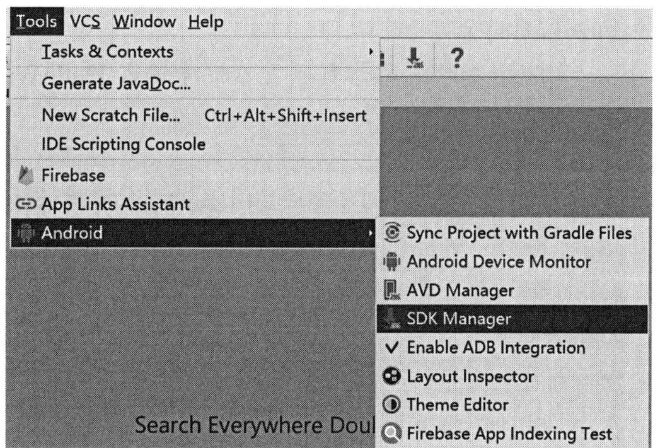

图 1-23　Android Studio>Tools>Android>SDK Manager 菜单

1.3　第一个 Android Studio 应用程序

Android Studio 软件安装好后，即可创建第一个 Android Studio 应用程序 HelloWorld 示例项目。

1.3.1　创建示例项目

从操作系统开始菜单启动 Android Studio 后，在欢迎使用 Android Studio 窗口(图 1-22)中，单击 Start a new Android Studio project 按钮，显示 Create New Project(创建新项目)窗口(图 1-24)。

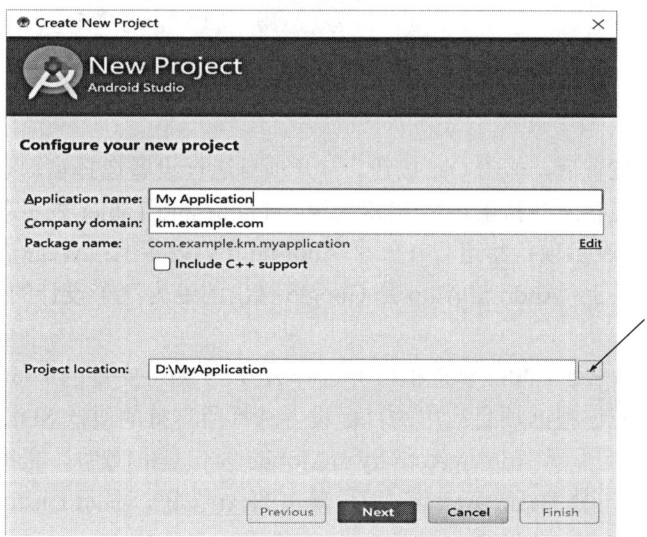

图 1-24　Create New Project 窗口

图 1-24 中各项内容解释如下：

(1) Application name 为应用程序名称，其后文本框中输入 HelloWorld。

(2) Company domain 为公司域名。

(3) Package name 为应用程序包名。

(4) Project location 为项目的存放路径，单击图 1-24 箭头所指按钮可更改项目存放位置(图 1-25)。

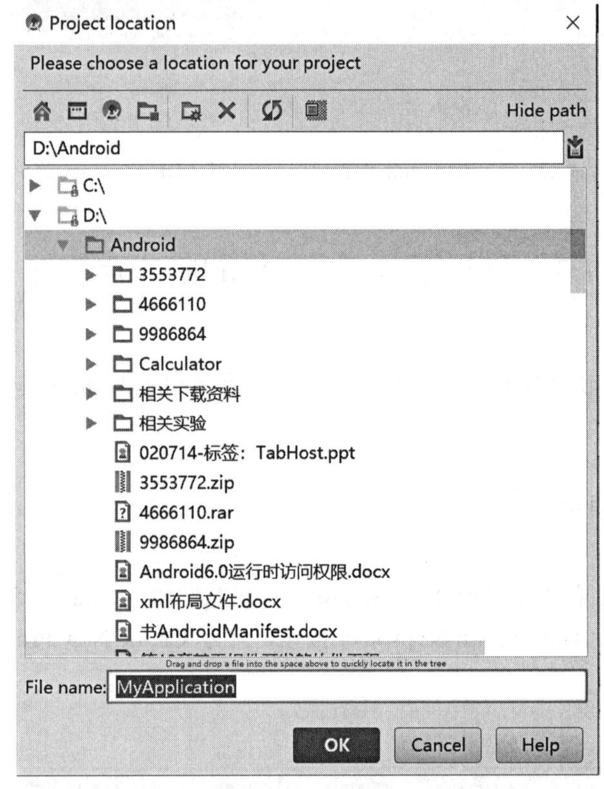

图 1-25 项目存放位置选择窗口

设定项目存放位置后，单击 OK 按钮，打开项目运行设备选择窗口(图 1-26)，并选择项目将运行于相关设备所支持的最低 SDK 版本。Phone and Tablet 表示项目将运行在手机和平板设备上；TV 表示项目将运行在一个 Android TV 设备上；Wear 表示项目将运行于如手表等可穿戴设备上；Android Auto 是 Google 推出的专为汽车设计的手机辅助 Android 应用程序。

在此选中 Phone and Tablet 复选框，并选择 API 15 为可支持的最低 SDK 版本。实际项目开发过程中，应该根据项目应用的目标设备选择所支持的最低 SDK 版本。

单击 Next 按钮后显示 Add an Activity to Mobile 窗口(图 1-27)，根据实际选择需要的 Activity 模板，在此选择 Basic Activity 后，单击 Next 按钮，显示 Customize the Activity 窗口(图 1-28)，其中 Activity Name 为 Activity 名称，Layout Name 为 Activity 布局文件名称，命名需符合 Java 命名规范。

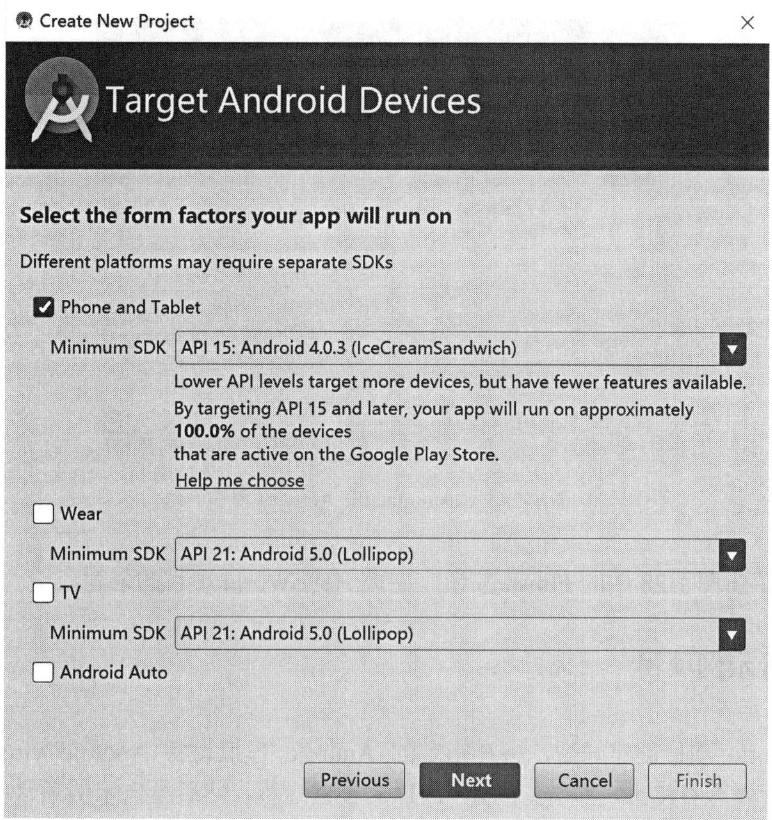

图 1-26　项目运行设备选择窗口

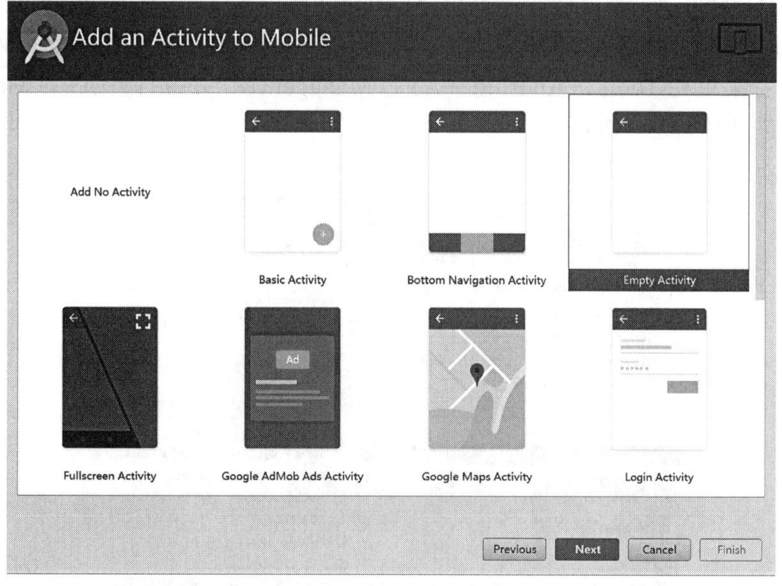

图 1-27　Add an Activity to Mobile 窗口

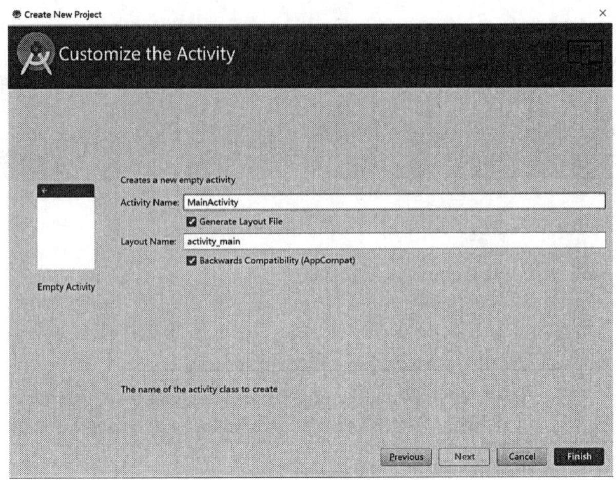

图 1-28 Customize the Activity 窗口

此后，单击图 1-28 中的 Finish 按钮，完成 HelloWorld 项目的创建。

1.3.2 运行示例项目

HelloWorld 项目创建好后，可在指定的 Android 虚拟设备(Android virtual device，AVD)上运行以查看结果。本节先简述 AVD 的创建过程，然后给出示例项目的运行结果。

1. AVD 创建

AVD 为 Google Android 模拟器软件 Android Emulator 仿真的 Android 电话、平板电脑、Android Wear 或 Android TV 等设备。Android Studio 通过工具栏中的 AVD Manager 命令按钮或者菜单栏 Tools > Android > AVD Manager(图 1-29)打开 AVD Manager 窗口(图 1-30)，创建和管理 AVD。

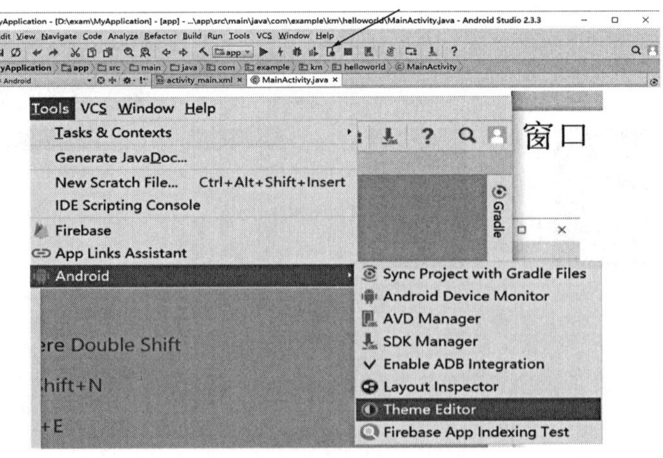

图 1-29 AVD Manager 命令按钮及菜单项

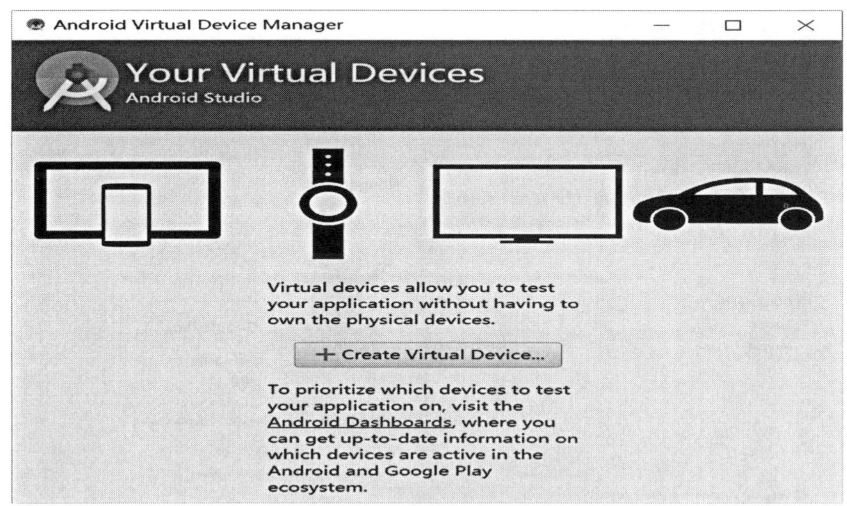

图 1-30　AVD Manager 窗口

单击图 1-30 中的 Create Virtual Device 按钮会显示出虚拟设备创建向导对话框(图 1-31)。

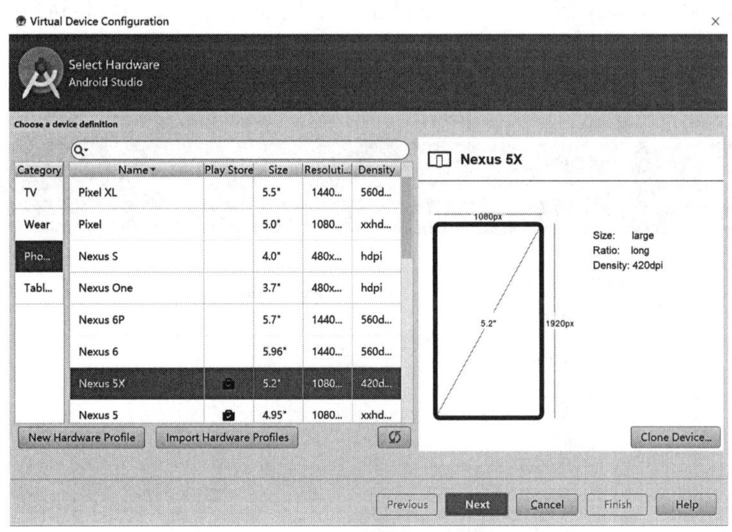

图 1-31　虚拟设备创建向导对话框

先在图 1-31 中左侧窗格中选择所要模拟的设备类型，选中 Phone 后，在中间窗格中显示常用的手机机型，其中 Nexus 系列为 Google 公司设计的智能手机，搭载 Android 4.4 Kitkat 系统。选中 Nexus 5X 后，单击图 1-31 中的 Next 按钮，显示 System Image Android Studio 窗口(图 1-32)。在打开的窗口中，Recommended 为系统推荐系统映像，x86 Images 是 32 位系统映像，Other Images 为可供选择的其他系统映像。若映像不存在，则单击 Download 下载即可。

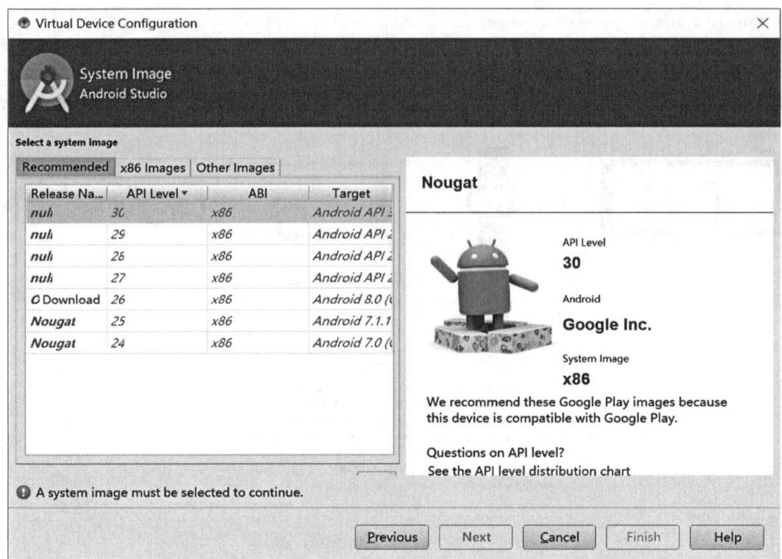

图 1-32 System Image Android Studio 窗口

选中系统推荐的映像后，单击 Next 按钮进入验证配置页面(图 1-33)，在此页面中单击 Show Advanced Settings 按钮显示虚拟设备详细属性设置列表(图 1-34)，可以对虚拟机的皮肤、摄像头、存储空间、内存、虚拟机运行方式等进行设置。

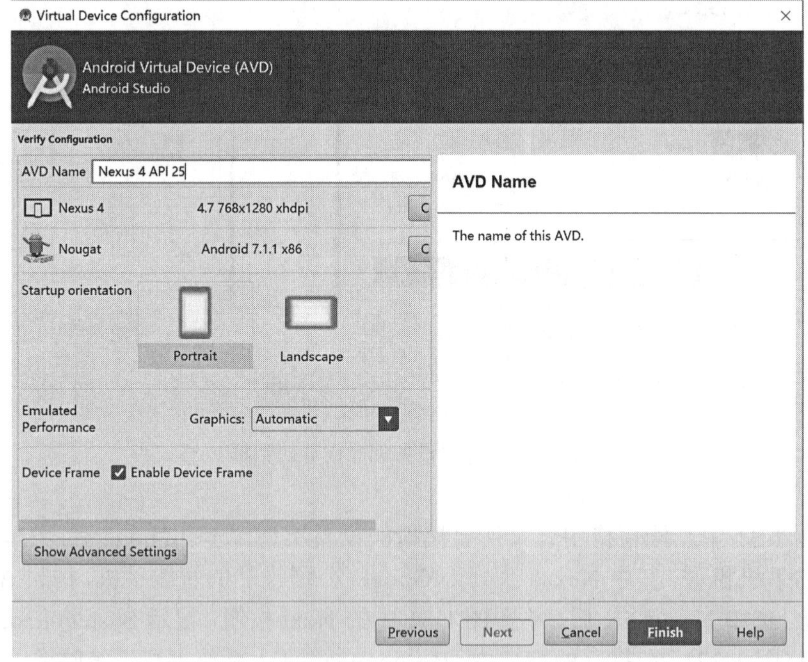

图 1-33 验证配置页面

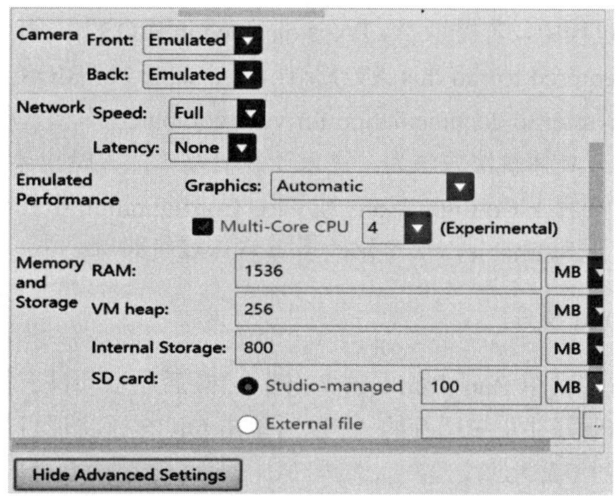

图 1-34　虚拟设备详细属性设置列表

设置好 AVD 的硬件配置文件、系统映像、存储区域、皮肤和其他相关属性后，单击图 1-33 中的 Finish 按钮，完成 AVD 设备的创建并将其以列表的方式显示在 AVD Manager 中(图 1-35)。

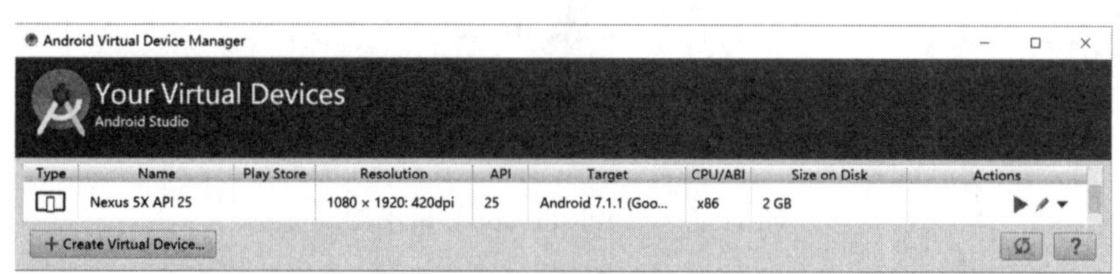

图 1-35　AVD Manager 中虚拟设备列表

单击如图 1-35 所示运行按钮▸，即可启动 AVD 设备，如图 1-36 所示。

图 1-36　AVD 设备运行示例

在创建 AVD 的过程中，若提示“VT-x is disabled in BIOS”，则在启动模拟器时会提示“Intel HAXM is required to run this AVD,VT-x is disabled in BIOS; Enable VT-x in your BIOS security settings (refer to documentation for your computer)”错误信息，这由计算机虚拟化技术不可用导致，具体解决方法为：进入计算机基本输入输出系统(basic input output system，BIOS)界面，然后在 Configurations 或 CPU Configuration 中找到 Intel Virtualization Technology 并将其设置为 Enable，保存修改后重启计算机即可。

2. 运行 HelloWorld 项目

AVD 启动后，选中菜单 Run>Run ‘app’（图 1-37)后显示项目运行目标设备选择对话框(图 1-38)，选择创建好并正在运行的 AVD 后单击 OK 按钮将项目加载运行，结果显示于 AVD 屏幕中央（图 1-39)。

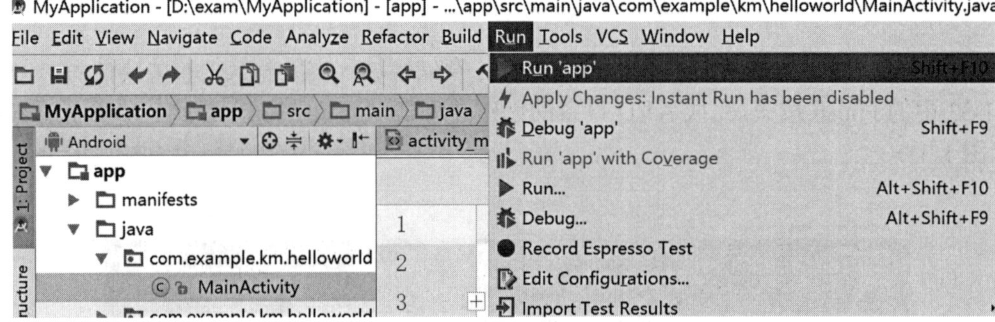

图 1-37　Run>Run ‘app’ 菜单项

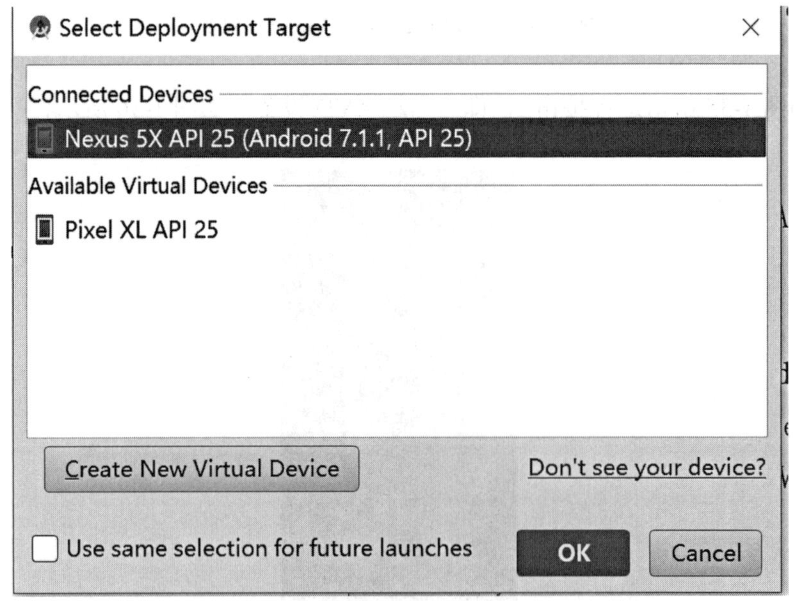

图 1-38　项目运行目标设备选择对话框

图 1-39　HelloWorld 项目运行结果

1.4　本章小结

本章主要介绍了 Android 操作系统及其架构、Android Studio 开发平台搭建、Android 程序开发及运行等内容。

(1) Android 操作系统是 Google 和开放手机联盟合作开发的一款基于 Linux 修订版本的开源操作系统，主要用于智能手机、平板电脑等移动终端设备。Android 操作系统具有如下特点：

①通过不断修复已有 Android 操作系统中存在的 bug 并添加相关新功能形成很多更新版本；

②具有平台开放性、丰富的硬件选择、方便开发、Google 应用、依托 Java 丰富的编程资源等优势；

③Android 系统分层架构共有四层，从高到低分别是应用层、应用框架层、系统运行层及 Linux 内核层。

(2) 2013 年 5 月 16 日，Google 推出新的基于 IntelliJ IDEA 的 Android Studio 开发环境，Android Studio 继承了 IntelliJ IDEA 的所有功能，具有丰富的文件管理、好用的文件编辑、方便的视图查看、快捷的导航模式、快速代码生成、智能的代码检测、强大的运行/调试等功能。搭建 Android Studio 开发环境，需下载并安装 Java JDK、Android SDK 及 Android Studio 软件。

(3) Android Studio 环境搭建好后，可从开始菜单启动 Android Studio，在欢迎使用 Android Studio 对话框中，单击 Start a new Android Studio project 按钮，显示 Create New Project (创建新项目) 窗口，创建 HelloWorld 示例项目并运行。

第 2 章　Android 应用程序结构

第 1 章 HelloWorld 项目中包含一个 Empty Activity，Activity 到底是什么？它的作用是什么？除 Activity 外，Android 应用程序还包含什么样的组件？Android Studio 集成开发环境创建的每个应用程序中包含什么文件？这些文件的作用是什么？Android Studio 能否调试 Android 应用程序从而完善项目功能？本章将详细解答上述问题，即分别介绍 Android 应用程序组件、Android Studio 项目结构及 Android Studio 程序调试功能。

2.1　Android 应用程序组件

Android 应用程序组件是完成特定功能的一系列类和接口的集合，如 Activity、Service、ContentProvider、BroadcastReceiver 等。其中 Activity、Service、ContentProvider、BroadcastReceiver 为 Android 应用程序开发常用的四大组件。

2.1.1　Activity

Activity 是 Android 最常用也是最基本的组件，可提供与用户进行交互的图形化界面以完成特定任务，如拨打电话、拍摄照片、发送电子邮件和查看地图等。每个 Android 应用程序应该包含一个或多个 Activity，其中启动时自动加载显示的为主 Activity。

2.1.2　Service

Service 是一种可以在后台长时间执行无用户界面的应用组件，用于处理网络事务、播放音乐、执行文件输入输出、与 ContentProvider 进行交互等操作。Service 可由其他应用组件启动，当启动应用组件关闭时，Service 仍然在后台继续运行。

2.1.3　ContentProvider

ContentProvider 定义了不同应用程序之间进行数据交换的标准 API，其以统一资源标识符(uniform resource identifier，URI)的形式存储数据，允许其他程序访问和修改这些数据。Android 内置的许多数据都使用 ContentProvider 形式进行存储并供开发者使用，如通讯录、图片等。

2.1.4　BroadcastReceiver

BroadcastReceiver 为一个全局监听器，用于监听并广播 Android 操作系统运行产生的开机、电量改变、收发短信、拨打电话、屏幕解锁等事件，应用程序接收到 BroadcastReceiver 广播事件后，判断是否需要对这些事件进行响应并进行处理。

2.2　Android Studio 项目结构

使用 Android Studio 创建一个 Android 应用程序后，会显示如图 2-1 所示的工程界面：①上侧分别是菜单栏和工具栏(标识 1)；②右下侧为代码编辑区(标识 2)；③左下侧(标识 3)为工程文件资源管理窗口，图标 从左到右分别是项目查看模式下拉列表框、代码定位编辑区、工程目录展开收缩按钮、额外的一些系统配置。单击项目查看模式下拉列表框，可见文件查看模式有 Project 模式、Packages 模式、Scratches 模式、Android 模式、Project Files 模式、Problems 模式、Production 模式、Tests 模式、Local Unit Tests 模式、Android Instrumented Tests 模式等 10 种方式(图 2-2)，具体功能见表 2-1。

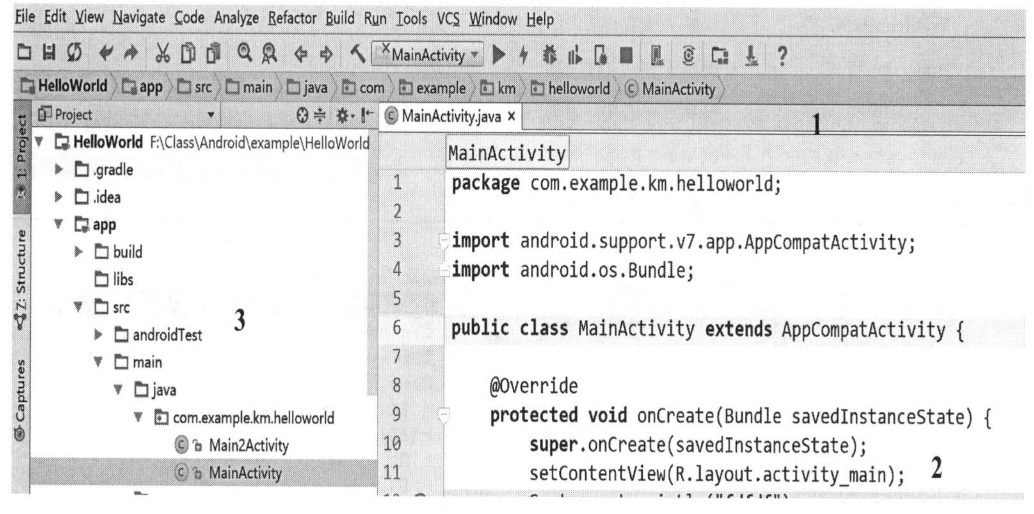

图 2-1　Android Studio 工程界面

Project 模式(图 2-3(a))可以显示项目所在物理位置的所有文件信息，Android 模式(图 2-3(b))因可以分类显示项目文件而较常用。比较图 2-3(a)和(b)可知，Android 模式仅显示 app、Gradle Scripts 文件夹。Project 模式下各文件的含义将在 2.2.1 节详细介绍。

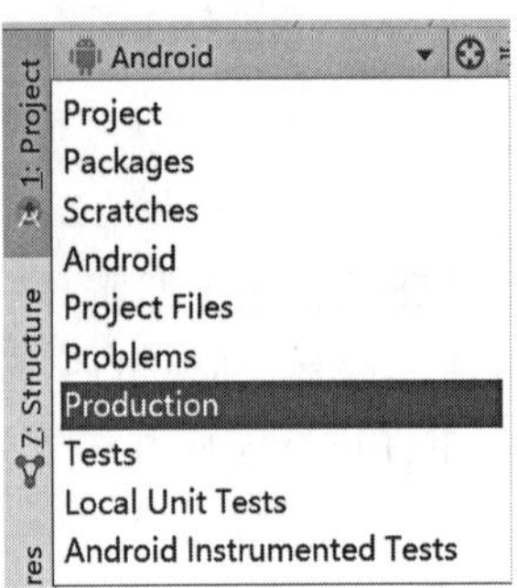

图 2-2 项目查看模式列表框

表 2-1 项目文件显示模式

模式	显示文件
Project 模式	显示全部文件信息，文件的位置是真实的物理结构，查看文件时建议切换到 Project 模式
Packages 模式	仅以层级方式显示项目代码和资源，其他信息均被隐藏
Scratches 模式	只显示草稿文件
Android 模式	所有的文件根据类型进行归类，它并不是计算机中的实际文件结构
Project Files 模式	类似 Eclipse 的项目结构形式
Problems 模式	仅显示报错的文件结构
Production 模式	仅显示生产文件结构
Tests 模式	仅显示测试文件结构
Local Unit Tests 模式	仅显示本地单元测试文件结构
Android Instrumented Tests 模式	仅显示设备化单元测试文件结构

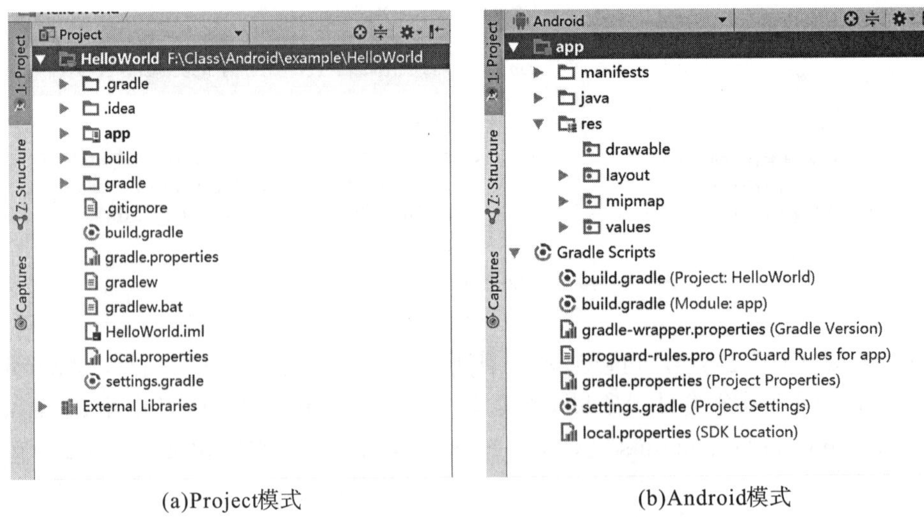

(a)Project模式 (b)Android模式

图 2-3 Project 模式及 Android 模式

2.2.1　Project 模式文件结构

Project 模式(图 2-3(a))显示了 Android 项目所有的文件，相当于 Eclipse 中的 Workspace。

各目录包含的文件及作用详述如下。

(1).gradle：gradle 编译系统。

(2).idea：自动生成的用于存放 Android Studio 配置文件的目录，主要包括版权、检查配置、jar 包信息、项目名、编译、编码、gradle、模块等。

(3)build：工程编译目录。

(4)gradle：gradle 构建目录。

(5).gitignore：工程中的 git 忽略配置文件。

(6)build.gradle：工程的 gradle 构建配置文件。

(7)gradle.properties：gradle 相关的全局属性配置文件。

(8)gradlew：gradlew 的配置文件。

(9)gradlew.bat：Windows 上的 gradlew 配置文件。

(10)HelloWorld.iml：工程配置文件。

(11)local.properties：本地属性配置文件(key 设置、Android SDK 位置等属性)。

(12)settings.gradle：全局配置文件。

(13)External Libraries：项目中使用到的依赖库存放目录，主要有 Android SDK 版本和存放路径、JDK 版本和存放路径、其他各种依赖库。

(14)app：app 文件夹为工程模块，可单独运行和调试的应用程序公共库，相当于 Eclipse 中的 Project，其子目录(图 2-4)的内容详细分析如下。

①build：与外层 build 目录类似，主要包含一系列编译时自动生成的文件。

②libs：存放项目使用到的第三方 jar 包，此目录中的 jar 包在编译时会自动添加到构建路径中。

③src：src 目录包含了 Android 的 Java 代码、资源文件(图片、布局文件等)及配置文件(图 2-5)，其子文件夹内容详述见 2.2.2 节。

图 2-4　app 子目录　　图 2-5　src 子目录

2.2.2　app>src 目录

下面以 HelloWorld 项目为例详细说明 app>src 目录下常用子目录文件的结构。

1. app>src>main>java

app>src>main>java 目录用于存放项目 Java 源文件。打开 HelloWorld 项目的 app>src>main>java 文件夹(图 2-6)，在包中可见一个 MainActivity.java 文件，单击此文件，代码将在右侧编辑窗口中显示，如下所示。

图 2-6　app>src>main>java 文件夹

```
(1) package com.example.km.helloworld;
(2) import android.app.Activity;
(3) import android.os.Bundle;
(4) public class MainActivity extends Activity {
(5)     @Override
(6)     protected void onCreate(Bundle savedInstanceState) {
(7)         super.onCreate(savedInstanceState);
(8)         setContentView(R.layout.activity_main);
(9)     }
(10) }
```

第 1 行代码指定程序所在的 package，作用与 Java 中的 package 相同，用于控制访问，避免名字命名冲突；package 使用小写字母反域名进行命名，名字中使用 “.” 表示名字的层次结构。一般情况下，第一级名称多为 com，第二级包名为公司或个人名称，第三级包名根据应用进行命名，第四级包名是需根据实际情况进行命名的模块名或应用名，包名级数可大于等于 5。

第 2～3 行代码为 import 语句，用于导入应用程序所需已有类或其所在的整个包。第 2 行代码用于导入 android.app.Activity 类；第 3 行代码用于导入 android.os.Bundle 类，此类用于以 key-value 键值对形式存放值。

第 4 行代码创建一个名为 MainActivity 的公共类，其为 Activity 的子类。

第 5 行代码@Override 为方法重写标识，说明第 6 行中 onCreate 方法重写了父类 Activity 的同名方法。

第 7 行代码调用父类的 onCreate 方法。

第 8 行代码通过调用 Activity 的 setContentView 方法设置其布局文件，即通过 R.layout.activity_main 布局文件确定 Activity 界面的显示方式。R 类是 Android 应用程序编译时自动生成的一个类，其中部分代码如图 2-7 所示。

```
package com.example.km.helloworld;

public final class R {
    public static final class anim {...}
    public static final class animator {
        public static final int design_appbar_state_l
    }
    public static final class attr {...}
    public static final class bool {...}
    public static final class color {...}
    public static final class dimen {...}
    public static final class drawable {...}
    public static final class id {...}
    public static final class integer {...}
    public static final class layout {...}
    public static final class mipmap {...}
    public static final class string {...}
    public static final class style {...}
    public static final class styleable {...};
}
```

图 2-7　R 类部分代码

由图 2-7 可以看出，R 类中每一个 static final 内部类对应一个同名 res 子目录。为说明两者之间的关系，展开 layout 类可以发现如下代码：

public static final int activity_main=0x7f04001b;

说明程序编译时将为 app>src>main>res>layout 文件夹下的 activity_main.xml 文件进行自动编码为 0x7f04001b。此后，在 MainActivity.java 中通过 R.layout.activity_main 常量自动找到 app>src>main>res>layout 文件夹中的 activity_main.xml，并通过 setContentView 方法将此文件设定为 Activity 的布局文件。同理，app>src>main>res 文件夹下的其他资源在应用程序编译时也会在 R.java 文件相对应内部类中自动生成同名 final 常量以方便 Java 代码进行访问。

2. app>src>main>res>layout

app>src>main>res>layout 用于存放项目中可能使用到的 xml 布局文件。MainActivity 的布局文件 activity_main.xml 即位于其中(图 2-8)，代码详述如下。

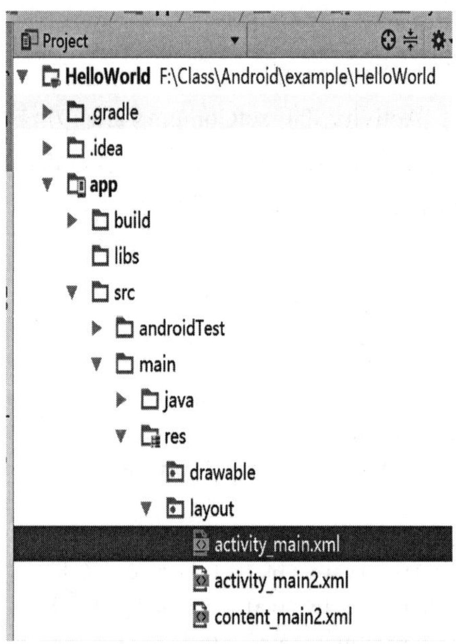

图 2-8 app>src>main>res>layout 文件夹

```
<?xml version="1.0" encoding="utf-8"?>
<android.support.constraint.ConstraintLayout
    xmlns:android="http://schemas.android.com/apk/res/android"
    xmlns:app="http://schemas.android.com/apk/res-auto"
    xmlns:tools="http://schemas.android.com/tools"
    android:layout_width="match_parent"
    android:layout_height="match_parent"
    tools:context="com.example.km.helloworld.MainActivity">
    <TextView
        android:layout_width="wrap_content"
        android:layout_height="wrap_content"
        android:text="Hello World!"
        app:layout_constraintBottom_toBottomOf="parent"
        app:layout_constraintLeft_toLeftOf="parent"
        app:layout_constraintRight_toRightOf="parent"
        app:layout_constraintTop_toTopOf="parent" />
</android.support.constraint.ConstraintLayout>
```

第 1 行代码<?xml version="1.0" encoding="utf-8"?>中 version="1.0"声明 xml 版本号，encoding="utf-8"说明 xml 字符编码方式为 utf-8。

第 2 行 xml 标记说明使用 ConstraintLayout 约束布局方式组织控件，ConstraintLayout 布局方式可灵活地定位和调整子控件大小，子控件依靠约束关系确定位置。

第 3～5 行代码用于确定布局文件的命名空间，其中 xmlns:android 为 Android 系统属性命名空间，xmlns:app 为自定义属性命名空间，xmlns:tools 为预览布局属性命名空间，其设定的相关属性不影响最终 Activity 布局显示方式。

第 6～7 行中 android:layout_width、android:layout_height 分别定义 ConstraintLayout 布局的宽度和高度，"match_parent"取值说明 ConstraintLayout 布局的高度和宽度将与运行手机屏幕高度和宽度相等。

第 8 行通过 tools:context 属性说明此布局文件应用于 com.example.km.helloworld.MainActivity，辅助编辑器显示布局效果。

第 9～16 行定义一个 TextView，用于显示文本，其相关属性含义如下。

android:layout_width：确定控件宽度，"wrap_content"说明控件宽度由显示文本决定。

android:layout_height：确定控件高度，"wrap_content"说明控件高度由显示文本决定。

android:text：确定控件显示内容，此例显示"Hello World!"。

app:layout_constraintBottom_toBottomOf：将 TextView 控件的底部与指定控件的底部对齐，取值为"parent"时将 TextView 的底部与其父容器的底部对齐；以此类推，第 14～16 行设定将 TextView 左、右及顶部与其父容器的相应部位对齐。

第 17 行为第 2 行<android.support.constraint.ConstraintLayout>标签的结束标记。

由上述分析可见，xml 文件主要包含一些处理指令、空标记及非空标记。处理指令通常用于确定 xml 文件的版本及文字编码方式等，通常包含于<?……?>符号中；空标记不再包含其他标记，其使用方法为<空标记 属性名称 1="属性值" 属性名称 2="属性值"…/>；非空标记还包含其他空标记或非空标记，使用方法为<开始标记 属性名称 1="属性值" 属性名称 2="属性值"…></结束标记>。

3. app>src>main>res>values

该目录用于存放一些资源文件信息，各文件及其作用详述如下。

(1) arrays.xml：存储预定义数组数据。

(2) colors.xml：存储预定义颜色数据。

(3) dimens.xml：存储预定义尺度数据，可以使用 Resources.getDimension() 方法获得。

(4) strings.xml：存储预定义字符串，可以使用 Resources.getString() 方法或 Resources.getText() 方法获得。

(5) styles.xml：用于存储预定义样式信息。

4. app>src>main>res>drawable

app>src>main>res>drawable 系列文件夹用于保存项目所使用的图片资源文件，可以通过 Resources.getDrawable(id) 方法获得，其中 drawable-hdpi 用于保存高分辨率图片资源，drawable-ldpi 用于保存低分辨率图片资源，drawable-mdpi 用于保存中等分辨率图片资源。

2.2.3 app>manifests>AndroidManifest.xml 文件

AndroidManifest.xml 是 Android 应用程序必不可少的全局配置文件，详细描述应用程序的组件、组件载入条件、资源访问许可、程序启动位置等重要信息以保证应用程序正常运行，文件中重要内容详述如下：

(1) 软件包名称，用于唯一标识应用程序。

(2) 应用程序组件描述，详细描述应用程序中包含的 Activity、Service、BroadcastReceiver 和 ContentProvider 等组件及各组件具有的功能、载入条件等。

(3) 许可权限声明，说明应用程序的受限 API 访问许可权限及其他应用程序访问本程序所需的权限。

(4) 声明应用程序所需最低 Android API。

HelloWorld 项目 AndroidManifest.xml 文件内容详述如下：

```
(1) <?xml version="1.0" encoding="utf-8"?>
(2) <manifest
(3) xmlns:android="http://schemas.android.com/apk/res/android"
(4)     package="com.example.km.helloworld">
(5)     <application
(6)         android:allowBackup="true"
(7)         android:icon="@mipmap/ic_launcher"
(8)         android:label="@string/app_name"
(9)         android:roundIcon="@mipmap/ic_launcher_round"
(10)        android:supportsRtl="true"
(11)        android:theme="@style/AppTheme">
(12)        <activity android:name=".MainActivity">
(13)                <intent-filter>
(14)                <action android:name="android.intent.action.MAIN" />
(15)                <category android:name="android.intent.category.LAUNCHER" />
(16)            </intent-filter>
(17)        </activity>
(18)    </application>
(19) </manifest>
```

第 1 行代码<?xml version="1.0" encoding="utf-8"?>为 xml 指令代码，作用与布局 xml 文件相同。

第 2～4 行及第 19 行代码为

```
<manifest
xmlns:android="http://schemas.android.com/apk/res/android"
package="com.example.km.helloworld">
```

```
</manifest>
```

manifest 标签为 AndroidManifest.xml 根节点，xmlns:android=http://schemas. android. com/apk/res/android 指定该项目可使用的 Android 标准属性；package 属性用于指定本应用程序的包名。

第 5～11 行及第 18 行代码为

```
<application
    android:allowBackup="true"
    android:icon="@mipmap/ic_launcher"
    android:label="@string/app_name"
    android:roundIcon="@mipmap/ic_launcher_round"
    android:supportsRtl="true"
    android:theme="@style/AppTheme">
</application>
```

每一个 manifest 标记必须至少包含一个 application 标签用于确定应用程序的相关属性。application 常用属性含义详述如下。

(1) android:allowBackup：确定用户是否可通过 adb backup 和 adb restore 对应用程序数据进行备份和恢复，此属性默认值为 true，允许进行备份和恢复。

(2) android:icon：用于声明应用程序图标，该图标一般放置在 app>src>main>drawable 或 mipmap 文件夹下，此例该属性取值为@mipmap/ic_launcher，@代表应用资源，mipmap 说明图标在 mipmap 系列文件夹中，ic_launcher 代表图标文件名称。

(3) android:label：用于设定应用程序显示字符串标签，此例该属性取值为@string/app_name，引用 app>src>main>res>values>strings.xml 中定义的同名字符串资源，其取值为 HelloWorld (图 2-9)。

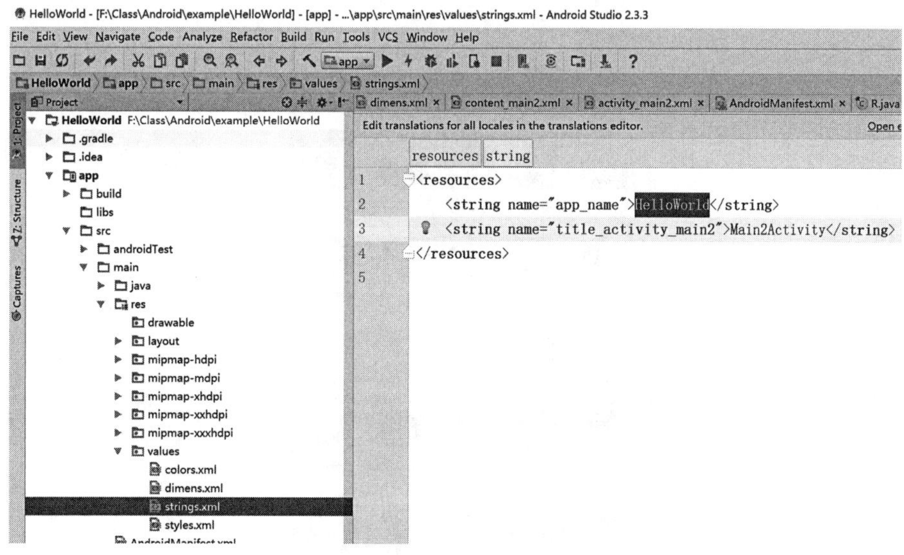

图 2-9　app>src>main>res>values>strings.xml 资源文件

(4) android:roundIcon：用于指定应用程序圆形图标，使用 Android 自带模拟器调试程序时显示。

(5) android:supportsRtl：确定应用程序是否支持从右到左的布局(right-to-left layouts，RTL)方式。此属性取值为 true，且当程序允许的最低 SDK 为 17 时，系统将通过 RTL 方式对控件进行布局。

(6) android:theme：指定应用程序主题样式以确定应用程序显示效果，此例该属性取值为@style/AppTheme，显示样式为 app>src>main>res>values>styles.xml 文件中定义的名为 AppTheme 的样式。

第 12、17 行标签为

```
<activity android:name=".MainActivity">
</activity>
```

此标签用于声明 app>src>main>java>MainActivity.java 定义的 Activity 组件。

第 13～16 行标签为

```
<intent-filter>
    <action android:name="android.intent.action.MAIN" />
    <category android:name="android.intent.category.LAUNCHER" />
</intent-filter>
```

intent-filter 标签说明声明的 Activity、Service 等组件可以响应 intent 请求，其中子标签<action android:name="android.intent.action.MAIN" />说明 MainActivity 为主 Activity，<category android:name="android.intent.category.LAUNCHER" />确定在设备上是否将此应用程序显示于程序列表中(图 2-10)；若无此标签，则应用程序运行时将无法在设备上显示，当两个子标签都设定后，应用程序会安装到虚拟系统上，单击即可运行。

图 2-10 Android 应用程序显示示例

2.3　Android Studio 程序调试功能

由上述分析可知，Android 项目的组件文件、布局及其他资源文件分别存储在不同的文件中，并在 AndroidManifest.xml 文件中声明使用。为确保应用程序各部分功能的正确性，有必要通过 Android Studio 程序调试工具检测各组件代码是否具有逻辑错误及相关 bug，并对检测出的问题进行及时处理。

Android Studio 提供了强大的程序调试工具，可在必要位置设置断点，一步步执行程序，跟踪变量的变化过程，发现并收集错误发生的条件及错误的具体信息，查找导致错误发生的原因，并对程序进行微调，反复调试验证，直至结果符合预期。

使用 Android Studio 对程序进行调试时，首先通过鼠标左键单击需要调试代码行左侧(图 2-11 箭头所指处)设置断点，设置好断点后，行左侧会有一个红色圆点。

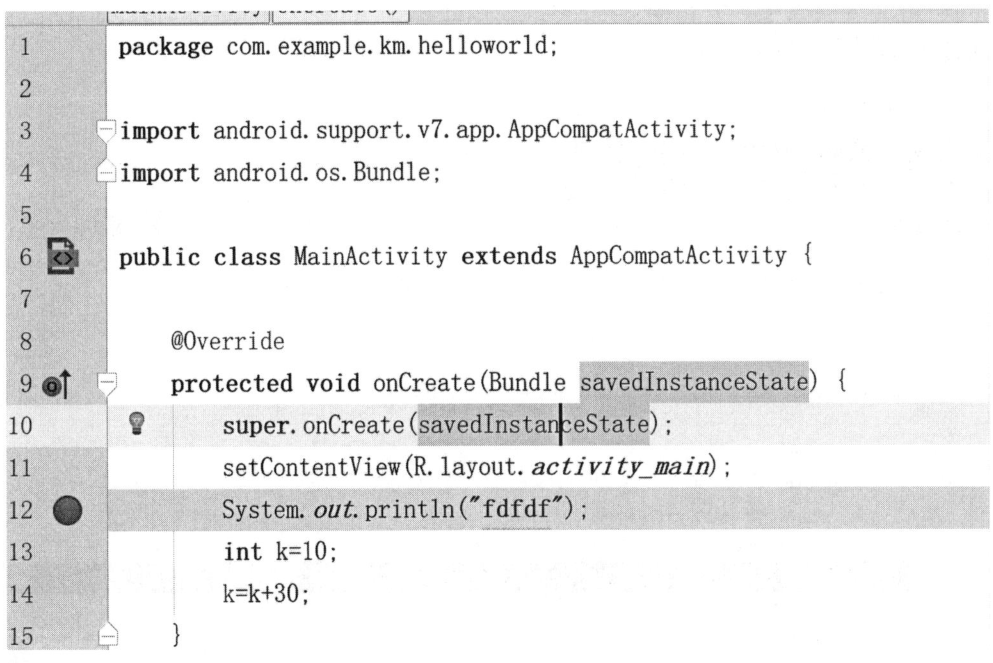

package com.example.km.helloworld;
import android.support.v7.app.AppCompatActivity;
import android.os.Bundle;
public class MainActivity extends AppCompatActivity {
@Override
protected void onCreate(Bundle savedInstanceState) {
super.onCreate(savedInstanceState);
setContentView(R.layout.activity_main);
System.out.println("fdfdf");
int k=10;
k=k+30;
}

图 2-11　单击代码行左侧设置断点

此后，通过单击 Run>Debug ‘app’ 菜单(图 2-12)，Android Studio 会弹出一个对话框(图 2-13)选择调试 app 还是 Activity，当选择调试 MainActivity 时，Android Studio 会提示程序运行的目标设备(图 2-14)，选中运行的目标虚拟机后，单击图 2-14 的 OK 按钮，进入调试运行模式，程序运行到设置断点的行后中断运行，等待下一步操作，断点代码行上有个小勾(图 2-15)。

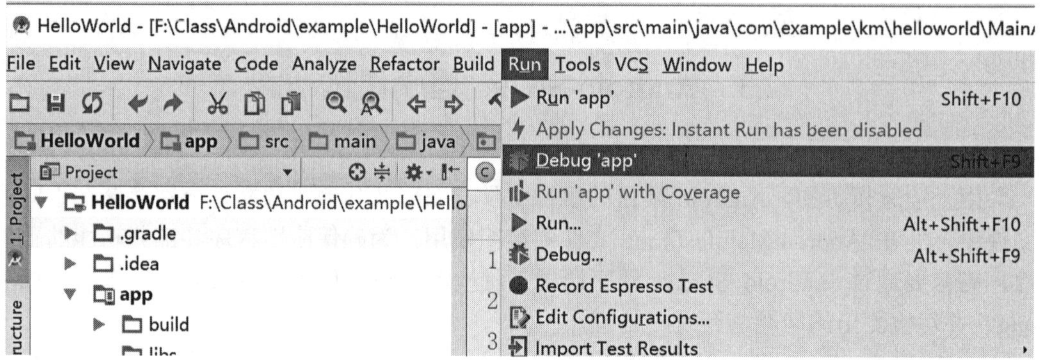

图 2-12 Debug‘app’菜单项

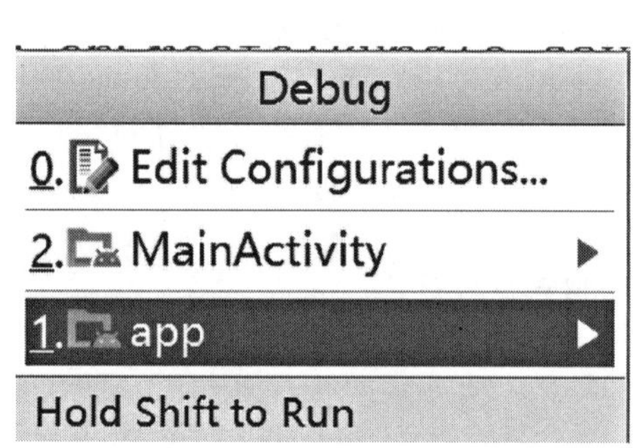

图 2-13 调试对象选择对话框

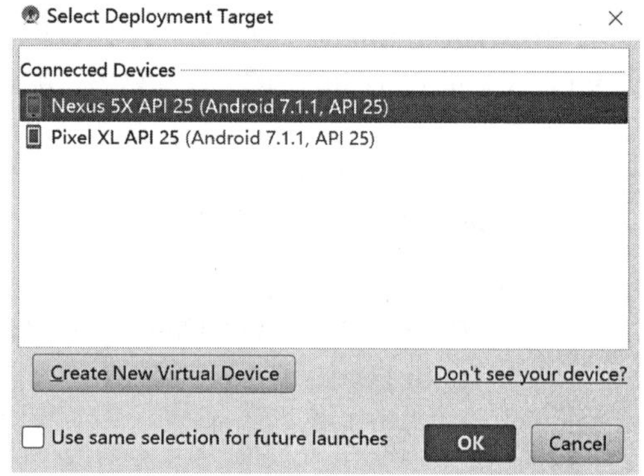

图 2-14 运行目标设备选择

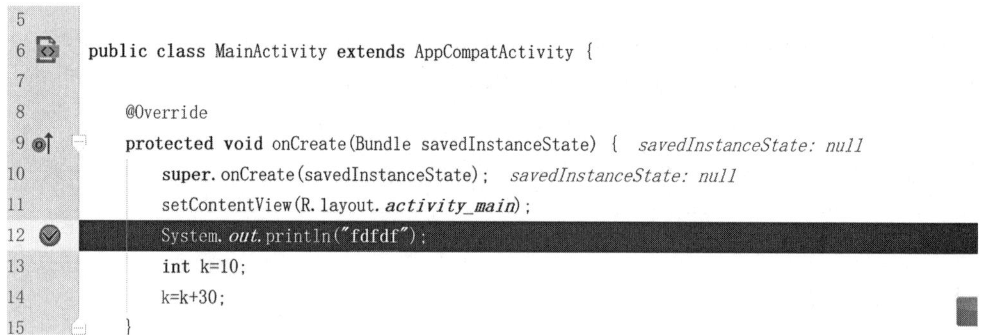

图 2-15 调试运行示例

然后，通过 Run 的相关子菜单控制程序运行(图 2-16)，它们分别如下所述。

(1) Step Over：步过执行，程序向下执行一句；如下一句为方法，则执行整个方法。

(2) Step Into：步入执行，程序向下执行一句；若下一句为方法，则跳转到方法内部，光标停留在方法的第一行可执行语句。

(3) Step Out：步出按钮，跳出当前执行的方法或循环。

(4) Stop‘MainActivity’：停止调试 MainActivity。

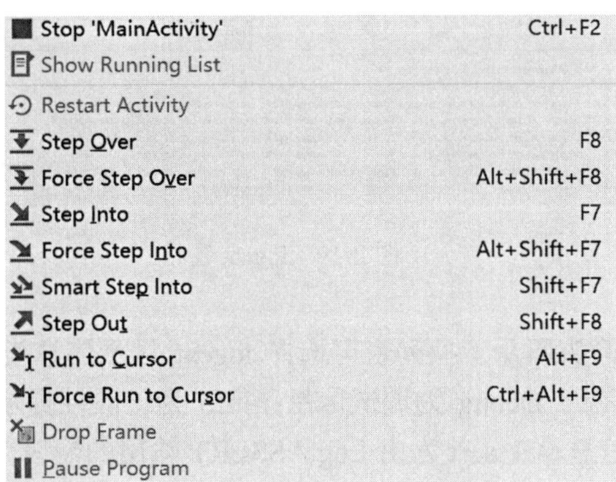

图 2-16　调试常用菜单项

程序调试过程中，相关信息可在控制台(图 2-17)中进行查看，Android Studio 控制台默认位于 Android Studio 界面底部，其包含 Android Monitor 界面、Terminal 输入命令、Version Control 版本控制、Gradle 命令输出等众多有用工具。程序调试的相关信息将在 Debugger 窗口中显示，且该窗口上侧(箭头处)也有程序单步调试的命令按钮，在此不再赘述。Debugger 右侧窗口中会显示调试程序的所有变量，以便跟踪其值变化情况(图 2-18)。

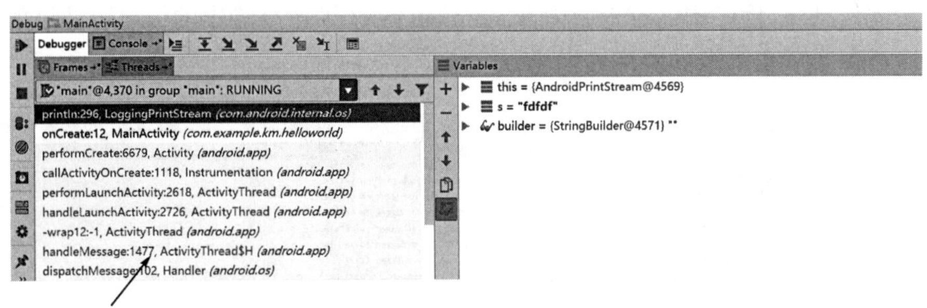

图 2-17　Android Studio 控制台

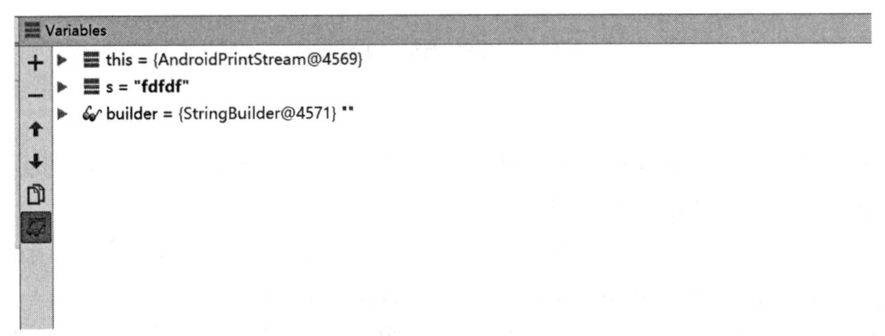

图 2-18　Debugger 右侧变量跟踪窗口

在 Android Monitor 窗口中还有一个非常有用的名为 logcat 的调试工具，用于查看程序运行过程中产生的所有信息(图 2-19)。

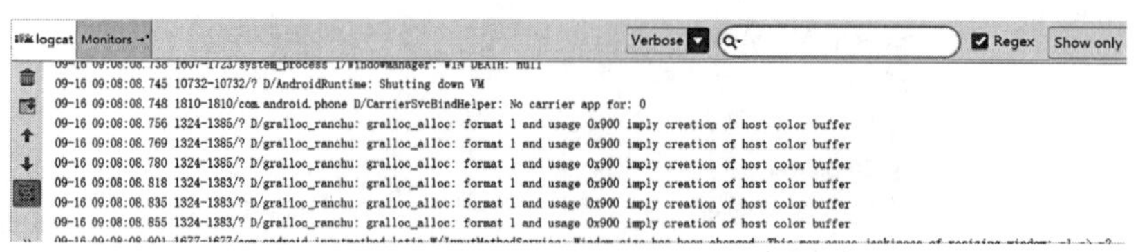

图 2-19　logcat 窗格

通过单击图 2-19 箭头所示下拉列表可选择 logcat 显示信息类型(图 2-20)：Verbose 显示程序运行的所有信息；Debug 为调试信息；Info 为一般性提示信息；Warn 为警告类型信息；Error 为错误信息；Assert 为由 Log.ASSERT 输出的断言信息。

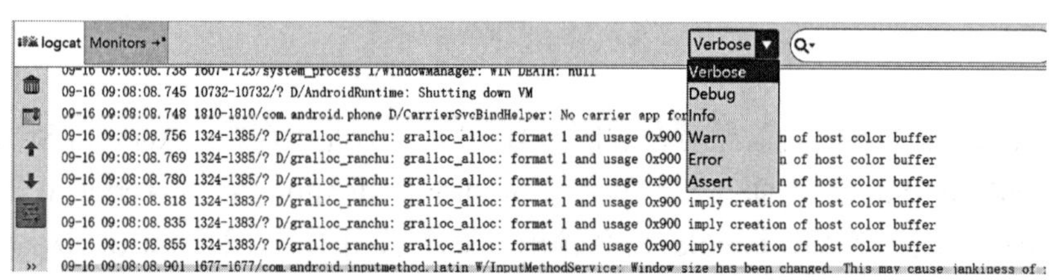

图 2-20　logcat 显示信息选择下拉列表

除上述信息外，程序调试过程中由 System.out.print 等命令输出的信息可通过如图 2-21 所示的信息搜索文本框进行搜索显示。

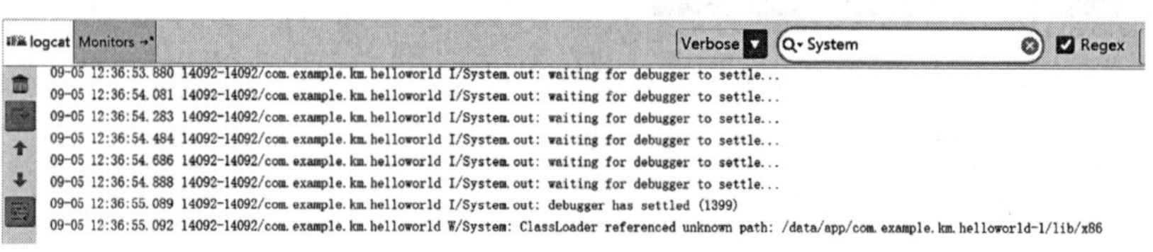

图 2-21　信息搜索文本框

2.4　本 章 小 结

本章主要介绍了 Android 应用程序组件、Android Studio 项目工程结构及 Android Studio 程序调试功能，详细内容简述如下。

(1) Android 应用程序组件是完成特定功能的一系列类和接口的集合，常用的四大组件为 Activity、Service、ContentProvider 及 BroadcastReceiver：

①Activity 是 Android 最常用也是最基本的组件，可提供与用户进行交互的图形化界面以完成特定任务。

②Service 是一种可以在后台长时间执行无用户界面的应用组件。

③ContentProvider 定义了不同应用程序之间进行数据交互的标准 API，允许其他程序通过 URI 对其进行访问和修改。

④BroadcastReceiver 为一个全局监听器，用于监听并广播 Android 操作系统运行产生的相关事件。

(2) Android Studio 提供了 Android、Project 等 10 种模式查看项目内容。

①Project 模式显示了 Android 项目所有的文件，相当于 Eclipse 中的 Workspace。

②app>src 目录用于存放实现各功能模块的功能代码及相关资源文件，其子目录 layout 用于存储 xml 布局文件，values 用于存放一些资源文件信息，drawable 系列文件夹用于保存项目所使用的图片资源文件。

(3) AndroidManifest.xml 是 Android 应用程序必不可少的全局配置文件，其详细描述应用程序的组件、组件载入条件、资源访问许可、程序启动位置等重要信息以保证应用程序正常运行。

(4) Android Studio 提供了强大的程序调试工具，可在必要位置设置断点，一步步执行，跟踪变量的变化过程，发现并收集错误具体信息，查找导致错误发生的原因，并对程序进行微调，直至获得预期结果。

第 3 章　Activity 组件

Activity 是 Android 最常用的应用程序组件，可提供界面与用户进行交互，完成拨打电话、拍摄照片、播放音乐、播放视频、发送短信、查看地图等操作。每个 Activity 界面可以填充整个设备屏幕，也可为弹出窗口。本章主要介绍使用 Android Studio 如何创建，配置和使用 Activity，每个 Activity 的生命周期以及多个 Activity 如何进行交互。

3.1　Activity 的创建及其生命周期

3.1.1　创建并声明 Activity

一个应用程序可以包含多个 Activity，以提供不同的操作界面，实现不同的功能。从本质上来说，新建一个 Activity 即创建 android.app.Activity 类或其子类（如 AppCompatActivity）的派生类，并重写父类的 onCreate(android.os.Bundle)方法指定布局文件及其部分功能代码。也可通过鼠标右键单击 app>src>main>java>包名打开弹出菜单项（图 3-1），在 New 菜单子项中找到 Activity，通过单击 Basic Activity、Empty Activity 等子菜单项新建 Activity（图 3-2）。

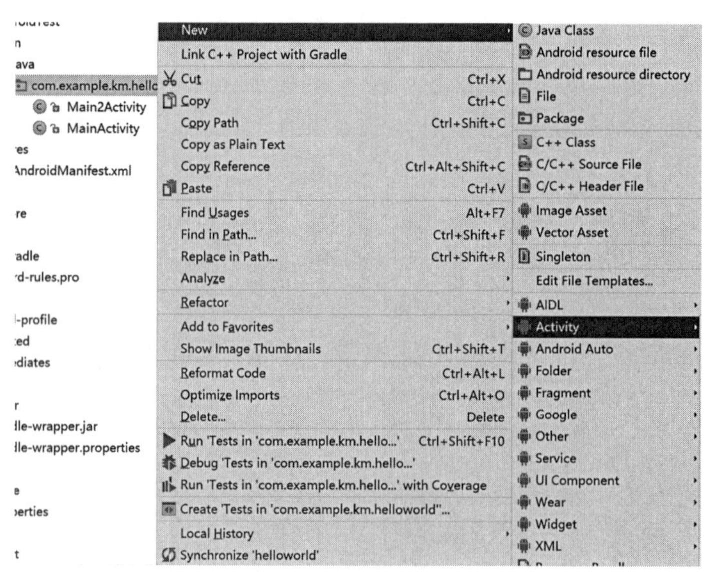

图 3-1　单击 app>src>main>java>包名打开弹出菜单项

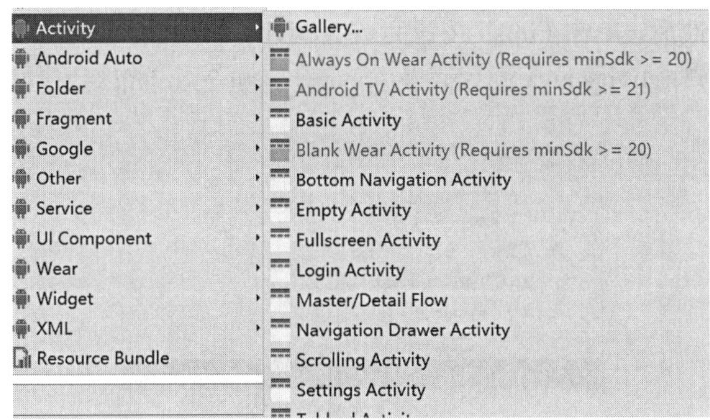

图 3-2 Activity 新建菜单项

各 Activity 新建子菜单项创建的 Activity 区别在于所继承的父类不同，从而导致 Activity 表现形式及其功能有所差异，在此以 Basic Activity 派生类创建为例进行说明。单击 Basic Activity 子菜单项后将弹出 New Android Activity 窗口，如图 3-3 所示。

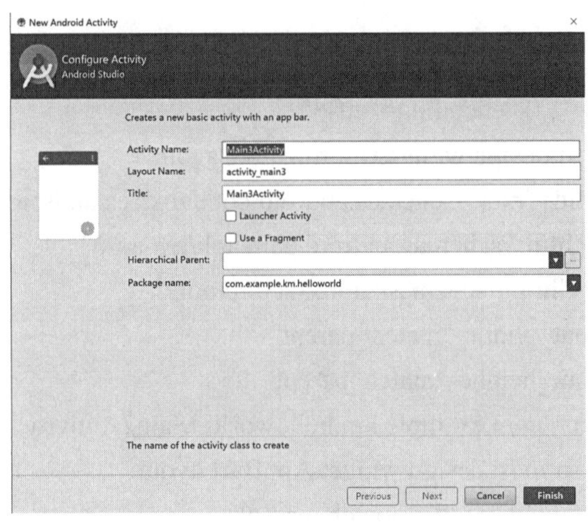

图 3-3 New Android Activity 窗口

此窗口中相关标签的含义详述如下。

(1) Activity Name：用于指定新建 Activity 的名称，取名需符合 Android 命名规范。

(2) Layout Name：新建 Activity 的布局文件名。

(3) Title：新建 Activity 标题。

(4) Hierarchical Parent：用于指定父层次，一般为空。

(5) Package name：指定新建 Activity 所在的包。

(6) Launcher Activity：用于指定此 Activity 是否具有 <categoryandroid:name="android.intent.category.LAUNCHER" />属性。

(7) Use a Fragment：用于确定是否使用 Fragment（碎片）技术，即多框架方式对 Activity 进行布局。

设定好相关属性后，单击 Finish 按钮完成 Activity 的创建，在 src>main>java 及 layout 文件夹中出现 Main2Activity.java 源代码及 content_main2.xml 布局文件(图 3-4)。

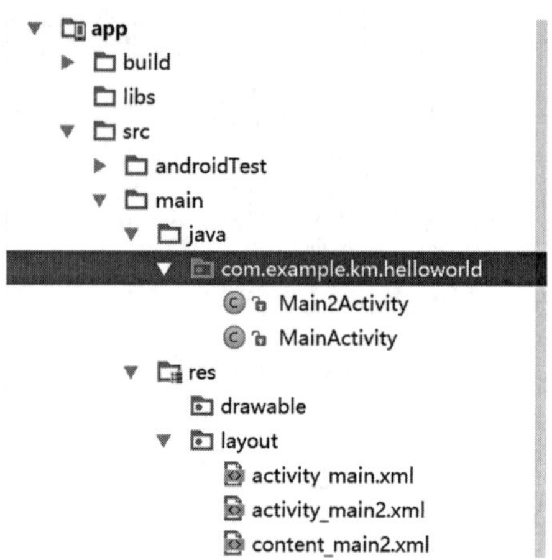

图 3-4 src>main>java 及 layout 文件夹内容

content_main2.xml 布局文件内容如下：

```
<?xml version="1.0" encoding="utf-8"?>
<android.support.design.widget.CoordinatorLayout
    xmlns:android="http://schemas.android.com/apk/res/android"
    xmlns:app="http://schemas.android.com/apk/res-auto"
    xmlns:tools="http://schemas.android.com/tools"
    android:layout_width="match_parent"
    android:layout_height="match_parent"
    tools:context="com.example.km.helloworld.Main2Activity">
        <android.support.design.widget.AppBarLayout
          android:layout_width="match_parent"
          android:layout_height="wrap_content"
          android:theme="@style/AppTheme.AppBarOverlay">
          <android.support.v7.widget.Toolbar
           android:id="@+id/toolbar"
           android:layout_width="match_parent"
            android:layout_height="?attr/actionBarSize"
            android:background="?attr/colorPrimary"
            app:popupTheme="@style/AppTheme.PopupOverlay" />
        </android.support.design.widget.AppBarLayout>
        <include layout="@layout/content_main2" />
        <android.support.design.widget.FloatingActionButton
             android:id="@+id/fab"
```

```
(23)            android:layout_width="wrap_content"
(24)            android:layout_height="wrap_content"
(25)            android:layout_gravity="bottom|end"
(26)            android:layout_margin="@dimen/fab_margin"
(27)            app:srcCompat="@android:drawable/ic_dialog_email" />
(28)    </android.support.design.widget.CoordinatorLayout>
```

第 1～8 行代码前边已有介绍，在此不再复述。

第 9～12 行代码为 AppBarLayout 标签及其相关属性，说明使用支持响应滚动手势的 app bar 方式对第 13 行代码定义的 android.support.v7.widget.Toolbar 进行布局，即当鼠标向下拖拽时，工具条出现。

第 13～18 行定义一个 android.support.v7.widget.Toolbar 控件，android:id="@+id/toolbar" 定义了此控件的 id 为 toolbar，此属性将自动写入 R.java，Java 源代码即可通过 findViewById 方法查找并使用；android:background="?attr/colorPrimary" 用于设置该控件的背景样式，?attr/colorPrimary 代表名为 colorPrimary 的 Theme 预定义样式，可随主题改变而变色；app:popupTheme="@style/AppTheme.PopupOverlay" 用于设置 Toolbar 拖拽时的样式，@style/AppTheme.PopupOverlay 代表使用 style.xml 文件中名为 AppTheme.PopupOverlay 的样式，该样式不会随主题的变化而变化。

第 20 行代码<include layout="@layout/content_main2" />用于嵌入 content_main2.xml 布局文件的相关内容。

第 21～27 行定义一个 android.support.design.widget.FloatingActionButton 悬浮按钮控件，app:srcCompat="@android:drawable/ic_dialog_email"用于设置显示的图标，作用与 app:src 相似。@android:drawable/ic_dialog_email 中 android 为包名，drawable 为资源类型名，ic_dialog_email 为资源名称，说明使用的是系统中名为 ic_dialog_email 的 drawable 图标；android:id="@+id/fab"指定该控件的 id 为 fab；android:layout_gravity="bottom|end"设定悬浮按钮位于界面的底端，该属性还可以有如下取值：top、bottom、right、center_vertical、fill_vertical、center_horizontal、fill_horizontal、center、fill、clip_vertical 等。android:layout_margin="@dimen/fab_margin"设定悬浮按钮与父界面的距离，@dimen/fab_margin 使用了 app>src>main>res>values>dimens.xml 中定义的名为 fab_margin 的变量值，其定义如下：

```
<resources>
    <dimen name="fab_margin">16dp</dimen>
</resources>
```

Main2Activity.java 源代码如下：

```
package com.example.km.helloworld;
import android.os.Bundle;
import android.support.design.widget.FloatingActionButton;
import android.support.design.widget.Snackbar;
import android.support.v7.app.AppCompatActivity;
import android.support.v7.widget.Toolbar;
import android.view.View;
```

```
(8) public class Main2Activity extends AppCompatActivity {
(9)      @Override
(10)     protected void onCreate(Bundle savedInstanceState) {
(11)         super.onCreate(savedInstanceState);
(12)         setContentView(R.layout.activity_main2);
(13)         Toolbar toolbar = (Toolbar) findViewById(R.id.toolbar);
(14)         setSupportActionBar(toolbar);
(15)         FloatingActionButton fab = (FloatingActionButton) findViewById(R.id.fab);
(16)         fab.setOnClickListener(new View.OnClickListener() {
(17)             @Override
(18)             public void onClick(View view) {
(19)             Snackbar.make(view, "Replace with your own action", Snackbar.LENGTH_LONG).setAction("Action", null).show();
(20)             }
(21)         });
(22)     }
(23) }
```

第 8 行代码说明此 Activity 为 AppCompatActivity 的派生类，具有主题色、Toolbar(工具栏)、FloatingActionButton(悬浮按钮)等功能。

第 13、15 行代码通过 findViewById 方法根据控件 id 获得从 AppCompatActivity 继承的 Toolbar、FloatingActionButton 控件的引用：

```
Toolbar toolbar = (Toolbar) findViewById(R.id.toolbar);
FloatingActionButton fab = (FloatingActionButton) findViewById(R.id.fab);
```

第 14 行代码通过 setSupportActionBar 方法设定 toolbar 为新建 Activity 的工具条，第 16 行代码通过 fab.setOnClickListener 方法为悬浮按钮添加鼠标单击事件监听器。

创建 Activity 时, Android Studio 会在 AndroidManifest.xml 文件自动添加下述标签对其进行声明:

```
<activity
    android:name=".Main2Activity"
    android:label="@string/title_activity_main2"
    android:theme="@style/AppTheme.NoActionBar">
</activity>
```

Activity 创建、配置好后，即可单击 Run 相关子菜单运行查看结果。Run 常用的子菜单有“Run ‘MainActivity’ ”、“Debug ‘MainActivity’ ”、“Run…”、“Debug…”等(图 3-5)，单击“Run…”、“Debug…”子菜单项后即可运行和调试作为程序入口的 MainActivity(图 3-6)。

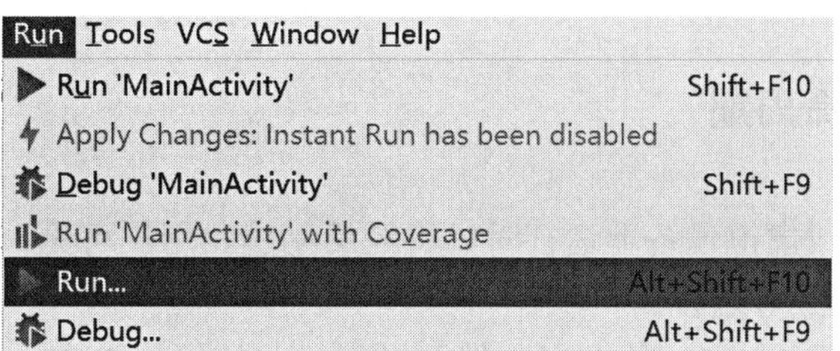

图 3-5　Run 菜单项

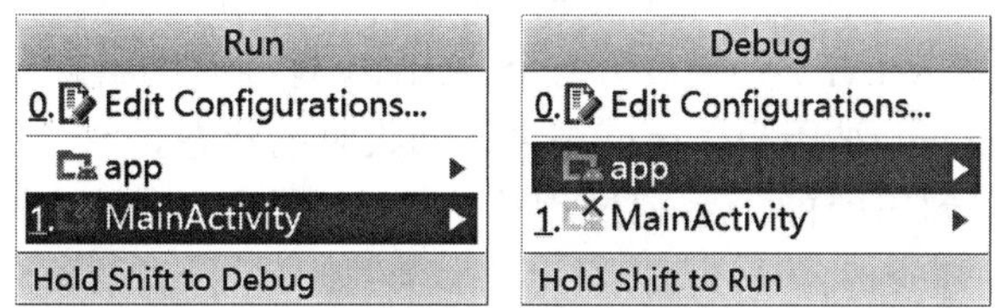

图 3-6　运行调试选项菜单

若需运行调试 Main2Activity，则需在 AndroidManifest.xml 中将其设置为程序入口，代码如下：

```
(1)    <activity android:name=".MainActivity">
(2)    </activity>
(3)    <activity
(4)        android:name=".Main2Activity"
(5)        android:label="@string/title_activity_main2"
(6)        android:theme="@style/AppTheme.NoActionBar">
(7)        <intent-filter>
(8)            <action android:name="android.intent.action.MAIN" />
(9)            <category android:name="android.intent.category.LAUN    CHER" />
(10)       </intent-filter>
(11)   </activity>
```

此后单击 run>app 菜单项，Main2Activity 即会加载到虚拟机上运行，结果如图 3-7 所示。

图 3-7　Main2Activity 运行结果

3.1.2 Activity 生命周期

Activity 在移动或虚拟设备上运行时，将经历创建、用户可见、与用户开始交互、暂停、用户不可见、销毁等过程：

(1) 创建时将设置 Activity 的布局文件并进行相关初始化操作；

(2) 用户可见指 Activity 处于活动状态，用户可以与之交互；

(3) 暂停指 Activity 失去焦点，被弹出窗口或非全屏 Activity 覆盖，用户无法与之交互；

(4) 用户不可见指 Activity 完全被另一个 Activity 覆盖时的状态，此时它不再可见；

(5) 销毁是指 Activity 被用户关闭或被系统回收时的状态。

Activity 从创建到销毁的一系列过程称为生命周期，并通过相应的生命周期方法(图 3-8)对各状态进行管理：

(1) onCreate 方法在 Activity 被创建时首先回调，为 Activity 生命周期的第一个方法，用于绑定其布局文件并进行相关的初始化操作，新建 Activity 必须重写此方法；

(2) onStart 方法在 Activity 启动时将变为可见时回调，此时 Activity 还未在设备上显示，不能与用户进行交互；

(3) onResume 方法在 Activity 可见，可在与用户交互时回调；

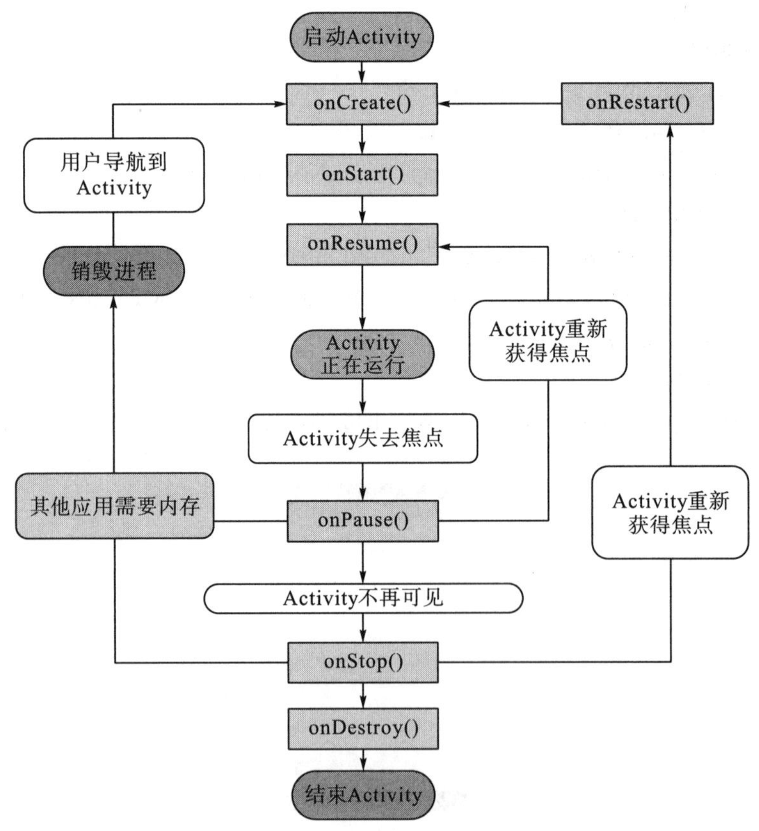

图 3-8 Activity 生命周期

(4) onPause 方法在 Activity 被诸如弹出对话框覆盖失去焦点，不能与用户进行交互时回调；

(5) onStop 方法在 Activity 即将停止或被另一个 Activity 覆盖变为在后台运行时回调，包含短时释放资源的操作；

(6) onDestroy 方法在用户关闭或系统销毁 Activity 时回调，该方法用于最终释放所有资源，也是 Activity 生命周期的最后一个执行方法；

(7) onRestart 方法在 Activity 停止运行后，重新启动时回调。

由图 3-8 可见，Activity 实例化运行时，将依次调用 onCreate、onStart、onResume 方法，使 Activity 处于可见状态，用户与之进行交互；此后，若有弹出窗口或非全屏 Activity 覆盖于其上，则回调 onPause 方法；关闭了弹出窗口或非全屏 Activity 后，onResume 方法将被调用。若在 Activity 处于暂停状态时，因其他应用程序需要资源，则此 Activity 会被强制销毁，回调 onDestroy 方法。另外，若 Activity 运行过程中被另一个 Activity 完全覆盖停止运行，则回调 onStop 方法；当停止运行的 Activity 被重新启动回到屏幕时，将会调用 onRestart 方法。

由上述分析可见，在 Activity 生命周期中，onCreate 方法只在其创建时回调一次，而 onStart 方法在 Activity 切换及返回桌面再回到应用程序的过程中会被多次调用。onStart 方法回调时 Activity 还不能与用户进行交互，主要用于初始化操作；onResume 方法回调时 Activity 已在屏幕上可见，主要用于开启动画等相关操作。onPause 及 onStop 方法回调时 Activity 对象仍然存在于内存中，通过 Activity 切换及其他相关操作，Activity 可再次与用户进行交互，两者的区别在于 onPause 方法执行时 Activity 部分或全部可见，onStop 方法执行时 Activity 已不可见。onDestroy 方法执行时，Activity 将被销毁。新建 Activity 时，应该根据生命周期方法的回调时间及其特征，重写相关方法以实现其具体功能。

下面将在 Activity 的生命周期回调方法中输出提示信息以使读者进一步理解，其源代码具体如下：

```
public class MainActivity extends Activity {
    @Override
    protected void onCreate(Bundle savedInstanceState) {
        super.onCreate(savedInstanceState);
        setContentView(R.layout.activity_main);
        Log.d("生命周期","onCreate----->当首次创建时调用！");
    }
    @Override
    public boolean onCreateOptionsMenu(Menu menu) {
        getMenuInflater().inflate(R.menu.menu_main, menu);
        return true;
    }
    @Override
    protected void onDestroy() {
        super.onDestroy();
```

```
        System.out.println("onDestroy----->销毁 Activity 时被回调");
    }
    @Override
    protected void onPause() {
     super.onPause();
        System.out.println("onPause----->暂停 Activity 时被回调");
    }
    @Override
    protected void onRestart() {
        super.onRestart();
        System.out.println("onRestart----->Activity 已停止并要再次启动时调用！");
    }
    @Override
    protected void onResume() {
    super.onResume();
   System.out.println("onResume----->Activity 与用户开始交互时调用！");
    }
    @Override
    protected void onStart() {    //当活动对用户可见时调用
        super.onStart();
        System.out.println("onStart----->Activity 可见时调用！");
    }
    @Override
    protected void onStop() {  //当活动对用户不可见时被回调
        super.onStop();
        System.out.println("onStop----->停止 Activity 时被回调");
    }
  @Override
    public boolean onOptionsItemSelected(MenuItem item) {
        int id = item.getItemId();
        if (id == R.id.action_settings) {
            return true;
        }
        return super.onOptionsItemSelected(item);
    }
}
```

程序运行后，可在 logcat 中看到相关信息：

08-08 08:37:28.693 14389-14389/com.example.administrator.ch3_activity D/生命周期: onCreate----->当首次创建时调用！

08-08 08:37:28.694 14389-14389/com.example.administrator.ch3_activity I/System.out: onStart----->Activity 可见时调用！

08-08 08:37:28.698 14389-14389/com.example.administrator.ch3_activity I/System.out: onResume----->Activity 与用户开始交互时调用！

这些信息说明 Activity 在启动运行时，会依次调用 onCreate、onStart 和 onResume 方法。

单击虚拟设备上的相关按钮(图 3-9 箭头所示)切换到其他界面时，logcat 将提示如下信息：

08-08 08:53:29.842 14389-14389/com.example.administrator.ch3_activity I/System.out: onPause----->暂停 Activity 时被回调

08-08 08:53:29.890 14389-14389/com.example.administrator.ch3_activity I/System.out: onStop----->停止 Activity 时被回调

说明返回主屏幕时，将回调 onPause 和 onStop 方法。

图 3-9　虚拟设备返回主屏幕

重新回到 MainActivity 界面时，logcat 显示如下信息：

08-08 09:02:46.019 14389-14389/com.example.administrator.ch3_activity I/System.out: onRestart----->Activity 已停止并要再次启动时调用！

08-08 09:02:46.020 14389-14389/com.example.administrator.ch3_activity I/System.out: onStart----->Activity 可见时调用！

08-08 09:02:46.020 14389-14389/com.example.administrator.ch3_activity I/System.out: onResume----->Activity 与用户开始交互时调用！

说明 onRestart、onStart、onResume 三个方法被回调，该 Activity 回到屏幕，用户可与之进行交互。

当单击了图 3-9 中回主屏幕按钮时，logcat 将显示如下信息：

08-08 08:52:39.248 14389-14389/com.example.administrator.ch3_activity I/System.out:

onPause----->暂停 Activity 时被回调

08-08 08:52:39.749 14389-14389/com.example.administrator.ch3_activity I/System.out: onStop----->停止 Activity 时被回调

08-08 08:52:39.749 14389-14389/com.example.administrator.ch3_activity I/System.out: onDestroy----->销毁 Activity 时被回调

说明除 onPause、onStop 方法外，还调用了 onDestroy 方法，销毁该 Activity。

上述例子还说明 Android 操作系统可以同时运行多个 Activity 实例，并通过 Activity 任务栈对它们进行管理。任务栈是系统为启动的应用程序自动创建的，并通过先进后出方式管理栈内 Activity 实例。应用程序运行时，首先将具有<action android: name="android.intent. action.MAIN"/><category android:name="android.intent. category. LAUNCHER"/>配置属性的“主”Activity 实例压入任务栈中，如图 3-10 所示。

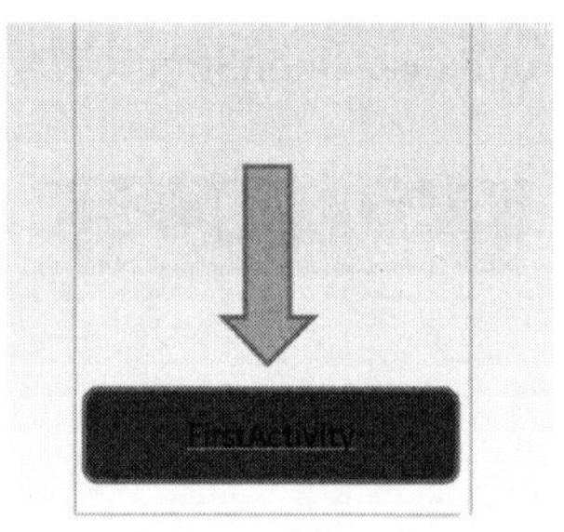

图 3-10 主 Activity 实例入栈

当 FirstActivity 中有代码启动了第二个 Activity 时，第二个 Activity 入栈并显示在屏幕上与用户进行交互，而 FirstActivity 将退至后台运行；类似地，第二个 Activity 可启动第三个 Activity，使之入栈，如图 3-11 所示。

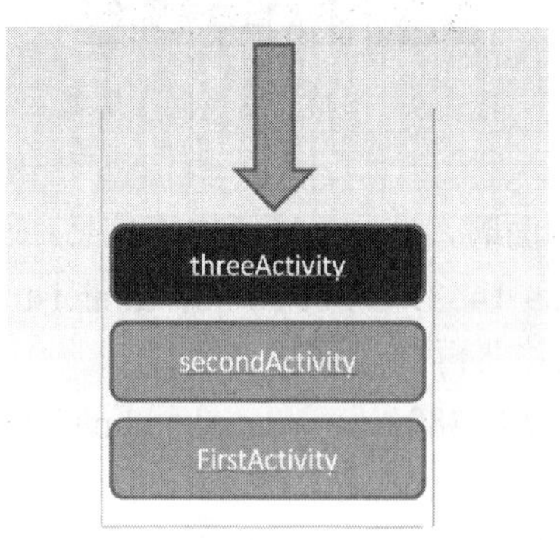

图 3-11 多 Activity 实例入栈

当第三个 Activity 关闭后，第二个 Activity 成为栈顶与用户进行交互，同样当第二个 Activity 关闭时，第一个 Activity 会成为栈顶，重新获得焦点。正常情况下，任务栈通过入栈和出栈操作管理正在运行的 Activity 实例；但也可以通过 AndroidManifest 文件中的属性 android:launchMode 改变 Activity 的激活方式。

3.2　Activity 交互

本节主要介绍从一个 Activity（当前 Activity）如何启动另一个 Activity（目标 Activity）以及 Activity 间如何进行信息传递的方法。Activity 的启动方式有两种：一种称为显式启动，这种方法通过 Intent 实例明确指出当前 Activity 实例和待启动的 Activity 类；第二种称为隐式启动，Android 系统根据 Intent 实例的动作和数据决定启动对象。下面主要介绍 Intent 类以及 Activity 显式启动方法。

3.2.1　Intent 类

从一个当前 Activity 启动目标 Activity 进行信息传递的过程中，需使用 Intent 类对象。Intent 是应用程序间以及同一应用程序中不同组件交互的桥梁，通过运行时绑定（runtime binding）机制，向 Android 传递某种请求或“意愿”。Android 根据 Intent 的内容选择适当的应用程序或组件对其进行响应完成 Activity 之间跳转、发送广播、启动服务等操作。Intent 表达程序请求时，需明确指定其目的组件、希望执行的操作、操作的类型、操作要处理的数据、数据的类型、相关扩展信息以及 Intent 运行模式，上述信息部分在 Java 代码中通过 Intent 相关方法进行设定，部分在 AndroidManifest.xml 中通过 intent-filter 标签进行设置。下面分别介绍如何设定组件、执行操作及其类型、操作需处理的数据及数据类型、设定附加信息及其运行方式。

1. 设定组件

Intent 组件设定可通过 Intent.setComponent 方法或 Intent 构造方法实现，示例如下：

（1）Intent intent = **new** Intent()；

（2）ComponentName cn = **new** ComponentName(HelloActivity.**this**, " secondActivity.**class**")；

（3）intent.setComponent(cn)；

第 2 行代码实例化 ComponentName 对象，其第一个参数 HelloActivity.this 为当前 Activity 实例，第二个参数 secondActivity.class 为目标实例的类全称；第三行代码通过调用 Intent 的 setComponent 方法设定其目的组件。

此外，实例化 Intent 对象时也可指定当前和待启动 Activity，代码如下：

Intent intent = new Intent(MainActivity.**this**,SecondActivity.**class**)；

2. 设定执行操作及其类型

执行操作及其类型确定了动作的种类、执行的相关代码及最终的输出。可借助 Intent 类定义的一系列常量（如 ACTION_VIEW、ACTION_PICK）在 AndroidManifest.xml 文件中通过<intent-filter >标签对执行的操作及类型进行设置，示例如下：

```
(1) <intent-filter>
(2)     <action android:name="com.vince.intent.MY_ACTION"></action>
(3)     <category android:name="com.vince.intent.MY_CATEGORY">
(4)     </category>
(5)     <category android:name="android.intent.category.DEFAULT">
(6)     </category>
(7) </intent-filter>
```

其中，<action>子标签用于指定操作，<category>指定操作类型。由于 Android 定义的操作和操作类型较多，在此不再详述，使用时可查帮助文档获得。也可通过 Intent.setAction 方法对执行的操作及类型进行设定，代码如下：

```
Intent intent = new Intent();
intent.setAction(Intent.ACTION_VIEW);
```

3. 设定操作需处理的数据及数据类型

(1) 操作需处理的数据及数据类型在 AndroidManifest.xml 中通过<data>标签进行设置，示例如下：

```
<intent-filter>
        ……
<data android:scheme="http" android:pathPattern=".*//.pdf"></data>
</intent-filter>
```

也可通过 Intent 类的 setData 方法来实现，示例如下：

```
(1) Intent intent = new Intent();
(2) intent.setAction(Intent.ACTION_VIEW);
(3) Uri data = Uri.parse("http://www.baidu.com");
(4) intent.setData(data);
```

此例中数据使用 Uri 对象表示。

4. 设定附加信息及其运行方式

Intent 类提供了 putXX() 和 getXX() 方法处理附加的信息，使用时 XX 替换为 Java 数据类型说明符；

Intent 通过 addFlags 方法确定程序运行方式，示例如下：

```
intent.addFlags(Intent.FLAG_ACTIVITY_BROUGHT_TO_FRONT);
```

常用的参数还有 FLAG_ACTIVITY_BROUGHT_TO_FRONT、FLAG_ACTIVITY_CLEAR_TOP、FLAG_ACTIVITY_NEW_TASK（默认）、FLAG_ACTIVITY_NO_ANIMATION 等，具体含义可查帮助文档获得。

3.2.2　无信息交互显式启动

为了无信息交互显示启动另一个 Activity, android.app.Activity 类中给出了 startActivity 方法：

public void startActivity(Intent intent)；

下面将以例子进行说明，此例中包含 FirstActivity、SecondActivity 两个 Activity，它们的布局文件分别为 activity_first.xml、activity_second.xml，FirstActivity 为主 Activity，SecondActivity 为目标 Activity。为较好地演示，分别在 activity_first.xml、activity_second.xml 文件中通过<Button>标签添加一个命令按钮，代码如下：

```
<Button
    android:id="@+id/mybutton"
    android:layout_width="wrap_content"
    android:layout_height="wrap_content"
    android:text="Button"
    tools:layout_editor_absoluteX="46dp"
    tools:layout_editor_absoluteY="33dp" />
```

然后在 FirstActivity、SecondActivity 中重写 onStart 方法，下边以 FirstActivity 重写的 onStart 方法为例进行说明，代码如下：

```
(1) @Override
(2) public void onCreate(Bundle savedInstanceState) {
(3)     super.onCreate(savedInstanceState);
(4)     setContentView(R.layout.activity_first);
(5)     myButton = (Button) findViewById(R.id.mybutton);
(6)     myButton.setText("启动第二个 Activity");
(7)     myButton.setOnClickListener(new ButtonOnClickListener());
(8) }
```

其中，第 7 行设置 myButton 按钮的鼠标事件监听器，ButtonOnClickListener 为 FirstActivity.java 中定义的内部类，其代码如下：

```
class ButtonOnClickListener implements android.view.View.OnClickListener
{
    @Override
    public void onClick(View v) {
        Intent intent = new Intent();
        intent.setClass(FirstActivity.this,SecondActivity.class);
        FirstActivity.this.startActivity(intent);
    }
}
```

ButtonOnClickListener 类实现了 android.view.View.OnClickListener 鼠标事件接口并重写了 onClick 方法，此方法在鼠标单击事件发生时回调。第 5 行实例化一个名为 intent 的 Intent 对象，通过 intent.setClass 方法设定当前及待启动的 Activity，最后通过 startActivity 方法启动 SecondActivity。

程序运行后，FirstActivity 实例将首先显示（图 3-12(a)），单击“启动第二个 ACTIVITY”按钮，将加载并显示 SecondActivity(图 3-12(b))；此后若单击“返回第一个 ACTIVITY”按钮，将返回并显示 FirstActivity(图 3-12(a))。

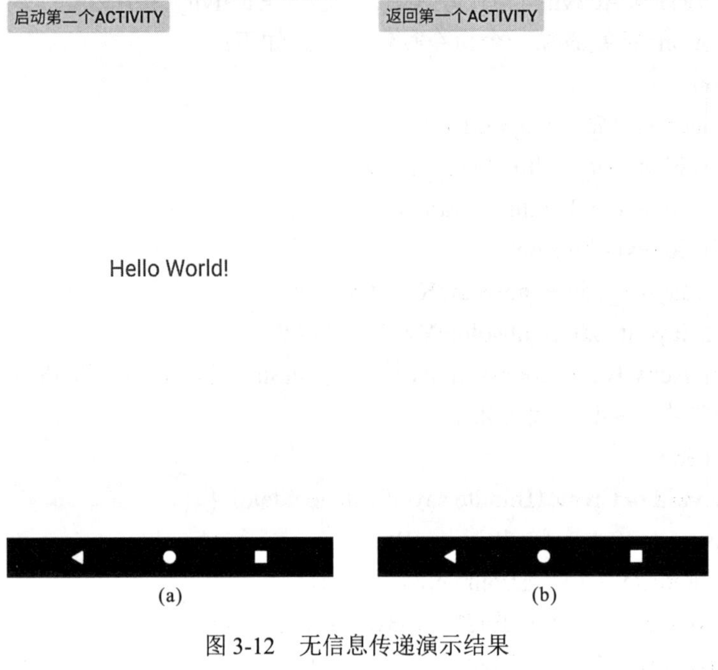

图 3-12 无信息传递演示结果

3.2.3 信息交互显式启动

在许多 Android 应用程序中，通常当前 Activity 实例与目标 Activity 之间需进行信息交互，如使用手机银行进行转账时，通常会弹出一个非全屏 Activity 或对话框用于输入验证码。

1. 当前 Activity

当前 Activity 为能对返回结果进行处理，需使用 startActivityForResult 方法启动目标 Activity:

```
public void startActivityForResult (Intent intent, int requestCode);
```

其中，requestCode 参数为自定义的大于等于零的整型数据，用于标记当前 Activity。

为接收并处理目标 Activity 返回的结果，当前 Activity 还需重写 onActivityResult 方法：

```
protected void onActivityResult(int requestCode, int resultCode, Intent data)
```

(1) requestCode 为请求码，对应于 startActivityForResult 的第二个参数，用于标识当前 Activity。

(2) resultCode 为结果码，该参数在目标 Activity 中设置，用于确定目标 Activity 的返回状态。

(3) data 为 Intent 实例，用于携带目标 Activity 返回的数据。

2. 目标 Activity

目标 Activity 为将结果返回，需使用 setResult 方法对结果进行设定，该方法的其中一种实现说明如下：

public final void setResult(int resultCode, Intent data)；

(1) resultCode 为结果码，用于标识目标 Activity 的相关操作是否成功，其取值通常为 Activity.RESULT_CANCELED、Activity.RESULT_OK。Activity.RESULT_OK 代表操作成功，Activity.RESULT_CANCELED 代表操作已取消。

(2) data 为携带相关返回结果的 Intent 对象。

这两个参数将分别传递给启动 Activity 中 onActivityResult(int requestCode, int resultCode, Intent data) 方法的第二、三个参数。

目标 Activity 设定好返回结果后，通过 public void finish() 或 public void finishActivity (int requestCode) 方法将其关闭，系统自动回调启动 Activity 中的 onActivityResult 方法。

3. 示例

此例包含 FirstActivity、SecondActivity 两个 Activity，它们的布局文件分别为 main.xml、second.xml。

1) FirstActivity

FirstActivity 布局文件 main.xml 代码如下：

```
<?xml version="1.0" encoding="utf-8"?>
<LinearLayout xmlns:android="http://schemas.android.com/apk/res/android"
    android:orientation="vertical"
    android:layout_width="fill_parent"
    android:layout_height="fill_parent"
    >
    <TextView
        android:layout_width="fill_parent"
        android:layout_height="wrap_content"
        android:text="@string/hello"
        />
    <Button
        android:id="@+id/myButton"
        android:layout_width="fill_parent"
        android:layout_height="wrap_content"
```

```
        android:text=""/>
    <EditText
        android:id="@+id/editText1"
        android:layout_width="match_parent"
        android:layout_height="wrap_content"
        android:ems="10"
        android:text="1234567" >
        <requestFocus />
    </EditText>
</LinearLayout>
```

从中可以看出 FirstActivity 包含有 TextView、Button、EditText 三个控件并以 LinearLayout 线性布局方式排列，相关具体内容将在第 4 章详述。

FirstActivity.java 源代码如下：

```
package com.example.administrator.ResultActivityExam;
import android.R;
import android.app.Activity;
import android.content.Intent;
import android.os.Bundle;
import android.view.View;
import android.view.View.OnClickListener;
import android.widget.Button;
import android.widget.EditText;
public class FirstActivity extends Activity {
    private Button myButton;
    public static final int REQUSET = 12;
    @Override
    protected void onActivityResult(int requestCode, int resultCode, In tent data) {
        super.onActivityResult(requestCode, resultCode, data);
            String stuName=data.getStringExtra(SecondActivity.KEY_USER_ID);
            System.out.println("从第二个 Activity 接收返回的资源！ "+stuName+" requestCode:"+requestCode);
      if(resultCode == RESULT_OK)
      {
          System.out.println("得到想要的结果！ ");
      }
    }
    @Override
    public void onCreate(Bundle savedInstanceState) {
            System.out.println("FirstAcvity ---> onCreate");
```

```
(26)            super.onCreate(savedInstanceState);
(27)            setContentView(R.layout.main);
(28)            myButton = (Button) findViewById(R.id.myButton);
(29)            myButton.setText("启动第二个 Activity");
(30)            myButton.setOnClickListener(new    ButtonOnClickListener());
(31)      }
(32)     class ButtonOnClickListener implements OnClickListener{
(33)       @Override
(34)       public void onClick(View v) {
(35)         Intent intent = new Intent();
(36)         intent.setClass(FirstActivity.this,SecondActivity.class);
(37)         startActivityForResult(intent, 12);
(38)         }
(39)       }
(40)  }
```

第 30 行代码为 myButton 按钮注册了事件监听器，当鼠标单击此按钮时，就会自动回调 ButtonOnClickListener 内部类中的 onClick 方法，通过 startActivityForResult(intent,12);语句以请求结果返回的形式启动 SecondActivity，requestCode 为 12。

第 14～22 行重写的 onActivityResult 方法，当 SecondActivity 实例关闭返回 FirstActivity 时回调，以处理返回结果。第 16 行从 data 中获得传递的数据，通过 getStringExtra 方法获得 SecondActivity 中 key 为 SecondActivity.KEY_USER_ID 的字符串资源。

第 17 行说明如何由 requestCode 判断结果是否从 SecondActivity 实例返回；第 18 行示例由 resultCode 判断 SecondActivity 操作是否成功。

2) SecondActivity

SecondActivity 的布局文件 second.xml 代码如下：

```
<?xml version="1.0" encoding="utf-8"?>
<LinearLayout xmlns:android="http://schemas.android.com/apk/res/android"
  android:orientation="vertical"
  android:layout_width="fill_parent"
  android:layout_height="fill_parent"
  >
  <Button
      android:id="@+id/secondButton"
      android:layout_width="fill_parent"
      android:layout_height="wrap_content"
      android:text="返回"/>
</LinearLayout>
```

从中可以看出 SecondActivity 中包含有一个 id 为 secondButton 的、显示文字为“返回”的 Button 控件。

SecondActivity.java 源代码如下：

```
(1) package com.example.ResultActivity1;
(2) import android.app.Activity;
(3) import android.content.Intent;
(4) import android.os.Bundle;
(5) import android.view.View;
(6) import android.view.View.OnClickListener;
(7) import android.widget.Button;
(8) public class SecondActivity extends Activity {
(9)       private Button secondButton;
(10)      public static final String KEY_USER_ID="KEY_USER_ID";
(11)      public static final String KEY_USER_PASSWORD="KEY_USER_PASSWORD";
(12)     @Override
(13)      protected void onCreate(Bundle savedInstanceState) {
(14)           super.onCreate(savedInstanceState);
(15)           setContentView(R.layout.second);
(16)           secondButton = (Button) findViewById(R.id.secondButton);
(17)           secondButton.setOnClickListener(new  ButtonOnClickListener());
(18)     }
(19)     class ButtonOnClickListener implements OnClickListener{
(20)       @Override
(21)       public void onClick(View v) {
(22)         //返回数据的方法
(23)         Intent intent=new Intent();
(24)         intent.putExtra(KEY_USER_ID, "11");
(25)         intent.putExtra(KEY_USER_PASSWORD,"22");
(26)         intent.putExtra("stuNo", 10);
(27)         setResult(RESULT_OK, intent);
(28)         finish();
(29)       }
(30)     }
(31) }
```

其中，第 10～11 行代码：

```
public static final String KEY_USER_ID="KEY_USER_ID";
public static final String KEY_USER_PASSWORD="KEY_USER_PASSWORD";
```

语句用于定义 public static final 类型的字符串常量。

第 16～17 行代码：

```
secondButton = (Button) findViewById(R.id.secondButton);
secondButton.setOnClickListener(new ButtonOnClickListener());
```

通过 findViewById 方法获得 secondButton 按钮的引用，并为其注册事件监听器。程序运行过程中，若用鼠标单击 secondButton 将回调 ButtonOnClickListener 类中的 onClick 方法。

第 24～26 行代码：

```
intent.putExtra(KEY_USER_ID, "11");
intent.putExtra(KEY_USER_PASSWORD,"22");
intent.putExtra("stuNo", 10);
```

通过 putExtra 方法以键值对方式携带额外信息，putExtra 方法定义如下:

```
public Intent putExtra(String name, XX value);
```

其中，name 为键名，value 为 XX 数据类型的值，XX 可以为 double、int、String 等。其返回值为设置键值对的同一 Intent 对象。

第 28 行中的 finish()语句用于关闭 SecondActivity 实例，将其从 Activity 栈中移除，使得 FirstActivity 位于栈顶显示并与用户进行交互。

3) AndroidManifest.xml 文件

FirstActivity 与 SecondActivity 定义好后，需在 AndroidManifest.xml 文件中注册声明，具体代码如下：

```
(1) <activity android:name=".FirstActivity"   android:label="@string/FirstA" >
(2)     <intent-filter>
(3)         <action android:name="android.intent.action.MAIN" />
(4)         <category android:name="android.intent.category.LAUNCHER" />
(5)     </intent-filter>
(6) </activity>
(7) <activity  android:name=".SecondActivity"  android:label="@string/SecondA" >
(8) </activity>
```

第 1、7 行代码中 android:label 使用(app>src>main>res>values>string.xml 中定义的字符串设置)它们各自的标题栏，FirstActivity 为应用程序主 Activity。

程序运行后，屏幕上首先显示 FirstActivity 运行实例结果(图 3-13(a))，单击“启动第二个 ACTIVITY”按钮后，将显示 SecondActivity(图 3-13(b))。

当单击 SecondActivity(图 3-13(b))中“返回”按钮后，将返回 FirstActivity 实例并回调 onActivityResult 方法，在 logcat 中显示如下信息以说明 SecondActivity 的相关信息已返回 FirstActivity。

08-09　06:37:52.843　5846-5846/com.example.administrator.ch3_communicationactivity I/System.out: 从第二个 Activity 接收返回的资源！11requestCode:12

08-09　06:37:52.843　5846-5846/com.example.administrator.ch3_communicationactivity I/System.out: 得到想要的结果！

3.3　本 章 小 结

本章主要介绍了应用 Android Studio 创建、配置和使用 Activity，每个 Activity 实例的生命周期以及多个 Activity 之间的交互。

(1)一个应用程序可以包含多个 Activity，不同 Activity 呈现出不同的操作界面，以实现不同的功能。

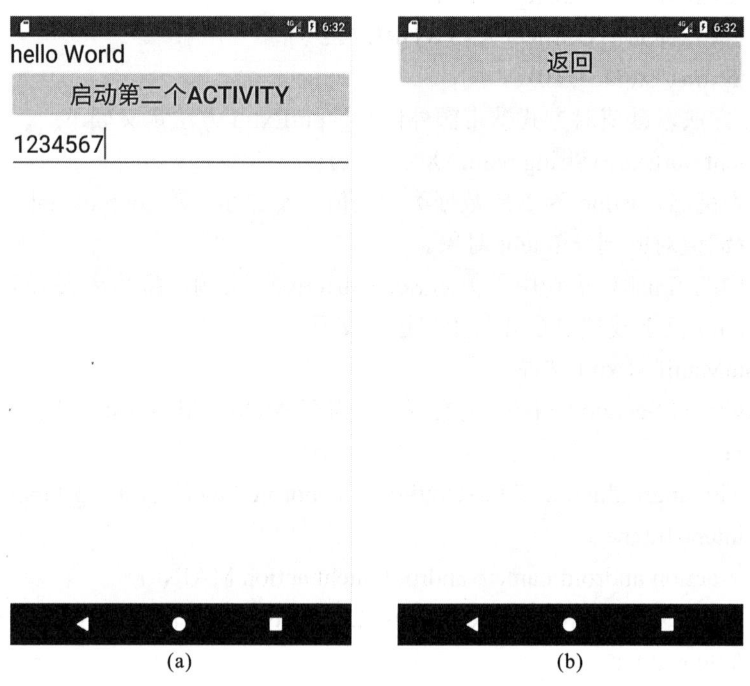

(a) (b)

图 3-13 带信息传递运行结果

①新建一个 Activity 有两种方式，第一种为创建 android.app.Activity 类或其子类(如 AppCompatActivity)的派生类，第二种为通过 Android Studio 相关菜单项实现。

②在 AndroidManifest.xml 中通过<activity...>...</activity>标签声明配置 Activity。

③Activity 在移动或虚拟设备上运行时，将经历创建、用户可见、与用户开始交互、暂停、销毁、用户不可见等过程，分别对应 onCreate、onStart、onResume、onPause、onDestroy、onStop 等回调方法。

(2)Activity 可通过显式或隐式方式启动目标 Activity。

①Intent 是应用程序间以及同一应用程序中不同组件交互的桥梁，通过运行时绑定机制，向 Android 传递某种请求或“意愿”。

②无信息交互显示启动目标 Activity 可通过 android.app.Activity 类定义的 startActivity 方法实现。

③信息交互时，当前 Activity 需使用 startActivityForResult 方法启动目标 Activity，且重写 onActivityResult 方法对目标 Activity 返回结果进行处理，同时目标 Activity 通过 setResult 方法设定返回结果。

第 4 章　Android 常用基本控件及其布局

图形用户界面(GUI)是 Android 应用程序开发的重要组成部分，可与用户进行交互，以实现特定功能，如拨打电话、发送短信、查看地图、播放视频及音乐等。为创建 GUI，Android 提供了丰富的界面控件，如图 4-1 所示。

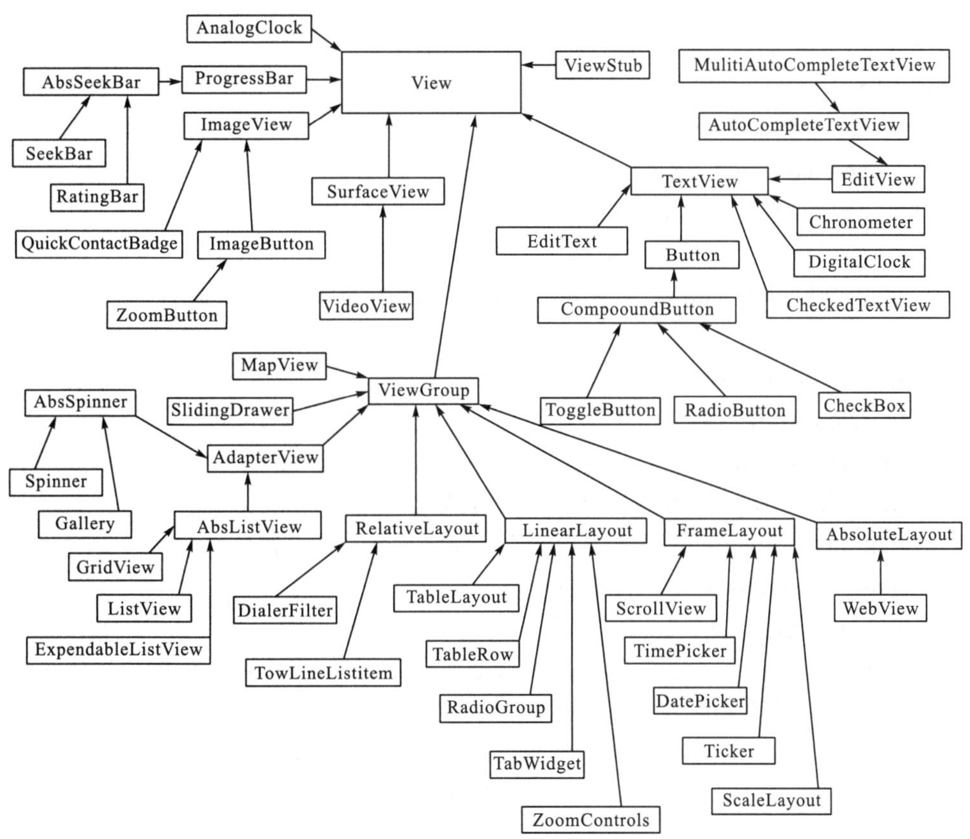

图 4-1　GUI 控件

由图 4-1 可知，View 是所有控件的父类；ViewGroup 是 RelativeLayout、LinearLayout、FrameLayout、AbsoluteLayout 等布局类的父类，可包含一系列 View 并确定它们的布局方式。本章首先介绍 Android 程序中常用的基本控件(TextView、EditText、Button、CheckBox、RadioButton 等)及常用布局控件(LinearLayout、TableLayout、FrameLayout、RelativeLayout 等)，最后通过计算器示例程序进一步说明它们的使用方法。

4.1 常用的基本控件

4.1.1 TextView

TextView 是 Android 常用的一种 GUI 控件，用于显示不可编辑的文本信息。该控件位于 android.widget 包中：

```
java.lang.Object
        android.view.View
          android.widget.TextView
```

TextView 一般通过 XML 语句添加到布局文件中：

```
(1) <TextView
(2)     android:layout_width="fill_parent"
(3)     android:layout_height="wrap_content"
(4)     android:text="@string/hello"
(5) />
```

除 android:layout_width、android:layout_height、android:text 属性外，其常用属性还有：

(1) android:id 指定 TextView 控件唯一 id；

(2) android:textSize 指定 TextView 控件显示文字的字体大小；

(3) android:textColor 确定 TextView 控件显示文字的颜色；

(4) android:textAlignment 设定文字对齐方式；

(5) android:textStyle 设置字体是否倾斜加粗；

(6) android:visibility 确定控件是否可见；

(7) tool:text 设定浏览显示文字。

在 Java 源代码中可以通过 findViewById 方法获得 TextView 控件的引用，并通过如表 4-1 所示相关方法对其属性进行访问。

表 4-1 TextView 控件常用方法

属性名	涉及方法	方法说明
text	public CharSequence getText()	获得 TextView 显示文字
	final void setText(int resid) final void setText(CharSequence text)	设置 TextView 显示文字
textColor	public final ColorStateList getTextColors()	获得 TextView 显示文字颜色
	public void setTextColor(ColorStateList colors)	设置 TextView 显示文字颜色
textSize	public final setTextSize()	获得 TextView 显示文字大小
	public float getTextSize()	设置 TextView 显示文字大小

此外，为快速布局，Android Studio 为开发者提供了可见即可得的布局编辑器，通过单击布局文件左下角的 Design 选项卡(图 4-2 左下角)打开 (图 4-3)。

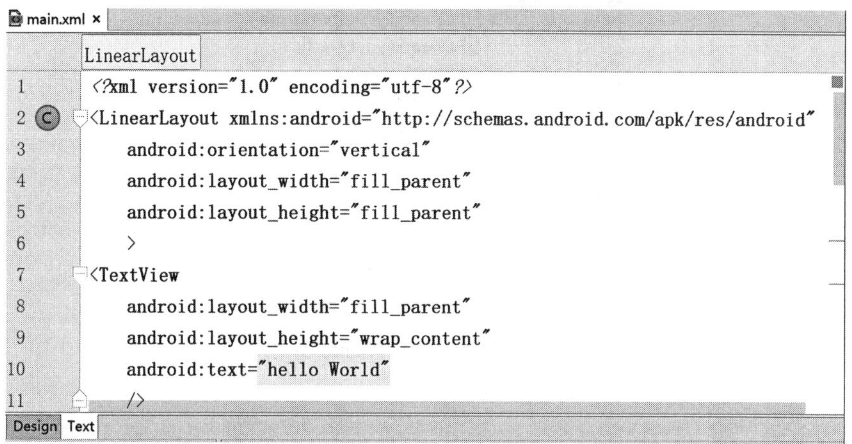

图 4-2　布局文件

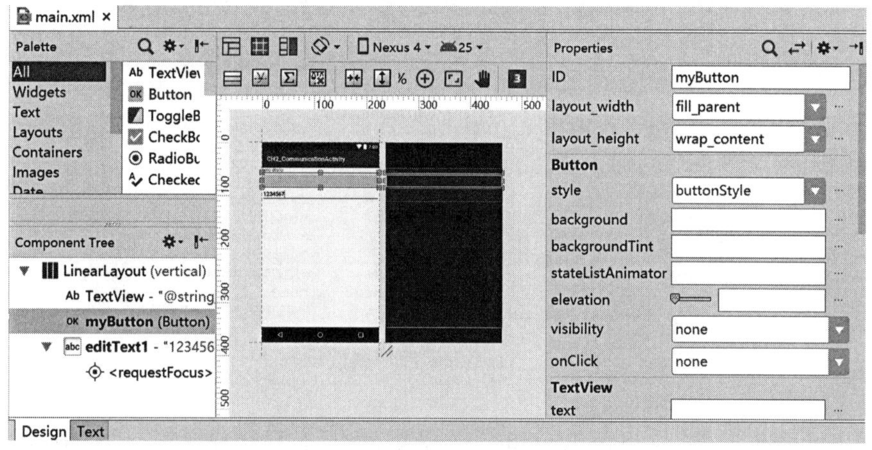

图 4-3　Android Studio 布局编辑器

布局管理器界面内容介绍如下：

(1) 布局编辑器左上角 Palette 窗格(图 4-4)中分类显示 Android GUI 控件。该窗格左边显示 GUI 分类列表，当选中列表的某一项时，将在右侧窗格中显示属于该类的所有控件。

(2) 布局编辑器左下角 Component Tree 窗格显示该布局包含的所有控件，用鼠标左键选中某控件后，该控件的属性列表将在右侧 Properties 窗格中显示。

(3) 布局编辑器中间窗格用于预览控件及其布局，以便对 GUI 进行设计。

(4) 右侧属性窗格用于对选中控件属性进行设置。若在 Component Tree 窗格中选中 id 为 textView 的控件，则可在属性窗格对其 text、textColor 等属性进行设置并在预览窗格中观察效果(图 4-5)。

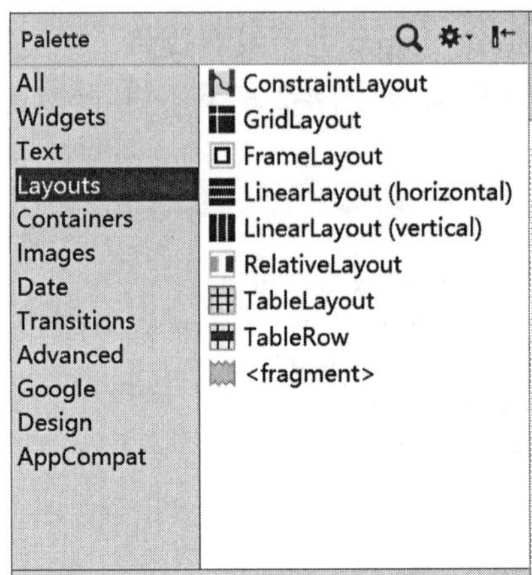

图 4-4 布局编辑器 Palette 窗格

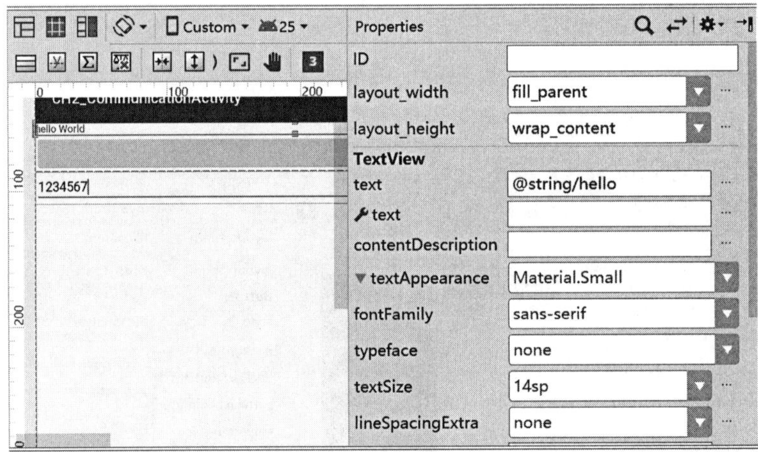

图 4-5 TextView 控件属性设置

此后，可单击图 4-2 左下角 Text 选项卡查看 XML 布局文件标签，如下所示：

```
(1) <TextView
(2)     android:id="@+id/textView"
(3)     android:layout_width="fill_parent"
(4)     android:layout_height="wrap_content"
(5)     android:text="@string/hello"
(6)     android:textAlignment="center"
(7)     android:textColor="@android:color/holo_red_light"
(8)     android:textSize="30sp"
(9)     android:textStyle="bold"
(10)    android:visibility="visible"
(11)    tools:text="例子" />
```

运行结果如图 4-6 所示。

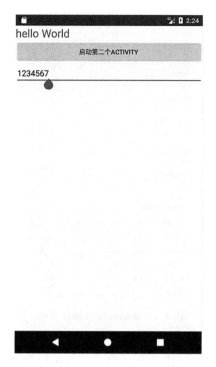

图 4-6　TextView 示例运行结果

4.1.2　Button

Button 是 Android 常用的另一个控件，位于 android.widget 包中：

```
java.lang.Object
   android.view.View
         android.widget.TextView
               android.widget.Button
```

其为 TextView 的派生类，TextView 控件常用的属性和方法均可被 Button 控件继承，且它具有自己独有的一些属性(图 4-7)，其中：

(1) style 属性用于设置 Button 显示样式；

(2) background 属性用于设置 Button 的背景；

(3) backgroundTint 属性设置的背景会与原有的背景进行叠加融合，叠加融合方式由 backgroundTintMode 属性确定；

(4) onClick 属性用于确定鼠标单击回调方法，此方法须事先在 Activity 的 Java 源文件中实现。如在 Java 文件中定义了 click 方法，则此方法就可选定为 onClick 属性的值。

```
public void click(View v) {
        // TODO Auto-generated method stub
        System.out.println ("指定 onClick 属性方式");
    }
```

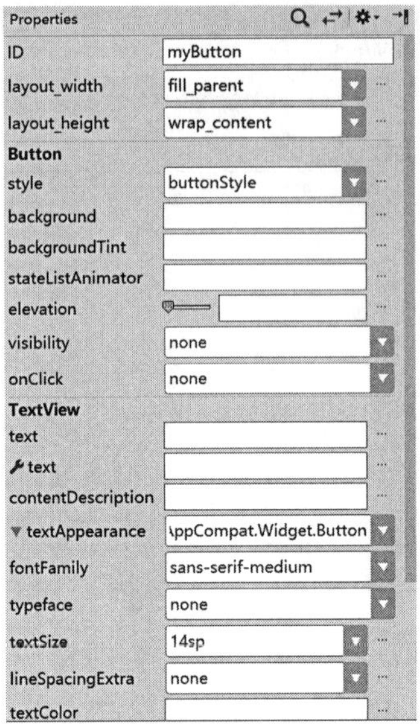

Properties	
ID	myButton
layout_width	fill_parent
layout_height	wrap_content
Button	
style	buttonStyle
background	
backgroundTint	
stateListAnimator	
elevation	
visibility	none
onClick	none
TextView	
text	
text	
contentDescription	
▼ textAppearance	\ppCompat.Widget.Button
fontFamily	sans-serif-medium
typeface	none
textSize	14sp
lineSpacingExtra	none
textColor	

图 4-7 Button 控件属性窗格

设定好相关属性后，其在 XML 布局文件中的标签内容如下：

```
(1) <Button
(2)     android:id="@+id/myButton"
(3)     style="@style/Widget.AppCompat.Button.Small"
(4)     android:layout_width="fill_parent"
(5)     android:layout_height="wrap_content"
(6)     android:background="@android:drawable/btn_dialog"
(7)     android:backgroundTint="@android:drawable/btn_minus"
(8)     android:onClick="click"
(9)     android:text="" />
```

除通过 android:onClick 属性指定鼠标单击回调方法外，还可通过 Java 事件处理机制对鼠标事件进行处理，具体实现过程如下。

(1) 编写实现 android.view.View.OnClickListener 接口的鼠标事件监听器类：

```
class ButtonOnClickListener implements android.view.View.OnClickListener {
    @Override
    public void onClick(View v) {
    //鼠标单击事件发生时需执行的相关代码
    }
}
```

(2) 在 onCreate 方法中为 Button 控件注册鼠标事件监听器：

```
Button myButton = (Button) findViewById(R.id.myButton);
myButton.setOnClickListener(new ButtonOnClickListener());
```

此外，还可以借助匿名类来实现事件监听器。

4.1.3　EditText

EditText 是 android.widget.TextView 的另一个子类，为可编辑文本框。该控件获得焦点后，用户可编辑其中的内容。

1. 常用属性

从 EditText 属性窗口（图 4-8）可以看出，除前面介绍的 TextView 相关属性外，EditText 常用的属性还有：

（1）style 用于设置 EditText 中文本的显示形式，其取值可以为 Android 中定义的默认 EditText 样式，如@android:style/Widget.AutoCompleteTextView；当熟练掌握 Android 编程后，用户也可以在 app>src>main>res>layout>style.xml 中自定义 EditText 样式。

（2）hint 用于设置当 text 属性为空时的提示文字。

（3）singleLine 属性取值为 True 或 False，用于确定 EditText 是否单行输入内容，设置为 True 时单行显示。

（4）selectAllOnFocus 取值为 True 时，EditText 获得焦点时会自动选中所有内容。

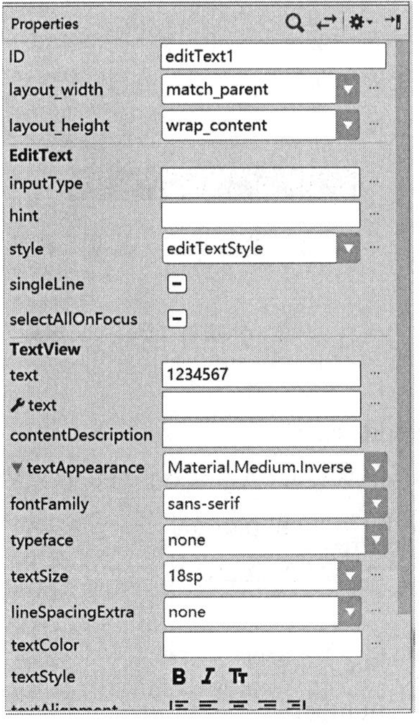

图 4-8　EditText 属性窗口

（5）fontFamily 用于设置字体，如 Word 中的宋体等。

（6）typeface 用于设置字体样式，其取值可以为 normal（普通字体，系统默认使用的字体）、sans（非衬线字体）、serif（衬线字体）、monospace（等宽字体）等。

（7）password 属性取值为 True 或 False，用于确定 EditText 输入的内容是否是密码，取值为 True 代表密码输入，以星号显示输入的内容。

(8) numeric 取值为 True 或 False，确定是否为数字输入。

(9) maxLength 用于确定输入字符的最大长度。

(10) android:ems 属性用于设置 EditText 的宽度。

(11) inputType 用于设置可输入 EditText 的文本类型及输入时设备键盘显示的内容，取值有：none 输入普通字符(英语)，textCapCharacters 输入普通字符(字母大写)，textMultiLine 多行输入，textEmailAddress 电子邮件地址格式，text 输入普通字符(汉语)，number 数字格式，datetime 日期时间格式等。当将其设置为 number，EditText 获得焦点输入内容时，键盘显示如图 4-9 所示，这时仅可输入数字。

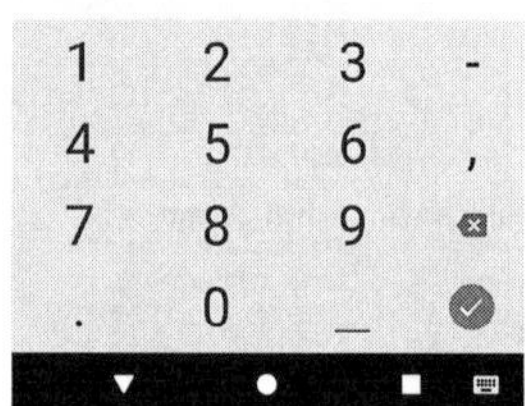

图 4-9 虚拟设备 EditText 输入键盘

设置好相关属性后，其在 XML 布局文件中的标签内容如下：

```
<EditText
    android:id="@+id/editText1"
    style="@android:style/Widget.AutoCompleteTextView"
    android:layout_width="match_parent"
    android:layout_height="wrap_content"
    android:ems="10"
    android:fontFamily="sans-serif"
    android:inputType="number"
    android:selectAllOnFocus="false"
    android:singleLine="false"
    android:text="1234567"
    android:typeface="sans">
</EditText>
```

其中，android:ems="10"用于设置 EditText 的宽度为 10 个字符。

2. 方法及事件

除从 TextView 继承的相关方法外，EditText 常用的方法还有：

(1) public void selectAll() 用于选中 EditText 中的所有内容；

(2) public void setSelection(int start,int stop) 用于选中从 start(下标) 到 stop-1 的字符。

EditText 除鼠标单击事件外，通常还需对键盘事件进行处理，防止用户输入一些程序规定的非法字符。为实现键盘事件处理，需编写实现 View.OnKeyListener 接口的键盘事件处理器，然后使用 public void setOnKeyListener(View.OnKeyListener l) 为 EditText 绑定键盘事件监听器。示例代码如下。

(1) 定义键盘事件处理器：

```
class keyEventExample implements View.OnKeyListener
{
  public boolean onKey(View view, int i, KeyEvent keyEvent)
  {
    // view 参数是发生键盘事件的控件
    // i 指键盘事件按键 code
      /* keyEvent 为 KeyEvent 类对象，包含键盘事件的所有信息，通常通过 public
final int getKeyCode() 方法获得按键编码
     */
  }
}
```

(2) 在 onCreate 方法中注册事件监听器：

```
editText.setOnKeyListener(new keyEventExample ());
```

4.1.4 CheckBox 与 RadioButton

复选框和单选按钮是 GUI 常用的组件，用于显示系列选项供用户进行选择，其中复选框中的选项可同时选择多个，而一组单选按钮的选项一次只能选择一个。Android 提供的复选框和单选按钮控件分别是 CheckBox 和 RadioButton，它们位于 widget 包中：

```
java.lang.Object
   android.view.View
         android.widget.TextView
               android.widget.Button
                     android.widget.CompoundButton
```

它们都是 Button 的子类，继承了 Button 常用的属性及方法。下面分别介绍它们各自常用的属性及方法。

1. CheckBox 控件

可以使用 Android Studio 提供的两种方法将 CheckBox 控件添加到 Activity 布局文件

中，一种是通过<CheckBox />标签，另一种是在布局管理器 Palette 中找到 Widgets，在其右侧窗格中找到 CheckBox 图标(图 4-10)，单击选中将其拖放到 Design 布局预览窗格中。

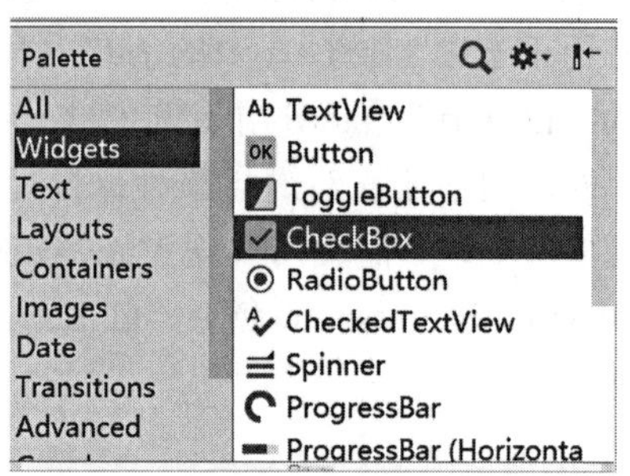

图 4-10　布局编辑器中的 CheckBox

默认情况下，复选框处于未选中状态，可在 Properties 窗格中将 checked 属性设置为 True 使其处于选中状态，XML 布局文件中相应的标签内容如下：

```
<CheckBox
    android:id="@+id/checkBox"
    android:layout_width="match_parent"
    android:layout_height="wrap_content"
    android:checked="True"
    android:text="CheckBox" />
```

代码中可通过 public boolean isChecked() 方法判断复选按钮是否选中，示例如下：

```
final CheckBox checkBox = (CheckBox) findViewById(R.id.checkbox_id);
if (checkBox.isChecked()) {
    checkBox.setChecked(false);
}
```

CheckBox 常用事件为鼠标单击事件，处理方法与 Button 相同。

2. RadioButton

RadioButton 为单选按钮控件，用于从少数选项中选取其中一项，如性别选择。由于 RadioButton 和 CheckBox 控件具有相同的父类，它们的常用属性和方法相同，将其添加到布局文件的方法也相同。

现布局管理器中通过拖拽将三个 RadioButton 拖放到名为 Main2Activity.xml 布局文件中，但运行应用程序后发现三个单选按钮会被同时选中(图 4-11)。

图 4-11　三个 RadioButton 被同时选中

这是由于三个单选按钮是相互独立的，为解决该问题，Android 提供了 RadioGroup 控件将单选按钮进行打包，确保相同的包内单选按钮只能选中其中一项。具体操作为在 Palette 右侧窗格中找到 RadioGroup（图 4-12），将其拖放到布局文件预览窗格中，在 Component Tree 窗格中将相对应的 RadioButton 控件拖放到其中即可。

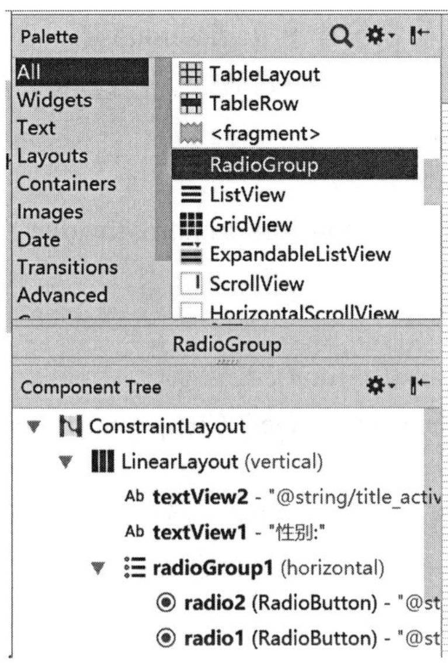

图 4-12　布局编辑器中的 RadioGroup

完成上述操作后，XML 布局文件中的标签内容如下：

```
<RadioGroup
    android:id="@+id/radioGroup1"
    android:layout_width="wrap_content"
    android:layout_height="wrap_content"
    android:layout_alignRight="@+id/textView2"
    android:layout_alignTop="@+id/textView1"
    android:layout_marginRight="17dp" >
  <RadioButton
     android:id="@+id/radio2"
     android:layout_width="wrap_content"
     android:layout_height="wrap_content"
     android:layout_below="@+id/textView1"
     android:layout_toRightOf="@+id/textView1"
     android:text="@string/manText" />
  <RadioButton
     android:id="@+id/radio1"
     android:layout_width="wrap_content"
```

```
        android:layout_height="wrap_content"
        android:layout_above="@+id/textView3"
        android:layout_toRightOf="@+id/textView1"
        android:text="@string/femaleText" />
</RadioGroup>
```

从中可见，RadioButton 标签包含于 RadioGroup 中，在同一 RadioGroup 标签中的单选按钮同一时间只能选中一个，且单选按钮被选中时，将会触发 OnCheckedChange 事件，该事件的处理过程如下。

(1)编写事件处理器，代码如下：

```
class radioButtonListener implements android.widget.CompoundButton.OnCheckedChangeListener
{
  @Override
   public void onCheckedChanged(CompoundButton arg0, boolean arg1)
{
   // arg0 发生单击事件的单选按钮，通过 getId()方法可以获得其 id;
   //arg1 为 boolean 值，表示该控件是否选中
  }
}
```

(2)注册事件监听器。在 Activity 重写 onCreate 方法中注册事件监听器，代码如下：

```
manButton=(RadioButton)findViewById(R.id.radio1);
manButton.setOnCheckedChangeListener(new OnCheckedChangeListener);
```

3. RadioGroup

解决了 RadioButton 多选的问题后，有必要了解一下 RadioGroup 常用的属性、方法和事件。RadioGroup 提供了 checkedButton 属性以确定默认选中单选按钮。在 Properties 窗格(图 4-13)中找到该属性点下拉箭头即可设置，XML 布局文件中相应内容为 android:checkedButton="@+id/radio1"。

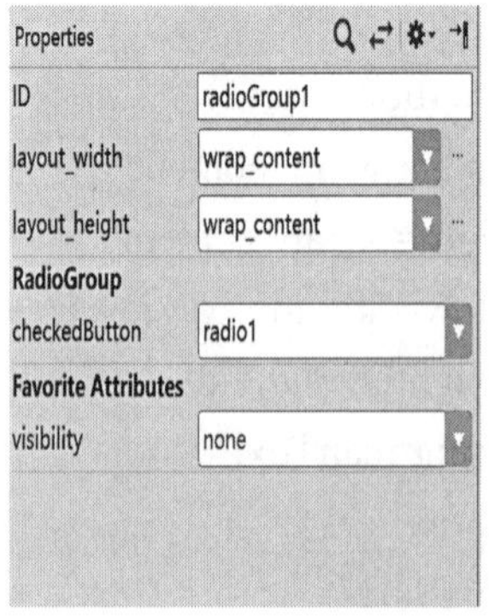

图 4-13　RadioGroup 属性窗格

为确定组中 RadioButton 的选中状态，RadioGroup 提供了一系列方法：

(1) public int getCheckedRadioButtonId() 获取选中按钮的 id(下标从 0 开始)。

(2) public void clearCheck() 将选中按钮状态变为未选中。

(3) public void check(int id) 设置 id 单选按钮为选中状态。若 id=-1，则此方法作用与 clearCheck() 相同。

(4) public void addView(View child, int index, ViewGroup.LayoutParams params) 使用 params 布局将单选按钮 child 添加到 RadioGroup 指定位置 index 处。

(5) public void setOnCheckedChangeListener(RadioGroup.OnCheckedChangeListener) 用于设置组中单选按钮选中状态发生改变时的回调方法，具体使用方式为：

```
class radioGropListener implements RadioGroup.OnCheckedChangeListener
{
    @Override
    void onCheckedChanged(RadioGroup group, int checkedId) {
        // group 为选中状态发生改变的 RadioGroup
        // checkedId 为选中单选按钮的 id
    }
}
```

在 onCreate 方法中注册事件监听器代码如下：

```
RadioGroup radio1=(RadioGroup) findViewById(R.id.radioGroup1);
radio1.setOnCheckedChangeListener(new radioGropListener());
```

4.1.5　常用基本控件简单示例

下面以性别、爱好选择为例说明 TextView、Button、CheckBox、RadioButton 等控件的使用。该例包含一个名为 CheckRadioButton 的 Activity，其布局文件 activity_check_radio_button.xml 代码如下：

```
<?xml version="1.0" encoding="utf-8"?>
<android.support.constraint.ConstraintLayout xmlns:android="http://schemas.android.
    com/apk/res/android"
    xmlns:app="http://schemas.android.com/apk/res-auto"
    xmlns:tools="http://schemas.android.com/tools"
    android:layout_width="match_parent"
    android:layout_height="match_parent"
    tools:context="com.example.administrator.ch3_viewexam.CheckRadioButton">
    <LinearLayout
        android:layout_width="368dp"
        android:layout_height="495dp"
        android:orientation="vertical"
        tools:layout_editor_absoluteY="8dp"
```

```
tools:layout_editor_absoluteX="8dp">
<TextView
    android:id="@+id/textView2"
    android:layout_width="wrap_content"
    android:layout_height="wrap_content"
    android:text="@string/title_activity_check_radio_button" />
<TextView
    android:id="@+id/textView1"
    android:layout_width="wrap_content"
    android:layout_height="wrap_content"
    android:layout_alignLeft="@+id/textView2"
    android:layout_below="@+id/textView2"
    android:layout_marginTop="30dp"
    android:text="性别:"
    android:textSize="28sp" />
<RadioGroup
    android:id="@+id/radioGroup1"
    android:layout_width="wrap_content"
    android:layout_height="wrap_content"
    android:layout_alignRight="@+id/textView2"
    android:layout_alignTop="@+id/textView1"
    android:layout_marginRight="17dp"
    android:checkedButton="@+id/radio1">
    <RadioButton
        android:id="@+id/radio2"
        android:layout_width="wrap_content"
        android:layout_height="wrap_content"
        android:layout_below="@+id/textView1"
        android:layout_toRightOf="@+id/textView1"
        android:text="@string/manText" />
    <RadioButton
        android:id="@+id/radio1"
        android:layout_width="wrap_content"
        android:layout_height="wrap_content"
        android:layout_above="@+id/textView3"
        android:layout_toRightOf="@+id/textView1"
        android:text="@string/femaleText" />
</RadioGroup>
<TextView
```

```
        android:id="@+id/textView3"
        android:layout_width="wrap_content"
        android:layout_height="wrap_content"
        android:layout_alignLeft="@+id/textView1"
        android:layout_below="@+id/radioGroup1"
        android:layout_marginTop="14dp"
        android:text="爱好:"
        android:textSize="28sp" />
    <CheckBox
        android:id="@+id/checkBox1"
        android:layout_width="wrap_content"
        android:layout_height="wrap_content"
        android:layout_alignLeft="@+id/radioGroup1"
        android:layout_alignTop="@+id/textView3"
        android:text="@string/playbasekateball" />
    <CheckBox
        android:id="@+id/checkBox2"
        android:layout_width="wrap_content"
        android:layout_height="wrap_content"
        android:layout_alignLeft="@+id/checkBox1"
        android:layout_below="@+id/textView3"
        android:text="@string/playfootBall" />
    <CheckBox
        android:id="@+id/checkBox3"
        android:layout_width="wrap_content"
        android:layout_height="wrap_content"
        android:layout_alignLeft="@+id/checkBox2"
        android:layout_below="@+id/checkBox2"
        android:text="@string/watchingTv" />
    <Button
        android:id="@+id/confirmButton2"
        android:layout_width="wrap_content"
        android:layout_height="wrap_content"
        android:layout_alignLeft="@+id/textView3"
        android:layout_below="@+id/checkBox3"
        android:layout_marginLeft="22dp"
        android:layout_marginTop="26dp"
        android:text="@string/confirmButton" />
    <Button
```

```
            android:id="@+id/cancelButton2"
            android:layout_width="wrap_content"
            android:layout_height="wrap_content"
            android:layout_alignBaseline="@+id/confirmButton2"
            android:layout_alignBottom="@+id/confirmButton2"
            android:layout_centerHorizontal="true"
            android:text="@string/cancelButton" />
    </LinearLayout>
</android.support.constraint.ConstraintLayout>
```

CheckRadioButton.java 源代码如下：

```
public class CheckRadioButton extends Activity {
protected Button confirmButton=null;
protected Button cancelButton=null;
protected RadioGroup radio1=null;
protected int confirmButtonID=0;
protected int cancelButtonID=0;
protected RadioButton manButton=null;
protected CheckBox wathingTv=null;
@Override
 protected void onCreate(Bundle savedInstanceState) {
    super.onCreate(savedInstanceState);
    setContentView(R.layout.activity_check_radio_button);
    confirmButton=(Button) findViewById(R.id.confirmButton2);
    confirmButton.setOnClickListener(new confirmButtonListener());
    cancelButton=(Button) findViewById(R.id.cancelButton2);
    cancelButton.setOnClickListener(new confirmButtonListener());
    radio1=(RadioGroup) findViewById(R.id.radioGroup1);
    manButton=(RadioButton) findViewById(R.id.radio1);
    cancelButtonID=cancelButton.getId();//获得相对应的 ID
    confirmButtonID=confirmButton.getId();
    radio1.setOnCheckedChangeListener(new radioGropListener());
    wathingTv=(CheckBox) findViewById(R.id.checkBox1);
 }
    //单选按钮组事件
 class radioGropListener implements RadioGroup.OnCheckedChangeListener
 {
    @Override
    public void onCheckedChanged(RadioGroup arg0, int arg1) {
       // TODO Auto-generated method stub
```

```
            System.out.println("单选按钮组事件中获得: "+arg1);
        }

    }
     //单选按钮的事件
       class radioButtonListener implements android.widget.CompoundButton.OnCheckedChangeListener
    {
      @Override
      public void onCheckedChanged(CompoundButton arg0, boolean arg1) {
        int viewID=arg0.getId();
        if(viewID==manButton.getId())
        {
          System.out.println("单击了男生单选按钮"+arg1);
        }
      }
    }
    //用来处理命令按钮单击事件
    class confirmButtonListener implements OnClickListener
    {
      //用来监听命令按钮单击事件
      @Override
      public void onClick(View arg0) {
        // TODO Auto-generated method stub
        int viewID=arg0.getId();  //获得发生事件控件的 id
        if(viewID== confirmButtonID)
        {
          //manButton.setChecked(true);
          System.out.println("单击了确认命令按钮! "+radio1.getCheckedRadioButtonId()+":"+wathingTv.isChecked());
    }
        else
        if(viewID==cancelButtonID)
        {
          System.out.println("单击了取消命令按钮! ");
        }
      }
    }
}
```

程序运行结果如图 4-14 所示。

(1) 单击单选按钮后， logcat 中显示如下提示信息：

com.example.administrator.ch4_viewexamI/System.out: 单选按钮组事件中获得：2131492961

(2) 单击确认按钮后，logcat 中显示如下提示信息：

com.example.administrator.ch4_viewexamI/System.out: 单击了确认命令按钮！2131492961:false

(3) 单击取消按钮后，logcat 中显示如下提示信息：

com.example.administrator.ch4_viewexamI/System.out: 单击了取消命令按钮！

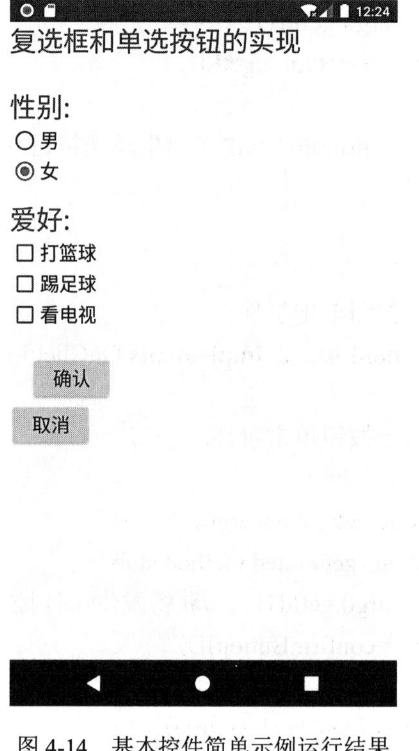

图 4-14 基本控件简单示例运行结果

4.2 Android 布局控件

4.1 节说明了 Android 基本控件的使用方法，为较好地对控件进行布局达到界面优化设计的目的，Android 提供了相关的布局控件，常用的有 LinearLayout(线性布局)、TableLayout(表格布局)、FrameLayout(帧布局)、RelativeLayout(相对布局)、GridLayout(网格布局)以及 AbsoluteLayout(绝对布局)，除了 AbsoluteLayout 通过指定 *x*、*y* 坐标确定控件位置，其他均位于 Palette 窗格 Layouts 类别中(图 4-15)，在布局编辑器中使用方式与 RadioGroup 相同，在此不再详述。下面主要介绍它们的 XML 标签及其相关属性。

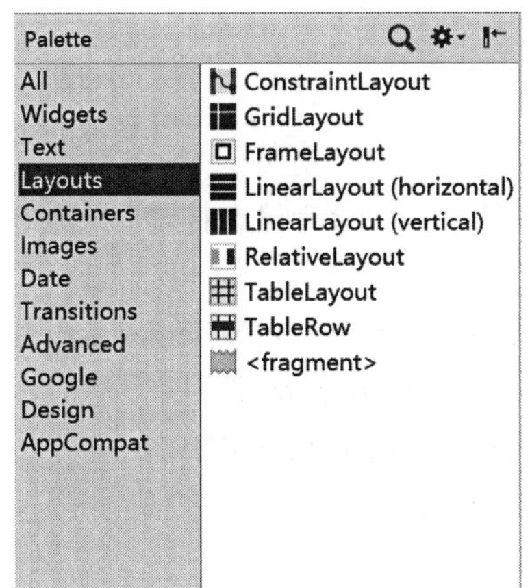

图 4-15　布局管理器中布局控件

4.2.1　LinearLayout

LinearLayout 为 Android 的一种常用布局方式，按从上到下或从左至右方式排列控件，其 XML 标签如下：

```
(1) <LinearLayout xmlns:android="http://schemas.android.com/apk/res/android"
(2)     android:layout_width="match_parent"
(3)     android:layout_height="match_parent"
(4)     android:orientation="vertical"
(5)     >
(6)     <!--中间为相关的控件标签 -->
(7) </LinearLayout>
```

第 4 行 android:orientation 属性用于确定控件的排列方式，当其取值为 horizontal 时，控件从左到右排列(图 4-16(a))；当其取值为 vertical 时，控件从上到下排列(图 4-16(b))。

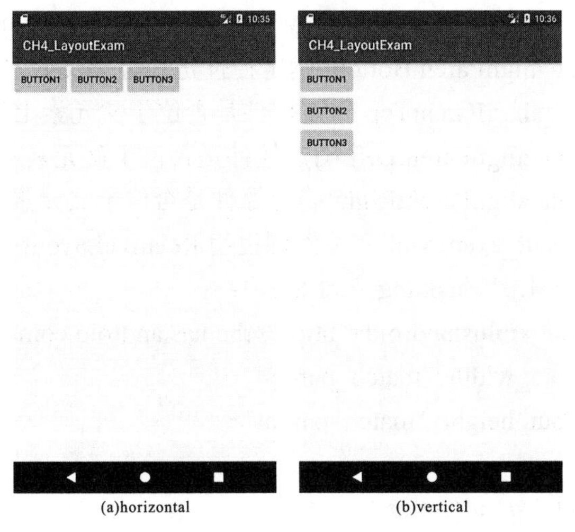

(a)horizontal　(b)vertical

图 4-16　LinearLayout 布局方式

4.2.2 RelativeLayout

RelativeLayout 为相对布局方式，参考已有控件(一般为父控件)或界面来摆放控件，其 XML 标签如下：

```
<RelativeLayout xmlns:android="http://schemas.android.com/apk/res/android"
    android:layout_width="match_parent"
    android:layout_height="match_parent">
    <!--包含相关的控件标签 -->
</RelativeLayout>
```

当使用 RelativeLayout 时，需通过如下属性指定控件布局的参照元素 id：

(1) android:layout_below 位于指定元素下方；
(2) android:layout_above 位于指定元素上方；
(3) android:layout_toRightOf 位于指定元素右方；
(4) android:layout_toLeftOf 位于指定元素左方；
(5) android:layout_alignBottom 与指定元素底部对齐；
(6) android:layout_alignTop 与指定元素顶部对齐；
(7) android:layout_alignRight 与指定元素右侧对齐；
(8) android:layout_alignLeft 与指定元素左侧对齐；

此外，RelativeLayout 中内置控件的常用属性还有：

(1) android:layout_marginLeft 指定与参照元素左边缘的距离，取像素值；
(2) android:layout_marginRight 指定与参照元素右边缘的距离，取像素值；
(3) android:layout_marginTop 指定与参照元素上边缘的距离，取像素值；
(4) android:layout_marginBottom 指定与参照元素下边缘的距离，取像素值；
(5) android:layout_centerHorizontal 确定控件否水平居中，取布尔值；
(6) android:layout_centerVertical 确定控件是否垂直居中，取布尔值；
(7) android:layout_centerInparent 确定控件是否位于父元素中间，取布尔值；
(8) android:layout_alignParentBottom 确定控件是否位于父元素下边缘，取布尔值；
(9) android:layout_alignParentTop 确定控件是否位于父元素上边缘，取布尔值；
(10) android:layout_alignParentLeft 确定控件是否位于父元素左边缘，取布尔值；
(11) android:layout_alignParentRight 确定控件是否位于父元素右边缘，取布尔值；

下面以 relative_layout_exam.xml 文件为例说明 RelativeLayout 的使用方法：

```
<?xml version="1.0" encoding="utf-8"?>
<RelativeLayout xmlns:android="http://schemas.android.com/apk/res/android"
    android:layout_width="match_parent"
    android:layout_height="match_parent">
    <Button
        android:id="@+id/button"
```

```
        android:layout_width="wrap_content"
        android:layout_height="wrap_content"
        android:layout_alignParentStart="true"
        android:layout_alignParentTop="true"
        android:layout_marginStart="74dp"
        android:layout_marginTop="61dp"
        android:text="1" />
    <Button
        android:id="@+id/button2"
        android:layout_width="wrap_content"
        android:layout_height="wrap_content"
        android:layout_alignParentEnd="true"
        android:layout_alignTop="@+id/button"
        android:layout_marginEnd="38dp"
        android:layout_marginTop="23dp"
        android:text="2" />
    <Button
        android:id="@+id/button3"
        android:layout_width="wrap_content"
        android:layout_height="wrap_content"
        android:layout_centerInParent="true"
        android:text="3" />
    <Button
        android:id="@+id/button4"
        android:layout_width="wrap_content"
        android:layout_height="wrap_content"
        android:layout_alignParentBottom="true"
        android:text="4" />
    <Button
        android:id="@+id/button5"
        android:layout_width="wrap_content"
        android:layout_height="wrap_content"
        android:layout_alignBottom="@+id/button3"
        android:text="6" />
    <Button
        android:id="@+id/button6"
        android:layout_width="wrap_content"
        android:layout_height="wrap_content"
        android:layout_below="@id/button3"
```

```
        android:text="5" />
    <Button
        android:id="@+id/button10"
        android:layout_width="wrap_content"
        android:layout_height="wrap_content"
        android:layout_marginLeft="150dp"
        android:text="7" />
    <Button
        android:id="@+id/button11"
        android:layout_width="wrap_content"
        android:layout_height="wrap_content"
        android:layout_centerVertical="true"
        android:layout_marginLeft="100dp"
        android:layout_toRightOf="@id/button3"
        android:text="8" />
</RelativeLayout>
```

运行显示结果如图 4-17 所示。

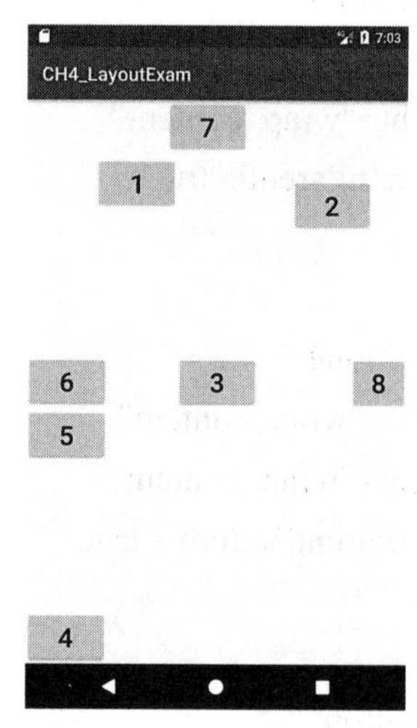

图 4-17 RelativeLayout 示例结果

如图 4-17 所示，RelativeLayout 布局占满整个屏幕，这是因为其 android:layout_width 与 android:layout_height 属性取值为 match_parent。

RelativeLayout 标签中包含有 8 个 Button 控件，其中 android:text 取值为 1、2 及 7 的 Button 控件通过 android:layout_marginStart 及 android:layout_marginTop 属性确定其在布局文件中的位置；其他 Button 控件通过 android:layout_toRightOf、android:layout_centerInParent、android:layout_below 等属性设定其参考控件确定在布局文件中的位置。

4.2.3　AbsoluteLayout

AbsoluteLayout 是绝对布局方式，它通过 android:layout_x 及 android:layout_y 属性设置控件的所在位置，因其不能自适应匹配不同的机型，故较少使用。简单示例如下：

```
<?xml version="1.0"  encoding="utf-8"?>
<AbsoluteLayout xmlns:android="http://schemas.android.com/apk/res/android"
    android:layout_width="match_parent"
    android:layout_height="match_parent">
    <Button
      android:id="@+id/button12"
      android:layout_width="wrap_content"
      android:layout_height="wrap_content"
      android:layout_x="108dp"
      android:layout_y="121dp"
      android:text="Button" />
    <TextView
      android:id="@+id/textView"
      android:layout_width="wrap_content"
      android:layout_height="wrap_content"
      android:layout_x="55dp"
      android:layout_y="194dp"
      android:text="TextView" />
</AbsoluteLayout>
```

4.2.4　TableLayout

TableLayout 以表格形式排列控件。TableLayout 中可包含多个 TableRow 标签；每个 TableRow 为一行，每行可包含多个控件，每个控件为一列。包含控件最多的 TableRow 的列数为 TableLayout 的列数。TableLayout 常用属性如下：

(1) android:stretchColumns 设置行方向可伸展的列下标(从 0 开始)；

(2) android:shrinkColumns 指定可在列方向自动收缩的列下标，当指定列控件内容过多时向列方向显示；

(3) android:collapseColumns 设置隐藏的列下标。

下面以 table_layout_exam.xml 文件为例详细说明，代码如下：

```
<?xml version="1.0" encoding="utf-8"?>
<TableLayout xmlns:android="http://schemas.android.com/apk/res/android"
    android:layout_width="match_parent"
```

```
    android:layout_height="match_parent">
    <TableRow
        android:layout_width="match_parent"
        android:layout_height="match_parent">
        <Button
            android:id="@+id/digital1"
            android:layout_width="wrap_content"
            android:layout_height="wrap_content"
            android:text="1" />
        <Button
            android:id="@+id/digital2"
            android:layout_width="wrap_content"
            android:layout_height="wrap_content"
            android:text="2" />
        <Button
            android:id="@+id/digital3"
            android:layout_width="wrap_content"
            android:layout_height="wrap_content"
            android:text="3" />
    </TableRow>
    <TableRow
        android:layout_width="match_parent"
        android:layout_height="match_parent">
        <Button
            android:id="@+id/digital4"
            android:layout_width="wrap_content"
            android:layout_height="wrap_content"
            android:text="4" />
        <Button
            android:id="@+id/digital5"
            android:layout_width="wrap_content"
            android:layout_height="wrap_content"
            android:text="5" />
        <Button
            android:id="@+id/digital6"
            android:layout_width="wrap_content"
            android:layout_height="wrap_content"
            android:text="6" />
        <Button
```

```
            android:id="@+id/digital7"
            android:layout_width="wrap_content"
            android:layout_height="wrap_content"
            android:text="7" />
        </TableRow>
</TableLayout>
```

该例运行结果如图 4-18(a)所示，从中可以看出，7 个 Button 控件显示在 2 行 4 列的表格中，其中第一行前三列各放置一个按钮，第二行放置 4 个按钮，各列列宽相同。

若在 TableLayout 标签中加入 android:stretchColumns="0"语句：

```
<TableLayout xmlns:android="http://schemas.android.com/apk/res/android"
    android:layout_width="match_parent"
    android:layout_height="match_parent"
    android:stretchColumns="0"
>
```

则将在行方向拉伸第一列，如图 4-18(b)所示。

若在 TableLayout 标签中加入 Android:shrinkColumns="0"语句，将在列方向上拉伸第一列。为查看拉伸效果，将第一个命令按钮的 android:text="1"修改为 android：text="1111111111111111111111"，结果如图 4-18(c)所示。

若在 TableLayout 标签中加入 android:collapseColumns="3"语句，则会隐藏第 4 列，如图 4-18(d)所示。

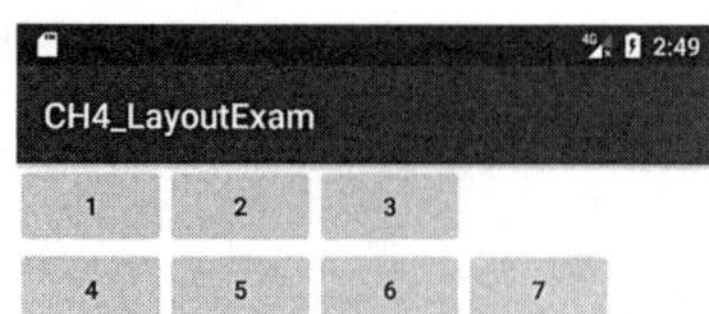

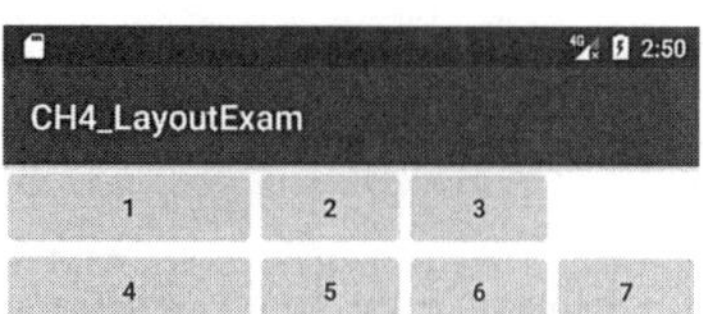

(a)　　　　(b)

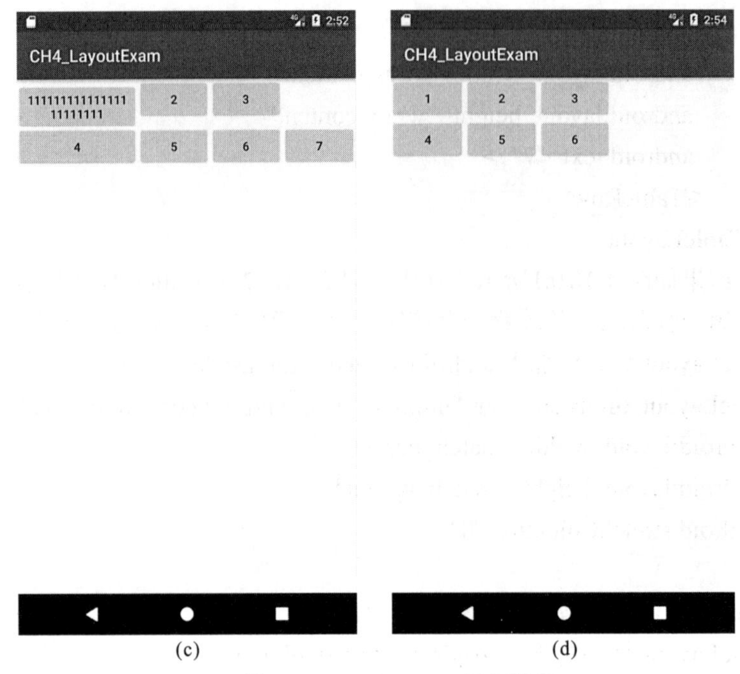

(c) (d)

图 4-18 TableLayout 显示结果

4.2.5 GridLayout

为了减少布局嵌套，Android 4.0 引入了 GridLayout 以实现复杂的网格布局。与 TableLayout 相似，GridLayout 由若干行若干列组成，每个单元格通过行列下标（从 0 开始）唯一确定。相关控件可放置在其中一个单元格中，也可占用多个单元格。GridLayout 常用属性如下：

（1）android:columnCount 指定 GridLayout 列数；

（2）android:rowCount 指定 GridLayout 行数；

（3）android:orientation 指定子控件的排列方式；

（4）android:alignmentMode 指定子控件的对齐方式，取值为 alignBounds 时子控件与外边界对齐，alignMargins 为默认值对齐子视图内容；

（5）android:columnOrderPreserved 用于确定列边界显示的顺序和列索引的顺序是否相同，默认是 True；

（6）android:rowOrderPreserved 用于确定行边界显示的顺序和行索引的顺序是否相同，默认是 True；

（7）android:useDefaultMargins 用于确定视图是否使用默认边距，默认值是 False。

内置控件常用的属性如下：

（1）android:layout_column 指定子控件所在起始列的下标；

（2）android:layout_columnSpan 指定子控件所占的列数；

（3）android:layout_row 指定子控件所在起始行的下标；

（4）android:layout_rowSpan 指定子控件所占的行数；

(5) android:layout_columnWeight 指定子控件的列权重，为相对取值，若 GridLayout 有两列，android:layout_columnWeight 均为“1”，则两列各占 GridLayout 宽度的一半；

(6) android:layout_rowWeight 指定子控件的行权重。

下面以 grid_layout_exam.xml 为例说明，代码如下：

```
<?xml version="1.0" encoding="utf-8"?>
<GridLayout xmlns:android="http://schemas.android.com/apk/res/android"
    android:layout_width="match_parent"
    android:layout_height="match_parent"
    android:columnCount="4"
    android:rowCount="3"
    >
    <TextView
       android:text="用户名"/>
    <EditText
        android:hint="输入用户名"
        android:layout_columnSpan="3"
        android:layout_columnWeight="1"/>
    <TextView
        android:text="密码"/>
    <EditText
        android:hint="输入六位密码"
        android:layout_columnSpan="3"
        android:layout_columnWeight="1"/>
    <Button
        android:layout_column="2"
        android:layout_row="1"
        android:text="取消" />
    <Button android:text="确定"
        android:layout_column="3"
        android:layout_row="1"
        />
</GridLayout>
```

运行结果如图 4-19 所示。

由图 4-19 可以看出，当未设置内置控件 android:layout_row 及 android:layout_column 属性时，或两者只设置其中之一时，GridLayout 会自动确定子控件所在的单元格。若内置控件设置了 android:layout_columnWeight 及 android:layout_rowWeight 属性，则 GridLayout 根据设置值确定子控件所在的单元格。

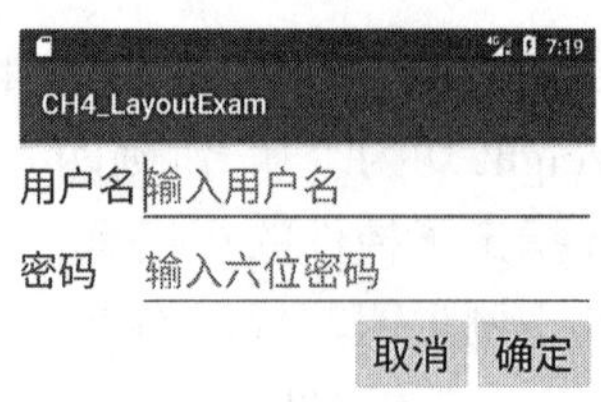

图 4-19　GridLayout 示例结果

4.2.6　FrameLayout

FrameLayout 是一种相对简单的布局方式，其在左上角叠加放置控件。下面以 frame_layout_exam.xml 文件说明 FrameLayout 的使用方式，代码如下：

```
<?xml version="1.0" encoding="utf-8"?>
<FrameLayout xmlns:android="http://schemas.android.com/apk/res/android"
    android:layout_width="match_parent"
    android:layout_height="match_parent"
  >
      <TextView
          android:layout_width="wrap_content"
          android:layout_height="wrap_content"
          android:text="第一层"
           android:textColor="#00ff00"
           android:textSize="55sp" />
       <TextView
           android:layout_width="wrap_content"
           android:layout_height="wrap_content"
           android:text="第二层"
           android:textColor="#0000ff"
           android:textSize="45sp" />
       <TextView
           android:layout_width="wrap_content"
           android:layout_height="wrap_content"
```

```
            android:text="第三层"
            android:textColor="#00ffff"
            android:textSize="35sp" />
</FrameLayout>
```

运行结果如图 4-20 所示。

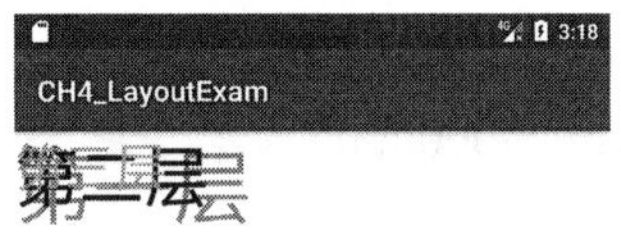

图 4-20　FrameLayout 示例结果

4.3　基本控件应用示例——计算器

本节以计算器实现为例进一步说明 Android 常用基本控件及其使用方法。该例实现过程如下：

(1) 建立名为 Calculator 的 Android Studio 项目；

(2) 在项目中添加名为 MainActivity 的 Activity，其布局文件为 activity_main.xml；

(3) 参考计算机计算器程序完善计算器布局；

(4) 在 MainActivity.java 中实现计算器功能；

(5) 在 AndroidManifest.xml 文件中声明 MainActivity，若已声明，则检测其是否为启动主 Activity;

(6) 运行应用程序。

1. activity_main.xml 布局文件

activity_main.xml 布局文件的内容如下：

```
<LinearLayout xmlns:android="http://schemas.android.com/apk/res/android"
    xmlns:tools="http://schemas.android.com/tools"
```

```
android:layout_width="match_parent"
android:layout_height="match_parent"
android:orientation="vertical" >
<TextView
  android:id="@+id/tv_show"
  android:layout_width="match_parent"
  android:layout_height="110dp"
   android:background="#000000"
   android:text="120"
   android:gravity="right"
   android:textColor="#ffffff"
   android:textSize="90sp" />
 <LinearLayout
   android:layout_width="match_parent"
   android:layout_height="match_parent"
   android:orientation="vertical"
   android:layout_marginTop="0dp" >
   <LinearLayout
     android:layout_width="match_parent"
     android:layout_height="110dp"
     android:layout_marginTop="-5dp"
     android:orientation="horizontal" >
     <Button
       android:id="@+id/bt_ac"
       android:onClick="click_AC"
       android:layout_width="110.5dp"
       android:layout_height="match_parent"
       android:layout_marginLeft="-5dp"
       android:text="AC"
       android:textSize="40sp" />
     <Button
       android:id="@+id/bt_negative"
       android:onClick="click_Neg"
       android:layout_width="110.5dp"
       android:layout_height="match_parent"
       android:layout_marginLeft="-9dp"
       android:text="+/-"
       android:textSize="40sp" />
     <Button
```

```
            android:id="@+id/bt_percent"
            android:onClick="click_Per"
            android:layout_width="110.5dp"
            android:layout_height="match_parent"
            android:layout_marginLeft="-9dp"
            android:text="%"
            android:textSize="40sp" />
        <Button
            android:id="@+id/bt_divde"
            android:onClick="click_Div"
            android:layout_width="130dp"
            android:layout_height="match_parent"
            android:layout_marginLeft="-9dp"
            android:text="÷"
            android:textSize="40sp" />
    </LinearLayout>
    <LinearLayout
        android:layout_width="match_parent"
        android:layout_height="110dp"
        android:layout_marginTop="-8dp"
        android:orientation="horizontal" >
        <Button
            android:id="@+id/bt_7"
            android:onClick="click_7"
            android:layout_width="110.5dp"
            android:layout_height="match_parent"
            android:layout_marginLeft="-5dp"
            android:text="7"
            android:textSize="40sp" />
        <Button
            android:id="@+id/bt_8"
            android:onClick="click_8"
            android:layout_width="110.5dp"
            android:layout_height="match_parent"
            android:layout_marginLeft="-9dp"
            android:text="8"
            android:textSize="40sp" />
        <Button
            android:id="@+id/bt_9"
```

```
            android:onClick="click_9"
            android:layout_width="110.5dp"
            android:layout_height="match_parent"
            android:layout_marginLeft="-9dp"
            android:text="9"
            android:textSize="40sp" />
        <Button
            android:id="@+id/bt_multiply"
            android:onClick="click_Mul"
            android:layout_width="130dp"
            android:layout_height="match_parent"
            android:layout_marginLeft="-9dp"
            android:text="x"
            android:textSize="40sp" />
    </LinearLayout>
    <LinearLayout
        android:layout_width="match_parent"
        android:layout_height="110dp"
        android:layout_marginTop="-8dp"
        android:orientation="horizontal" >
        <Button
            android:id="@+id/bt_4"
            android:onClick="click_4"
            android:layout_width="110.5dp"
            android:layout_height="match_parent"
            android:layout_marginLeft="-5dp"
            android:text="4"
            android:textSize="40sp" />
        <Button
            android:id="@+id/bt_5"
            android:onClick="click_5"
            android:layout_width="110.5dp"
            android:layout_height="match_parent"
            android:layout_marginLeft="-9dp"
            android:text="5"
            android:textSize="40sp" />
        <Button
            android:id="@+id/bt_6"
            android:onClick="click_6"
```

```
            android:layout_width="110.5dp"
            android:layout_height="match_parent"
            android:layout_marginLeft="-9dp"
            android:text="6"
            android:textSize="40sp" />
        <Button
            android:id="@+id/bt_sub"
            android:onClick="click_Sub"
            android:layout_width="130dp"
            android:layout_height="match_parent"
            android:layout_marginLeft="-9dp"
            android:text="-"
            android:textSize="40sp" />
    </LinearLayout>
    <LinearLayout
        android:layout_width="match_parent"
        android:layout_height="110dp"
        android:layout_marginTop="-8dp"
        android:orientation="horizontal" >
        <Button
            android:id="@+id/bt_1"
            android:onClick="click_1"
            android:layout_width="110.5dp"
            android:layout_height="match_parent"
            android:layout_marginLeft="-5dp"
            android:text="1"
            android:textSize="40sp" />
        <Button
            android:id="@+id/bt_2"
            android:onClick="click_2"
            android:layout_width="110.5dp"
            android:layout_height="match_parent"
            android:layout_marginLeft="-9dp"
            android:text="2"
            android:textSize="40sp" />
        <Button
            android:id="@+id/bt_3"
            android:layout_width="110.5dp"
            android:layout_height="match_parent"
```

```
            android:layout_marginLeft="-9dp"
            android:onClick="click_3"
            android:text="3"
            android:textSize="40sp" />
        <Button
            android:id="@+id/bt_add"
            android:layout_width="130dp"
            android:layout_height="match_parent"
            android:layout_marginLeft="-9dp"
            android:onClick="click_Add"
            android:text="+"
            android:textSize="40sp" />
    </LinearLayout>
    <LinearLayout
        android:layout_width="match_parent"
        android:layout_height="110dp"
        android:layout_marginTop="-8dp"
        android:orientation="horizontal" >
        <Button
            android:id="@+id/bt_0"
            android:onClick="click_0"
            android:layout_width="213dp"
            android:layout_height="match_parent"
            android:layout_marginLeft="-5dp"
            android:text="0"
            android:textSize="40sp" />
        <Button
            android:id="@+id/bt_spot"
            android:onClick="click_Sport"
            android:layout_width="110.5dp"
            android:layout_height="match_parent"
            android:layout_marginLeft="-9dp"
            android:text="."
            android:textSize="40sp" />
        <Button
            android:id="@+id/bt_equal"
            android:onClick="click_Equal"
            android:layout_width="130dp"
            android:layout_height="match_parent"
```

```
                android:layout_marginLeft="-9dp"
                android:text="="
                android:textSize="40sp" />
        </LinearLayout>
    </LinearLayout>
</LinearLayout>
```

从中可以看出，此例通过嵌套多层 LinearLayout 布局众多 Button 及 TextView 控件。Button 控件通过 android:onClick 属性确定鼠标单击时的回调方法。

2. MainActivity.java 功能代码

MainActivity.java 功能代码如下：

```
public class MainActivity extends Activity {
    private TextView tv_show;
    private String num1;
    private String num2;
    private String temp;
    private String result;
    private char symbol = ’n’;
    private boolean flagSymbol = false;
   //符号键按下或者第一次启动
    private boolean flagEqual = false; //标识等号符号是否被按下
    private boolean flagSerial = false;
    private boolean flag = false;
    private StringBuffer sb = new StringBuffer();
    @Override
    protected void onCreate(Bundle savedInstanceState) {
      super.onCreate(savedInstanceState);
      setContentView(R.layout.activity_main);
      tv_show = (TextView) findViewById(R.id.tv_show);
      tv_show.setText("0");
    }
    public void click_1(View v) {
      if (flagEqual) {
        tv_show.setText("1");
        flagEqual = false;
      } else {
       if (flagSymbol == true) {
         tv_show.setText("1");
         flagSymbol = false;
```

```
        }
        else {
          if (tv_show.getText().toString() == "0") {
            tv_show.setText("1");
          }
       else
      {
        tv_show.setText(tv_show.getText().toString().concat("1"));
        }
        }
      }
    }
    public void click_2(View v) {
      if (flagEqual) {
        tv_show.setText("2");
        flagEqual = false;
      }
      else {
          if (flagSymbol == true) {
              tv_show.setText("2");
            flagSymbol = false;
          }
          else {
              if (tv_show.getText().toString() == "0") {
                  tv_show.setText("2");
              }
              else {
                tv_show.setText(tv_show.getText().toString().concat("2"));
              }
          }
      }
    }
  public void click_3(View v) {
    if (flagEqual) {
      tv_show.setText("3");
      flagEqual = false;
    } else {
      if (flagSymbol == true) {
        tv_show.setText("3");
```

```
          flagSymbol = false;
        }
        else {
          if (tv_show.getText().toString() == "0") {
            tv_show.setText("3");
          }
          else {
            tv_show.setText(tv_show.getText().toString().concat("3"));
          }
        }
      }
    }
    public void click_4(View v) {
      if (flagEqual) {
        tv_show.setText("4");
        flagEqual = false;
      }
      else {
        if (flagSymbol == true) {
          tv_show.setText("4");
          flagSymbol = false;
        }
        else {
          if (tv_show.getText().toString() == "0") {
            tv_show.setText("4");
          }
          else {
            tv_show.setText(tv_show.getText().toString().concat("4"));
          }
        }
      }
    }
    public void click_5(View v) {
      if (flagEqual) {
        tv_show.setText("5");
        flagEqual = false;
      }
      else {
        if (flagSymbol == true) {
```

```
          tv_show.setText("5");
          flagSymbol = false;
        }
        else {
          if (tv_show.getText().toString() == "0") {
            tv_show.setText("5");
          }
          else {
            tv_show.setText(tv_show.getText().toString().concat("5"));
          }
        }
      }
    }
    public void click_6(View v) {
      if (flagEqual) {
        tv_show.setText("6");
        flagEqual = false;
      }
      else {
        if (flagSymbol == true) {
          tv_show.setText("6");
          flagSymbol = false;
        }
        else {
          if (tv_show.getText().toString() == "0") {
            tv_show.setText("6");
          }
          else {
            tv_show.setText(tv_show.getText().toString().concat("6"));
          }
        }
      }
    }
    public void click_7(View v) {
      if (flagEqual) {
        tv_show.setText("7");
        flagEqual = false;
      }
      else {
```

```
    if (flagSymbol == true) {
      tv_show.setText("7");
      flagSymbol = false;
    }
    else {
      if (tv_show.getText().toString() == "0") {
        tv_show.setText("7");
      }
      else {
        tv_show.setText(tv_show.getText().toString().concat("7"));
      }
    }
  }
}
public void click_8(View v) {
  if (flagEqual) {
    tv_show.setText("8");
    flagEqual = false;
  }
  else {
    if (flagSymbol == true) {
      tv_show.setText("8");
      flagSymbol = false;
    }
    else {
      if (tv_show.getText().toString() == "0") {
        tv_show.setText("8");
      }
      else
      {
        tv_show.setText(tv_show.getText().toString().concat("8"));
      }
    }
  }
}
public void click_9(View v) {
  if (flagEqual) {
    tv_show.setText("9");
    flagEqual = false;
```

```
    }
    else {
      if (flagSymbol == true) {
        tv_show.setText("9");
        flagSymbol = false;
      }
      else {
        if (tv_show.getText().toString() == "0") {
          tv_show.setText("9");
        }
        else {
          tv_show.setText(tv_show.getText().toString().concat("9"));
        }
      }
    }
  }
  public void click_0(View v) {
    if (flagEqual) {
      tv_show.setText("0");
      flagEqual = false;
    }
    else {
      if (flagSymbol == true) {
        tv_show.setText("0");
        flagSymbol = false;
      }
      else {
        if (tv_show.getText().toString() == "0") {
          tv_show.setText("0");
        }
        else {
          tv_show.setText(tv_show.getText().toString().concat("0"));
        }
      }
    }
  }
  public void click_Add(View v) {
    if (flagSymbol) {
      return;
```

```
}
if (flagSerial) {
  switch (symbol) {
  case '+':
    num2 = tv_show.getText().toString();
    result = Double.parseDouble(num1)+Double.parseDouble(num2)+"";
    if (result.endsWith(".0")) {
      result = result.substring(0, result.lastIndexOf(".0"));
    }
    tv_show.setText(result);
    num1 = result;
    break;
  case '-':
    num2 = tv_show.getText().toString();
    result = Double.parseDouble(num1)-Double.parseDouble(num2)+"";
    if (result.endsWith(".0")) {
      result = result.substring(0, result.lastIndexOf(".0"));
    }
    tv_show.setText(result);
    num1 = result;
    break;
    case '*':
    num2 = tv_show.getText().toString();
    result = Double.parseDouble(num1)*Double.parseDouble(num2)+"";
    if (result.endsWith(".0")) {
      result = result.substring(0, result.lastIndexOf(".0"));
    }
    tv_show.setText(result);
    num1 = result;
    break;
  case '/':
    num2 = tv_show.getText().toString();
    result = Double.parseDouble(num1)/Double.parseDouble(num2)+"";
    if (result.endsWith(".0")) {
      result = result.substring(0, result.lastIndexOf(".0"));
    }
    tv_show.setText(result);
    num1 = result;
    break;
```

```
          default:
            break;
          }
        }
      else {
          num1 = tv_show.getText().toString();
        }
        symbol = '+';
        flagSymbol = true;
        flagSerial = true;
      }
      public void click_Sub(View v) {
        if (flagSymbol) {
          return;
        }
        if (flagSerial) {
          switch (symbol) {
          case '+':
            num2 = tv_show.getText().toString();
            result = Double.parseDouble(num1)+Double.parseDouble(num2)+"";
            if (result.endsWith(".0")) {
              result = result.substring(0, result.lastIndexOf(".0"));
            }
            tv_show.setText(result);
            num1 = result;
            break;
            case '-':
            num2 = tv_show.getText().toString();
            result = Double.parseDouble(num1)-Double.parseDouble(num2)+"";
            if(result.endsWith(".0")) {
              result = result.substring(0, result.lastIndexOf(".0"));
            }
            tv_show.setText(result);
            num1 = result;
            break;
           case '*':
            num2 = tv_show.getText().toString();
            result = Double.parseDouble(num1)*Double.parseDouble(num2)+"";
            if (result.endsWith(".0")) {
```

```
          result = result.substring(0, result.lastIndexOf(".0"));
        }
        tv_show.setText(result);
        num1 = result;
        break;
        case '/':
        num2 = tv_show.getText().toString();
        result = Double.parseDouble(num1)/Double.parseDouble(num2)+"";
        if (result.endsWith(".0")) {
          result = result.substring(0, result.lastIndexOf(".0"));
        }
        tv_show.setText(result);
        num1 = result;
        break;
        default:
        break;
      }
    } else {
      num1 = tv_show.getText().toString();
    }
    symbol = '-';
    flagSymbol = true;
    flagSerial = true;
  }
  public void click_Div(View v) {
    if (flagSymbol) {
      return;
    }
    if (flagSerial) {
      switch (symbol) {
      case '+':
        num2 = tv_show.getText().toString();
        result = Double.parseDouble(num1)+Double.parseDouble(num2)+"";
        if (result.endsWith(".0")) {
          result = result.substring(0, result.lastIndexOf(".0"));
        }
        tv_show.setText(result);
        num1 = result;
        break;
```

```
        case '-':
          num2 = tv_show.getText().toString();
          result = Double.parseDouble(num1)-Double.parseDouble(num2)+"";
          if (result.endsWith(".0")) {
            result = result.substring(0, result.lastIndexOf(".0"));
          }
          tv_show.setText(result);
          num1 = result;
          break;
        case '*':
          num2 = tv_show.getText().toString();
          result = Double.parseDouble(num1)*Double.parseDouble(num2)+"";
          if (result.endsWith(".0")) {
            result = result.substring(0, result.lastIndexOf(".0"));
          }
          tv_show.setText(result);
          num1 = result;
          break;
          case '/':
          num2 = tv_show.getText().toString();
        result = Double.parseDouble(num1)/Double.parseDouble(num2 )+"";
          if (result.endsWith(".0")) {
            result = result.substring(0, result.lastIndexOf(".0"));
          }
          tv_show.setText(result);
          num1 = result;
          break;
          default:
          break;
        }
      }
else {
        num1 = tv_show.getText().toString();
      }
      symbol = '/';
      flagSymbol = true;
      flagSerial = true;
    }
    public void click_Mul(View v) {
```

```
if (flagSymbol) {
  return;
}
if (flagSerial) {
  switch (symbol) {
  case '+':
    num2 = tv_show.getText().toString();
    result = Double.parseDouble(num1)+Double.parseDouble(num2)+"";
    if (result.endsWith(".0")) {
      result = result.substring(0, result.lastIndexOf(".0"));
    }
    tv_show.setText(result);
    num1 = result;
    break;
    case '-':
    num2 = tv_show.getText().toString();
    result = Double.parseDouble(num1)-Double.parseDouble(num2)+"";
    if (result.endsWith(".0")) {
      result = result.substring(0, result.lastIndexOf(".0"));
    }
    tv_show.setText(result);
    num1 = result;
    break;
    case '*':
    num2 = tv_show.getText().toString();
    result = Double.parseDouble(num1)*Double.parseDouble(num2)+"";
    if (result.endsWith(".0")) {
      result = result.substring(0, result.lastIndexOf(".0"));
    }
    tv_show.setText(result);
    num1 = result;
    break;
    case '/':
    num2 = tv_show.getText().toString();
    result = Double.parseDouble(num1)/Double.parseDouble(num2)+"";
    if (result.endsWith(".0")) {
      result = result.substring(0, result.lastIndexOf(".0"));
    }
    tv_show.setText(result);
```

```
            num1 = result;
            break;
            default:
            break;
          }
        }
        else {
          num1 = tv_show.getText().toString();
        }
        symbol = '*';
        flagSymbol = true;
        flagSerial = true;
      }
      public void click_AC(View v) {
        tv_show.setText("0");
        num1 = 0 + "";
        num2 = 0 + "";
        symbol = 'n';
        flagSymbol = false;
        flagEqual = false;
        flagSerial = false;
      }
      public void click_Neg(View v) {
        if (!tv_show.getText().toString().contains("-")) {
          tv_show.setText("-" + tv_show.getText().toString());
        }
       else {
          tv_show.setText(tv_show.getText().toString().replace("-", ""));        }
      }
      public void click_Per(View v) {
        result = tv_show.getText().toString();
        double temp = Double.parseDouble(result);
        tv_show.setText(temp / 100 + "");
      }
      public void click_Equal(View v) {
        double temp;
        switch (symbol) {
        case '+':
          num2 = tv_show.getText().toString();
```

```
        temp = Double.parseDouble(num1) + Double.parseDouble(num2);
        result = temp + "";
        if (result.endsWith(".0")) {
          result = result.substring(0, result.lastIndexOf(".0"));
        }
        tv_show.setText(result);
        break;
        case '-':
        num2 = tv_show.getText().toString();
        temp = Double.parseDouble(num1) - Double.parseDouble(num2);
        result = temp + "";
        if (result.endsWith(".0")) {
          result = result.substring(0, result.lastIndexOf(".0"));
        }
        tv_show.setText(result);
        break;
        case '/':
        num2 = tv_show.getText().toString();
        temp = Double.parseDouble(num1) / Double.parseDouble(num2);
        result = temp + "";
        if (result.endsWith(".0")) {
          result = result.substring(0, result.lastIndexOf(".0"));

        }
        tv_show.setText(result);
        break;
        case '*':
        num2 = tv_show.getText().toString();
        temp = Double.parseDouble(num1) * Double.parseDouble(num2);
        result = temp + "";
        if (result.endsWith(".0")) {
          result = result.substring(0, result.lastIndexOf(".0"));
        }
        tv_show.setText(result);
        break;
        default:
        break;
      }
      flagSymbol = false;
```

```
      flagEqual = true;
      flagSerial = false;
    }
    public void click_Sport(View v) {
      if (!tv_show.getText().toString().contains(".")) {
        tv_show.setText(tv_show.getText().toString().concat("."));
      }
    }
}
```

在 AndroidManifest.xml 中声明 MainActivity 后，程序运行结果如图 4-21 所示。

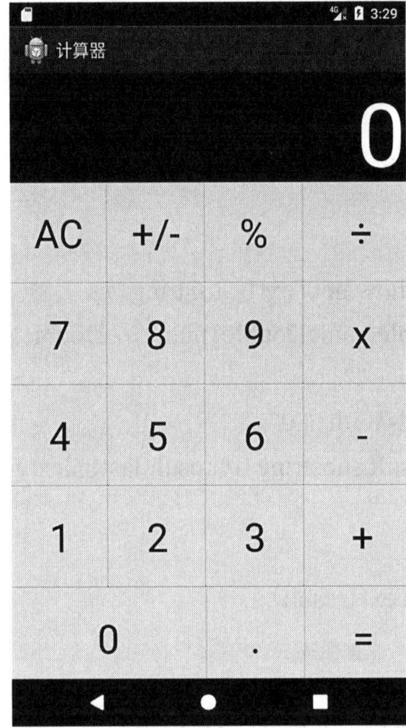

图 4-21 计算器运行结果

4.4 本 章 小 结

本章介绍了 Android 程序中常用的基本控件(TextView、EditText、Button、CheckBox、RadioButton 等),以及常用布局控件(LinearLayout、TableLayout、FrameLayout、Relative Layout 等)，并通过计算器示例项目进一步说明它们的使用方法。

(1)常用的基本控件：

①TextView 是 Android 中常用的一种 GUI 控件，用于显示不可编辑的文本信息。

②Button 是 Android 中常用的另一个控件，用于与用户进行交互。

③EditText 是 android.widget.TextView 的另一个子控件，为可编辑文本框。

④CheckBox 复选框与 RadioButton 单选按钮用于显示系列选项供用户进行选择。

(2)为较好地对控件进行布局以达到界面优化设计的目的，Android 提供了相关的布局控件，常用的如下：

①LinearLayout(线性布局)为 Android 常用的一种布局方式，按从上到下或从左至右方式排列控件。

②RelativeLayout(相对布局方式)，参考已有控件(一般为父控件)或界面来摆放控件。

③AbsoluteLayout(绝对布局方式)通过 android:layout_x 及 android:layout_y 属性设置控件的所在位置，不能自适应匹配不同的机型，较少使用。

④TableLayout 以表格形式排列控件。TableLayout 中可包含多个 TableRow 标签；每个 TableRow 为一行，每行可包含多个控件，每个控件为一列。包含控件最多的 TableRow 的列数为 TableLayout 的列数。

⑤GridLayout 可实现复杂网格布局，由若干行若干列组成，每个单元格通过行列下标(从 0 开始)唯一确定。

⑥FrameLayout 是一种相对简单的布局方式，在左上角叠加放置控件。

第 5 章　Android 控件进阶一

第 4 章主要介绍了 TextView、EditText、Button、CheckBox、RadioButton 等 Android 基本控件，本章主要介绍 ImageView、ImageButton、ToggleButton、AnalogClock、DigitalClock、ListView 和 Spinner 等 GUI 控件的使用方法。

5.1　ImageView

ImageView 用于显示图片，用户可自定义图片的尺寸及颜色等相关属性，其为 View 的派生类：

java.lang.Object

　android.view.View

　　　android.widget.ImageView

ImageView 控件位于 Design>Palette>Images 右侧窗格中(图 5-1(a))，鼠标左键选中 ImageView 控件后即可将其拖放到布局文件中。

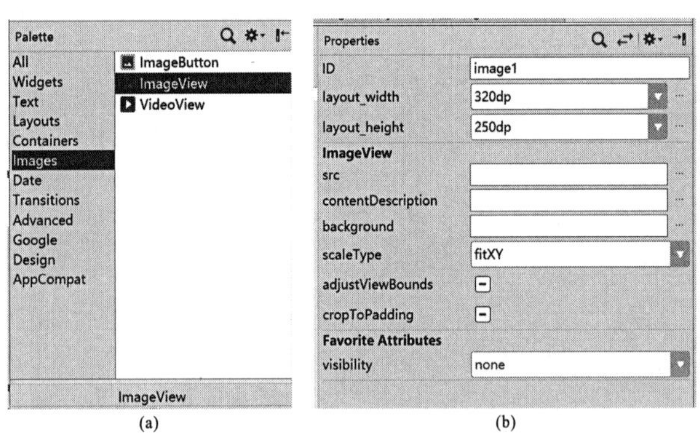

图 5-1　布局编辑器中 ImageView 控件及其属性窗格

在 Design>Properties 窗格(图 5-1(b))中可查看其所有属性，常用的有：

(1) src 设置显示图片的 ID。图片资源位于 app>src>main>res>drawable 系列文件中，编译器会在 R.java 文件中为其添加索引以便进行访问。

(2) adjustViewBounds 属性取值为 True 或 False，用于确定 ImageView 是否自动调整以保持显示图片的长宽比。

(3) maxHeight 用于设置其最大高度。

(4) maxWidth 用于设置其最大宽度。

(5) scaleType 用于指定图片缩放及运动方式以适应 ImageView 大小，其取值如表 5-1 所示。

表 5-1　scaleType 属性取值

取值	缩放方式	摆放方式
matrix	ImageView.setImageMatrix (Matrix matrix) 按指定变换矩阵 matrix 缩放	由 matrix 确定
fitXY	图片缩放(非等比)完全填充控件	占满整个 ImageView
fitStart	等比缩放填充控件	图片位于 ImageView 左上角
fitCenter (默认)	等比缩放填充控件	图片位于 ImageView 中央
fitEnd	等比缩放填充控件	图片位于 ImageView 右下角
center	不缩放	图片位于 ImageView 中央
centerCrop (常用)	等比缩放填充 ImageView	占满整个 ImageView，图片的中心点和 ImageView 的中心点重叠
centerInside	等比缩放完全显示图片	ImageView 完全显示图片

在 Design 窗格中设定好 ImageView 的相关属性后，其 XML 标签内容如下：

```
(1) <ImageView
(2)     android:id="@+id/imageView1"
(3)     android:layout_width="fill_parent"
(4)     android:layout_height=" fill_parent "
(5)     android:layout_alignParentBottom="true"
(6)     android:layout_alignParentEnd="true"
(7)     android:layout_alignParentStart="true"
(8)     android:layout_below="@+id/textView1"
(9)     android:layout_marginTop="18dp"
(10)     android:maxHeight="500dp"
(11)     android:maxWidth="500dp"
(12)     android:scaleType="fitXY"
(13)     android:src="@drawable/exam" />
```

显示效果如图 5-2 所示。

由于 android:scaleType 属性取值为"fitXY"，exam 图片会非等比缩放以完全填充 ImageView 控件，使得图片失真。

图 5-2 ImageView 控件示例结果

5.2 ImageButton

ImageButton 图片按钮为 android.widget.ImageView 的子类，继承了 ImageView 的属性和方法，且具有 Button 的边框背景及鼠标单击事件。ImageButton 在布局文件 Design>Palette>Images 右侧窗格中(图 5-1(a))，常用的属性有：

(1) baseline 用于设置图片偏移 ImageButton 的内部基线；

(2) baselineAlignBottom 属性取值为 True 或 False，用于确定图片是否与 ImageButton 底部边缘基线对齐；

(3) cropToPadding 属性取值为 True 或 False，用于确定是否对图片进行剪切操作以填充 ImageButton；

(4) onClick 用于设定鼠标单击时的回调方法。

示例 ImageButton 的 XML 标签内容如下：

```
<ImageButton
    android:id="@+id/imageButton"
    android:layout_width="110dp"
    android:layout_height="110dp"
    android:src="@mipmap/ic_launcher"
    android:layout_below="@+id/imageView1"
    android:layout_toEndOf="@+id/imageView1"
    android:layout_marginStart="46dp"
    android:layout_marginTop="48dp" />
```

显示效果为 。

5.3　ToggleButton

ToggleButton 为状态开关按钮，一般具有选中和未选中两种状态，为 android.widget.Button 的子类，继承了 Button 的相关属性及方法。位于布局编辑器 Design>Palette>widget 右侧窗格中，其常用属性有：

(1) checked 取值为 True 或 False，用于确定控件是否被选中；

(2) textOn 用于确定选中时显示的文字；

(3) textOff 用于确定未选中时显示的文字。

ToggleButton 的示例内容如下：

```
<ToggleButton
    android:id="@+id/toggleButton1"
    android:layout_width="wrap_content"
    android:layout_height="wrap_content"
    android:layout_alignParentTop="true"
    android:layout_alignRight="@+id/imageView1"
    android:layout_marginRight="16dp"
    android:text="ToggleButton"
    android:textOff="关"
    android:textOn="开" />
```

ToggleButton 控件的鼠标单击事件处理与 CheckBox 及 RadioButton 相似：①编写实现 android.widget.CompoundButton.OnCheckedChangeListener 接口的事件监听器；② 通过 ToggleButton 的 setOnCheckedChangeListener 方法注册事件监听器。

下面以名为 ToggleButtonExam 的 Activity 为例进行说明，其布局文件 activity_toggle_button_exam.xml 的代码详述如下：

```
<?xml version="1.0" encoding="utf-8"?>
<android.support.constraint.ConstraintLayout xmlns:android="http://schemas.android.com/apk/res/android"
    xmlns:app="http://schemas.android.com/apk/res-auto"
    xmlns:tools="http://schemas.android.com/tools"
    android:layout_width="match_parent"
    android:layout_height="match_parent"
    tools:context="com.example.administrator.ch5_viewexam.ToggleButtonExam">
    <LinearLayout
        android:layout_width="368dp"
        android:layout_height="495dp"
        android:orientation="vertical"
        tools:layout_editor_absoluteY="8dp"
```

```
        tools:layout_editor_absoluteX="8dp">
      <TextView
        android:id="@+id/textView1"
        android:layout_width="wrap_content"
        android:layout_height="wrap_content"
        android:text="@string/toggle_button_title" />
      <ToggleButton
        android:id="@+id/toggleButton1"
        android:layout_width="wrap_content"
        android:layout_height="wrap_content"
        android:layout_alignParentTop="true"
        android:layout_alignRight="@+id/imageView1"
        android:layout_marginRight="16dp"
        android:text="ToggleButton"
        android:textOff="关"
        android:textOn="开" />
      <ImageView
        android:id="@+id/imageView1"
        android:layout_width="match_parent"
        android:layout_height="match_parent"
        android:layout_below="@+id/toggleButton1"
        android:layout_centerHorizontal="true"
        android:layout_marginTop="27dp"
        android:background="@drawable/close" />
    </LinearLayout>
</android.support.constraint.ConstraintLayout>
```

此布局文件包含三个控件，分别是 TextView、ToggleButton 及 ImageView，其中 ImageView 位于 ToggleButton 下。

ToggleButtonExam.java 源代码如下：

```
package com.example.administrator.ch5_viewexam;
import android.app.Activity;
import android.os.Bundle;
import android.widget.CompoundButton;
import android.widget.CompoundButton.OnCheckedChangeListener;
import android.widget.ImageView;
import android.widget.ToggleButton;
public class ToggleButtonExam extends Activity {
    private ToggleButton toggleButton=null;
     private ImageView imageView=null;
```

```
(11)    @Override
(12)    protected void onCreate(Bundle savedInstanceState) {
(13)        super.onCreate(savedInstanceState);
(14)        setContentView(R.layout.activity_toggle_button_exam);
(15)        toggleButton=(ToggleButton) findViewById(R.id.toggleButton1);
(16)        imageView=(ImageView) findViewById(R.id.imageView1);
(17)        toggleButton.setOnCheckedChangeListener(new oggleButtonListener());
(18)    }
(19)    //用于监听 ToggleButton
(20)    class toggleButtonListener implements OnCheckedChangeListener
(21)    {
(22)        @Override
(23)        public void onCheckedChanged(CompoundButton arg0, boolean arg1)    {
(24)        imageView.setBackgroundResource(arg1?R.drawable.open:R.drawable.close);
(25)        }
(26)    }
(27) }
```

其中第 24 行通过 onCheckedChanged 方法的参数 arg1 判断开关按钮是否处于选中状态；当 ToggleButton 选中时，arg1 返回值为 True，其背景图片设定为 app>src>main>drawable 中的 open 图片；若未选中，则其背景图片设定为 app>src>main>drawable 中的 close 图片。

示例运行结果如图 5-3 所示。

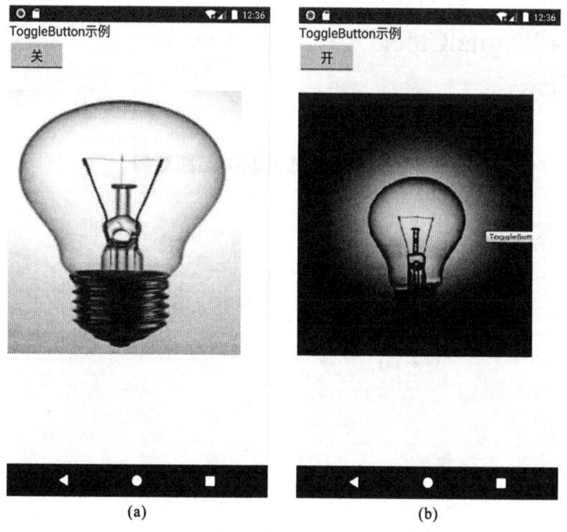

图 5-3　ToggleButton 示例运行结果

由图 5-3 可以看出，当 ToggleButton 为未选中状态时，ImageView 背景为关灯图片；ToggleButton 为选中状态时，ImageView 背景为开灯图片。

5.4 AnalogClock 及 DigitalClock 时钟控件

Android 提供了 AnalogClock、DigitalClock 控件显示时间信息，其中 AnalogClock 为 android.view.View 的子类，以表盘形式显示系统时间；DigitalClock 为 android.widget.TextView 的子类，以数显方式显示系统时间，其 XML 标签示例内容如下：

```
<AnalogClock
    android:id="@+id/analogClock1"
    android:layout_width="wrap_content"
    android:layout_height="wrap_content"
    android:layout_below="@+id/textView1"
    android:layout_marginTop="28dp"
    android:layout_toRightOf="@+id/textView1" />
<DigitalClock
    android:id="@+id/digitalClock1"
    android:layout_width="wrap_content"
    android:layout_height="wrap_content"
    android:layout_alignRight="@+id/analogClock1"
    android:layout_below="@+id/analogClock1"
    android:layout_marginRight="36dp"
    android:layout_marginTop="30dp"
    android:text="DigitalClock" />
```

运行结果如图 5-4 所示。

图 5-4 时钟控件示例运行结果

AnalogClock、DigitalClock 控件虽然可以显示系统时间，但无法满足有些应用程序获得并记录系统时间的要求，如获得水果连连看游戏时长。为此，Java 提供了 Calendar 工具类，以获得丰富的时间信息，如当前的年份、月份，为本年的第几天，本月的第几天，本月第几周，时、分、秒等。Calendar 工具类有很多方法，其中常用的如下：

(1) public static Calendar getInstance() 使用默认系统时间实例化一个 Calendar 对象。

(2) public int get(int field)，通过该方法获得 Calendar 指定字段的值(表 5-2)。

(3) public final Date getTime() 返回 Calendar 时间所代表的 Date 对象，Calendar 时间为至历元(即格林尼治标准时间 1970 年 1 月 1 日 00:00:00)的毫秒偏移量。

(4) public long getTimeInMillis() 返回 Calendar 至历元的毫秒偏移量。

(5) public final void clear() 将 Calendar 各字段的值设为零。

(6) public Object clone() 使用当前 Calendar 对象创建一个新的 Calendar 对象。

表 5-2　Calendar 工具类 get 方法参数取值与返回值

Field 取值	get 方法返回值
Calendar.YEAR	当前年份
Calendar.MONTH	当前月份
Calendar.DAY_OF_MONTH| Calendar.DATE	本月第几天
Calendar.DAY_OF_YEAR	本年第几天
DAY_OF_WEEK_IN_MONTH	本月第几周
Calendar.DAY_OF_WEEK	今天是周几，如 Calendar.SUNDAY 周日、Calendar.MONDAY 周一等
Calendar.HOUR	12 小时制时
Calendar.HOUR_OF_DAY	24 小时制时
Calendar.MINUTE|Calendar.SECOND|Calendar.MILLISECOND	分|秒|毫秒

Calendar 类应用示例代码如下：

```
(1) mCalendar=Calendar.getInstance();
(2) mCalendar.setTimeInMillis(time);
(3) mHour=mCalendar.get(Calendar.HOUR);
(4) mMinutes=mCalendar.get(Calendar.MINUTE);
(5) mSecond=mCalendar.get(Calendar.SECOND);
```

5.5　ListView

ListView 控件是 Android 常用的复杂控件之一，该控件以列表方式显示相关选项，用户可滑动查看所有选项。为了使 ListView 可显示多种结构的数据，如数组、List 对象、数据库记录等，Android 设计了 Adapter 数据适配机制作为 ListView 与数据源之间的桥梁，确定数据在 ListView 中的显示方式。

1. Adapter 数据适配器

Android 为 Adapter 数据适配器提供了很多接口(ListAdapter、SpinnerAdapter、WrapperListAdapter)及其具体实现的子类(ArrayAdapter、BaseAdapter、CursorAdapter、HeaderViewListAdapter、ResourceCursorAdapter、SimpleAdapter)，它们均为 android. widget. Adapter 的子接口及派生类，下面将详细介绍常用 BaseAdapter、SimpleAdapter 及 ArrayAdapter 的使用方法。

1) BaseAdapter

BaseAdapter 是基础适配器，为 ArrayAdapter、CursorAdapter 及 SimpleAdapter 的父类。在使用 BaseAdapter 时，需先创建一个类继承它，并重写下述方法以自定义布局灵活优雅地显示数据：

(1) public int getCount() 用于获得显示数据的数目；

(2) public Object getItem(int position) 用于获得 position 位置的显示数据；

(3) public long getItemId(int position) 用于获得 position 位置的显示数据的 id;

(4) public View getView(int position, View convertView, ViewGroup parent) 用于获取数据显示的 View 控件。

下面以简单示例说明 BaseAdapter 的使用方法，代码如下：

```
package com.example.administrator.ch5_exam;
import android.view.View;
import android.view.ViewGroup;
import android.widget.BaseAdapter;
import android.content.Context;
import android.widget.TextView;
public class baseAdapterExam extends BaseAdapter {
    private String[] data;
    private Context mContext;
    public baseAdapterExam(Context mContext, String[] data) {
        super();
        this.mContext = mContext;
        this.data = data;
    }
    @Override
    public int getCount() {
        return data.length;
    }
   @Override
   public Object getItem(int position) {
        return null;
   }
```

```
(23)  @Override
(24)  public long getItemId(int position) {
(25)    return 0;
(26)  }
(27)  @Override
(28)  public View getView(int position, View convertView, ViewGroup parent) {
(29)       TextView textView = new TextView(mContext);
(30)       textView.setText(data[position]);
(31)       return textView;
(32)    }
(33) }
```

从中可见，此例用于显示由第 10～14 行构造方法 baseAdapterExam(Context mContext, String[] data) String 数组 data 中的数据，Context 类型参数 mContext 为使用该适配器上下文(如 Activity)的引用。

第 16～18 行重写的 getCount 方法返回 data 数组长度。

第 28～32 行重写的 getView 方法指定使用 TextView 控件显示 data 数组中的每个元素。

2) SimpleAdapter

SimpleAdapter 为 BaseAdapter 的一个子类，重写了 BaseAdapter 的 getCount、getItem、getItemId、getView、getViewId 等方法，用于将 List 类型的数据在相关控件中显示。该类的构造方法为

```
public SimpleAdapter(Context context, List<? extends Map<String,?>> data, int resource, String[] from, int[] to);
```

各参数含义如下：

(1) context 为使用的上下文环境；

(2) data 为 List 类型集合对象列表；

(3) resource 用于显示 data 的自定义布局文件 id；

(4) from 为显示 data 字段；

(5) to 确定自定义布局文件中显示 from 字段的组件 id。

SimpleAdapte 常用方法如下：

(1) public int getCount();

(2) public Object getItem(int position);

(3) public long getItemId(int position);

(4) public View getView(int position, View convertView, ViewGroup parent);

(5) public void notifyDataSetChanged() 为列表选项发生改变回调方法。

SimpleAdapter 使用方法简述如下。

(1) 自定义 SimpleAdapter 布局文件 adapterLayout.xml，内容详述如下:

```
<?xml version="1.0" encoding="utf-8"?>
<LinearLayout xmlns:android="http://schemas.android.com/apk/res/android"
    android:layout_width="match_parent"
```

```
    android:layout_height="match_parent"
    android:orientation="horizontal" >
    <ImageView
      android:id="@+id/hander"
      android:minHeight="50dp"
      android:layout_weight="2"
        android:layout_width="0dp"
        android:layout_height="wrap_content"
        android:padding="1dp"/>
  <LinearLayout android:orientation="vertical"
        android:layout_width="0dp"
        android:layout_weight="8"
        android:layout_height="wrap_content"
        android:layout_gravity="center_vertical">
        <TextView android:id="@+id/money"
          android:layout_width="wrap_content"
          android:layout_height="wrap_content"
          android:textSize="14sp"
          android:paddingLeft="10dp"/>
      <TextView android:id="@+id/end"
          android:layout_width="0dp"
          android:layout_height="wrap_content"
          android:layout_weight="2"
          android:layout_gravity="center_vertical"
          android:drawableEnd="@drawable/icon_arrow_right"
          android:textSize="5sp" />
  </LinearLayout>
</LinearLayout>
```

(2)定义 List 确定待显示数据，代码如下：

```
String [][] data = new String[][]{
        {"30"，"有效期 3 个月"},
        {"50","有效期 6 个月"},
          int[] imageIds = new int[]{
            R.drawable.abc_btn_check_to_on_mtrl_000,
            R.drawable.abc_btn_radio_to_on_mtrl_015
  };
  List<Map<String,Object>> listItems = new ArrayList<Map<String,Object>>();
for (int i = 0;i < data.length;i++) {
   Map<String, Object> listItem = new HashMap<String,Object>();
```

```
(11)      listItem.put("header",imageIds[i]);
(12)      listItem.put("money", data[i][0]);
(13)      listItem.put("end", data[i][1]);
(14)      listItems.add(listItem);
(15) }
```

第 8 行代码中实例化一个名为 listItems 的 ArrayList 对象，ArrayList 为 List 接口的实现类，位于 java.util 包。Map 为 java.util 中的一个接口，用于将键映射到值，HashMap 为其基于散列表的实现类。

(3) 声明并使用 SimpleAdapter 对象，代码如下：

SimpleAdapter simpleadapter = new SimpleAdapter(this, listItems, R.layout.simple_item, new String[]{"header", "money", "end"}, new int[]{R.id.hander, R.id.money, R.id.end,});

之后即可使用 SimpleAdapter 对象，使用方法后面详述。

3) ArrayAdapter

ArrayAdapter 为 BaseAdapter 的另一个派生类，可直接使用泛型显示数据。ArrayAdapter 具有多个重载的构造方法：

(1) public ArrayAdapter(Context context, int resource);

(2) public ArrayAdapter(Context context, int resource, int textViewResourceId);

(3) public ArrayAdapter(Context context, int resource, T[] objects);

(4) public ArrayAdapter(Context context, int resource, int textViewResourceId, T[] objects);

(5) public ArrayAdapter(Context context, int resource, List<T> objects);

(6) public ArrayAdapter(Context context, int resource, int textViewResourceId, List<T> objects)。

上述构造方法各参数的含义简述如下：context 为使用该 ArrayAdapter 的上下文环境；resource 为适配器所用的布局文件 id；textViewResourceId 为用于显示数据的布局文件中 TextView 的 id；objects 为待匹配显示的数据。

ArrayAdapter 的常用方法如下：

(1) public void add(T object) 将 object 添加到 ArrayAdapter 显示数据列表末尾，object 可为任意类型；

(2) public void insert(T object, int index) 将 object 添加到 ArrayAdapter 显示数据列表 index 处；

(3) public void remove(T object) 将 object 从 ArrayAdapter 显示数据列表中删除；

(4) public void clear() 清空所有的 ArrayAdapter 显示数据列表。

ArrayAdapter 的简单用法示例如下。

(1) 自定义数据表示类，代码如下：

```
class student{
      private int studentAge;
      private String studentName;
      public student(int age, String name) {
```

```
          this.studentAge = age;
          this.studentName = name;
        }
        public String studentName() {
          return this.studentName;
        }
        public String studentAge () {
          return this.mAge + "";
        }
    }
```

(2) 自定义 ArrayAdapter 派生类，代码如下：

```
(1) class StudentAdapter extends ArrayAdapter<student> {
(2)       private int mResourceId;
(3)       public StudentAdapter(Context context, int textViewResourceId) {
(4)           super(context, textViewResourceId);
(5)           this.mResourceId = textViewResourceId;
(6)   }
(7)   @Override
(8)   public View getView(int position, View convertView, ViewGroup parent) {
(9)           student Student = getItem(position);
(10)          LayoutInflater inflater = getLayoutInflater();
(11)          View view = inflater.inflate(mResourceId, null);
(12)          TextView nameText = (TextView) view.findViewById(R.id.name);
(13)          TextView ageText = (TextView) view.findViewById(R.id.age);
(14)          nameText.setText(Student.getName());
(15)          ageText.setText(Student.getAge());
(16)          return view;
(17)      }
(18) }
```

第 3 行构造方法中 context 参数传入使用此适配器的上下文引用；textViewResourceId 参数为适配器数据显示所需布局文件 id，取值一般为 R.layout.XXXX（布局文件名）。

第 10 行代码用于获得 LayoutInflater 实例。LayoutInflater 实例通过 inflate 方法获得布局文件解析后的 View 对象引用，此方法为重载方法，简单说明如下：

(1) public View inflate(int resource,ViewGroup root)；

(2) public View inflate(int resource,ViewGroup root, boolean attachToRoot)。

其中，resource 参数指定了将要加载的布局文件 id； root 指定 resource 布局文件所需嵌入的根视图，若设定为 null，则说明 resource 无嵌入根视图；attachToRoot 参数取值为 True 或 False，用于确认是否将 resource 布局文件嵌入根视图中，默认取值为 True。

第 12～13 行代码中 view.findViewById(R.id.name) 用于查找 inflate 方法 resource 参数

指定布局文件中名为 name 的控件，此后通过第 14 行 nameText.setText(Student.getName())语句让其显示学生姓名信息。TextView ageText = (TextView) view.findViewById(R.id.age)及 ageText.setText(Student.getAge())语句用于确定 resource 参数指定布局文件中名为 age 的控件，显示学生年龄。

(3)在 Activity 的 onCreate 方法实例化自定义 ArrayAdapter 子类 StudentAdapter 对象 adapter 并使用，代码如下：

```
StudentAdapter adapter = new StudentAdapter (this, R.layout.list_item);
adapter.add(new student (10, "小智"));
adapter.add(new student (20, "小霞"));
```

2. ListView 控件

ListView 控件的 XML 标签内容如下：

```
<ListView
    android:id="@+id/layoutExam"
    android:layout_width="138dp"
    android:layout_height="495dp"
    tools:layout_editor_absoluteX="8dp"
    tools:layout_editor_absoluteY="8dp" />
```

ListView 控件的常用方法如下：

(1) ListAdapter getAdapter()返回 ListView 使用的 Adapter 对象；

(2) void setAdapter(ListAdapter adapter)将 ListView 与特定 Adapter 对象绑定；

(3) void setSelection(int position)选中 position 选项，若 position<0，则选中第一项；

(4) long[] getCheckItemIds()返回选中项 id 数组；

(5) public void setOnItemClickListener(AdapterView.OnItemClickListener listener)设置选项单击鼠标事件监听器。

为方便使用，Android 提供了内置 ListView 的 Activity 派生类——ListActivity。下面以 ListExamActivity 为例说明其使用方法，其布局文件 listview_exam.xml 源代码如下：

```
<?xml version="1.0" encoding="utf-8"?>
<LinearLayout xmlns:android="http://schemas.android.com/apk/res/android"
    android:layout_width="fill_parent"
    android:layout_height="fill_parent"
    android:orientation="vertical" >
    <LinearLayout
      android:id="@+id/listLinearLayout"
      android:layout_width="fill_parent"
      android:layout_height="wrap_content"
      android:orientation="vertical" >
        <ListView
          android:id="@id/android:list"
```

```
            android:layout_width="wrap_content"
            android:layout_height="250dp"
            android:drawSelectorOnTop="true"
            android:scrollbars="vertical" >
        </ListView>
    </LinearLayout>
    <Button
        android:id="@+id/button1"
        android:layout_width="wrap_content"
        android:layout_height="74dp"
        android:text="Button" />
</LinearLayout>
```

ListExamActivity.java 源代码如下：

```
package com.example.viewexam;
import java.util.ArrayList;
import java.util.HashMap;
import android.app.ListActivity;
import android.os.Bundle;
import android.view.View;
import android.view.View.OnClickListener;
import android.widget.Button;
import android.widget.ListView;
import android.widget.SimpleAdapter;
public class ListExamActivity extends ListActivity {
    @Override
    public void onCreate(Bundle savedInstanceState) {
        super.onCreate(savedInstanceState);
        setContentView(R.layout.activity_list_exam);
        ArrayList<HashMap<String, String>> list = new ArrayList<HashMap<String, String>>();
        HashMap<String, String> map1 = new HashMap<String, String>();
        HashMap<String, String> map2 = new HashMap<String, String>();
        HashMap<String, String> map3 = new HashMap<String, String>();
        map1.put("user_name11", "zhangsan");
        map1.put("user_ip", "192.168.0.1");
        map2.put("user_name11", "zhangsan");
        map2.put("user_ip", "192.168.0.2");
        map3.put("user_name11", "wangwu");
        map3.put("user_ip", "192.168.0.3");
```

```
(26)        list.add(map1);
(27)        list.add(map2);
(28)        list.add(map3);
(29)        adapterExam listAdapter= new adapterExam(this, list,R.layout.user, new String[] { "user_name11", "user_ip" },new int[] { R.id.user_name,R.id.user_ip});
(30)        setListAdapter(listAdapter);
(31)    }
(32)    @Override
(33)    protected void onListItemClick(ListView l, View v, int position, long id) {
(34)        // TODO Auto-generated method stub
(35)        super.onListItemClick(l, v, position, id);
(36)        System.out.println("id----------------" + id);
(37)        System.out.println("position----------" + position);
(38)    }
(39) }
```

第 29 行中 adapterExam 为 SimpleAdapter 的派生类，具体实现代码如下：

```
package com.example.viewexam;
import java.util.List;
import java.util.Map;
import android.content.Context;
import android.view.View;
import android.view.ViewGroup;
import android.widget.SimpleAdapter;
public class adapterExam extends SimpleAdapter {
    public adapterExam(Context context, List<? extends Map<String, ?>> data,
            int resource, String[] from, int[] to) {
            super(context, data, resource, from, to);
            // TODO Auto-generated constructor stub
    }
    @Override
    public View getView(int position, View convertView, ViewGroup parent) {
            // TODO Auto-generated method stub
            return super.getView(position, convertView, parent);
    }
}
```

示例运行结果如图 5-5 所示。

zhangsan 192.168.0.1
zhangsan 192.168.0.2
wangwu 192.168.0.3

图 5-5 ListExamActivity 示例运行结果

5.6 Spinner

Spinner 组合框以弹出列表形式显示相关选项，以便用户快速从中选择。Spinner 控件属性、方法与 ListView 相似，在此以 SpinnerExamActivity 为例说明其使用方法，其布局文件 activity_spinner_exam.xml 部分源代码如下：

```
<?xml version="1.0" encoding="utf-8"?>
<android.support.constraint.ConstraintLayout xmlns:android="http://schemas.android.com/apk/res/android"
    xmlns:app="http://schemas.android.com/apk/res-auto"
    xmlns:tools="http://schemas.android.com/tools"
    android:layout_width="match_parent"
    android:layout_height="match_parent">
   <LinearLayout
      android:layout_width="match_parent"
      android:layout_height="match_parent"
        android:orientation="vertical">
     <TextView
        android:id="@+id/textView1"
        android:layout_width="wrap_content"
        android:layout_height="wrap_content"
        android:text="@string/hello_world" />
     <Spinner
        android:id="@+id/spinner1"
        android:layout_width="wrap_content"
```

```
        android:layout_height="wrap_content"
        android:layout_alignLeft="@+id/textView1"
        android:layout_below="@+id/textView1"
        android:layout_marginLeft="20dp" />
    </LinearLayout>
</android.support.constraint.ConstraintLayout>
```

SpinnerExamActivity.java 源代码详述如下：

```java
package com.example.administrator.ch5_viewexam;
import android.app.Activity;
import android.os.Bundle;
import android.view.View;
import android.widget.AdapterView;
import android.widget.AdapterView.OnItemSelectedListener;
import android.widget.ArrayAdapter;
import android.widget.Spinner;
import android.widget.Toast;
public class SpinnerExamActivity extends Activity {
    String[] presidents;
    @Override
    public void onCreate(Bundle savedInstanceState) {
        super.onCreate(savedInstanceState);
        setContentView(R.layout.activity_spinner_exam);
        presidents =getResources().getStringArray(R.array.presidents_array);
        Spinner s1 = (Spinner) findViewById(R.id.spinner1);
        ArrayAdapter<String> adapter = new ArrayAdapter<String>(thisandroid.R.layout.simple_list_item_single_choice, presidents);
        s1.setAdapter(adapter);
        s1.setOnItemSelectedListener(new OnItemSelectedListener()
        {
            @Override
            public void onItemSelected(AdapterView<?> arg0,View arg1, int arg2, long arg3)
            {
                int index = arg0.getSelectedItemPosition();
                System.out.println("选择的是： " + presidents[index]);
            }
            @Override
            public void onNothingSelected(AdapterView<?> arg0) { }
        });
```

```
(31)    }
(32) }
```

第 16 行中 getResources().getStringArray(R.array.presidents_array) 语句用于获得 app>src>main>res>values>string.xml 文件中定义的名为 presidents_array 的字符串数组，标签源代码如下：

```
(1) <string-array name="presidents_array">
(2)     <item>Eisenhower</item>
(3)     <item> Kennedy</item>
(4)     <item>Lyndon B. Johnson</item>
(5)     <item>Richard Nixon</item>
(6)     <item>Gerald Ford</item>
(7) </string-array>
```

程序运行结果如图 5-6(a)所示，当单击下拉按钮时，将会显示所有选项(图 5-6(b))，当选中其中一项后，在 logcat 中显示提示信息：I/System.out: 选择的是：Lyndon B. Johnson 等。

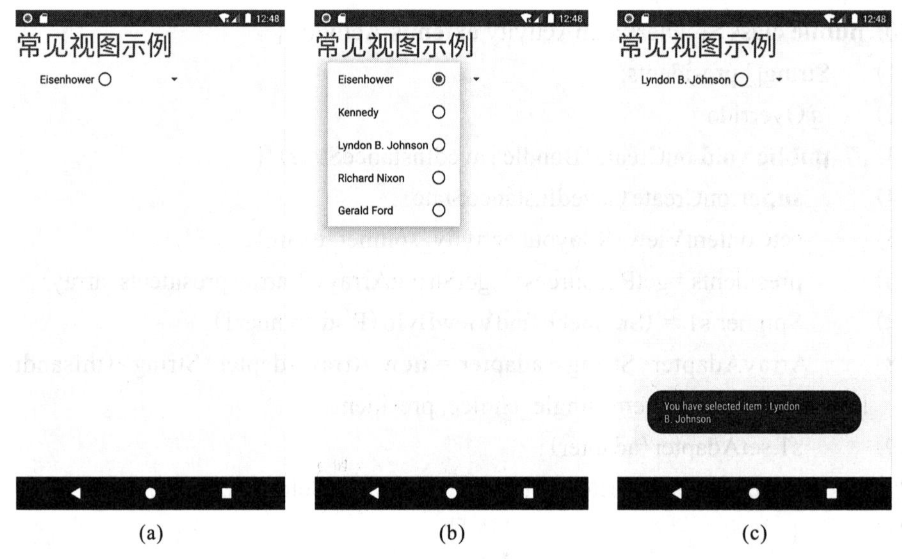

图 5-6 Spinner 示例运行结果

5.7 本 章 小 结

本章主要介绍了 ImageView、ImageButton、ToggleButton、AnalogClock、DigitalClock、ListView 和 Spinner 等 GUI 控件的使用方法：

(1) ImageView 用于显示图片，用户可自定义图片的尺寸及颜色等相关属性。

(2) ImageButton 图片按钮为 android.widget.ImageView 的子类，继承了 ImageView 的

属性和方法，且具有 Button 的边框背景及鼠标单击事件。

(3) ToggleButton 为状态开关按钮，一般具有选中和未选中两种状态，其是 android.widget.Button 的子类，继承了 Button 的相关属性及方法。

(4) Android 提供了 AnalogClock、DigitalClock 控件显示时间信息，其中 AnalogClock 为 android.view.View 的子类，以表盘形式显示系统时间，DigitalClock 为 android.widget.TextView 的子类，以数字方式显示系统时间。

(5) ListView 控件是 Android 常用的复杂控件之一，该控件以列表方式显示相关选项，用户可滑动查看所有选项。Adapter 数据适配机制作为 ListView 与数据源之间的桥梁，确定数据在 ListView 中的显示方式，其常用的实现类有 BaseAdapter、SimpleAdapter 及 ArrayAdapter 等。

(6) Spinner 组合框以弹出列表形式显示相关选项，以便用户快速从中选择。Spinner 控件属性、方法与 ListView 相似。

第 6 章　Android 控件进阶二

本章主要介绍用于图片集浏览的 Gallery 控件以及多界面程序设计常用控件，包括：①用于简化程序操作的 Menu 控件；②用于显示较耗时操作进度以提高界面友好性的 ProgressBar 控件；③用于用户交互的 Toast 及 Dialog 对话框控件；④用于实现代码重用并改善用户体验而将 Activity 中的 GUI 组件进行分组和模块化管理的 Frame 控件。

6.1　Gallery

Gallery 画廊控件通过水平滚动方式浏览多幅图片，其位于 android.widget 包中，具有与 Spinner 控件相同的父类 AbsSpinner，故其常用的属性及方法与 Spinner 控件相同，需通过 Adapter 适配器指定显示内容。在此以 ImageViewActivity 为例说明 Gallery 控件的使用方法，其布局文件 activity_image_view.xml 内容详述如下：

```
<?xml version="1.0" encoding="utf-8"?>
<LinearLayout xmlns:android="http://schemas.android.com/apk/res/android"
    android:layout_width="fill_parent"
    android:layout_height="fill_parent"
    android:orientation="vertical" >
     <TextView
       android:layout_width="fill_parent"
       android:layout_height="wrap_content"
       android:text="Images of San Francisco" />
     <Gallery
        android:id="@+id/gallery1"
        android:layout_width="fill_parent"
        android:layout_height="wrap_content" />
     <ImageView
        android:id="@+id/image1"
        android:layout_width="320dp"
        android:layout_height="250dp"
        android:scaleType="fitXY" />
</LinearLayout>
```

从中可以看出，该布局文件通过 LinearLayout 以从上到下垂直布局的方式摆放

TextView、Gallery、ImageView 控件。

ImageViewActivity.java 源代码详述如下：

```
package com.example.ch6_exam;
import android.app.Activity;
import android.content.Context;
import android.content.res.TypedArray;
import android.os.Bundle;
import android.view.View;
import android.view.ViewGroup;
import android.widget.AdapterView;
import android.widget.AdapterView.OnItemClickListener;
import android.widget.BaseAdapter;
import android.widget.Gallery;
import android.widget.ImageView;
import android.widget.Toast;
import android.view.Menu;
import android.view.MenuItem;
public class ImageViewActivity extends Activity {
    int[] imageIDs = {
            R.drawable.pic1,
            R.drawable.pic2,
            R.drawable.pic3,
    };
    /** 当 Activity 创建时调用
    @Override
    public void onCreate(Bundle savedInstanceState) {
      super.onCreate(savedInstanceState);
      System.out.println("线程号:"+Thread.currentThread().getId());
      setContentView(R.layout.activity_image_view);
      Gallery gallery = (Gallery) findViewById(R.id.gallery1);
      gallery.setAdapter(new ImageAdapter(this));
      gallery.setOnItemClickListener(new OnItemClickListener()
      {
        public void onItemClick(AdapterView<?> parent, View v,
        int position, long id)
        {
          Toast.makeText(getBaseContext(),
                "pic" + (position + 1) + " selected",
                Toast.LENGTH_SHORT).show();
```

```
            //---display the images selected---
            ImageView imageView = (ImageView) findViewById(R.id.image1);
            imageView.setImageResource(imageIDs[position]);
        }
    });
}
public class ImageAdapter extends BaseAdapter
{
    Context context;
    public ImageAdapter(Context c)
    {
        context = c;
        System.out.println("构造方法!
ImageAdapter"+":"+Thread.currentThread().getId());
    }
    public int getCount() {
        System.out.println("获得个数!
getCount:"+imageIDs.length+":"+Thread.currentThread().getId());
        return imageIDs.length;
    }
    public Object getItem(int position) {
        System.out.println("获得指定的对象!
getItem:"+position+":"+Thread.currentThread().getId());
        return position;
    }
    public long getItemId(int position) {
        System.out.println("获得
getItemId:"+position+":"+Thread.currentThread().getId());
        return position;
    }
    public View getView(int position, View convertView, ViewGroup parent) {
        ImageView imageView;
        if (convertView == null) {
            imageView = new ImageView(context);
            imageView.setImageResource(imageIDs[position]);
            imageView.setScaleType(ImageView.ScaleType.FIT_XY);
            imageView.setLayoutParams(new Gallery.LayoutParams(150, 120));
        } else {
            imageView = (ImageView) convertView;
```

```
(73)            }
(74)            System.out.println("getView 方法
        "+position+":"+Thread.currentThread().getId());
(75)            return imageView;
(76)        }
(77)    }
(78) }
```

第 44 行定义的 ImageAdapter 类为 BaseAdapter 的派生类，用于将 imageIDs 中引用的图片显示在 id 为 gallery1 的控件中。

项目加载运行后，结果如图 6-1(a)所示，左右滑动即可浏览图片，当图片选中时，通过 Toast 显示选中图片的提示信息，并将选中图片在 ImageView 中放大显示。

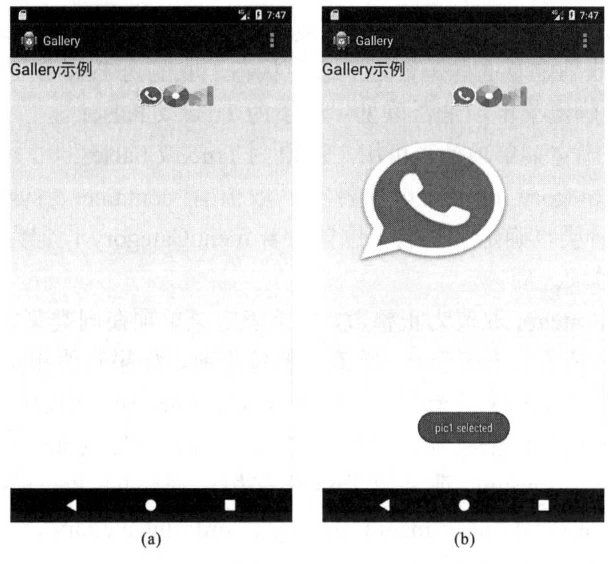

图 6-1　Gallery 控件示例运行结果

6.2　多界面程序设计常用控件

6.2.1　Menu

Menu 是图形用户界面最常用的控件之一。Android 常用的菜单有 OptionsMenu、ContextMenu 及 PopupMenu。OptionsMenu 为应用程序选项菜单；ContextMenu 为控件上下文菜单，当用户长按控件时显示；PopupMenu 为弹出菜单。可通过两种方式创建菜单，一种是使用 XML 文件，另一种是使用 Java 代码。Android 推荐使用 XML 资源文件定义所有菜单，并在 Java 代码中通过 android.view.MenuInflater 类加载并实例化 XML 文件中定义的菜单项对其进行相关操作。

1. 使用 XML 文件创建菜单

Android 推荐使用 XML 资源文件定义所有菜单，而不是直接通过 Java 代码进行声明。在 app>src>main>res>menu 中创建一个 XML 文件后，嵌套使用<menu>、<item>、<group>标签定义菜单。

(1)<menu>为菜单资源文件的根节点，可以包含一个或者多个<item>和<group>元素，其常用属性为 xmlns:android、xmlns:tools 等，含义及用法与布局文件相似。

(2)<item>用于创建菜单选项，常用属性如下：

①xmlns:title 为菜单项标题；

②xmlns:titleCondensed 为菜单短标题，当 xmlns:title 设置显示文字过长时自动显示；

③xmlns:alphabeticShortcut 为菜单项的字母快捷键；

④xmlns:numericShortcut 为菜单项的数字快捷键；

⑤xmlns:checkable 确定菜单项前是否带复选框，取值为 True 或 False；

⑥xmlns:checked 确定复选框是否处于选中状态，取值为 True 或 False；

⑦xmlns:visible 确定菜单项是否可见，取值为 True 或 False；

⑧xmlns:enable 确定菜单项是否可用，取值为 True 或 False；

⑨xmlns:menuCategory 确定菜单项种类，取值有 container、system、secondary 和 alternative。菜单项种类也确定了其显示位置，若 menuCategory 设定为 system 系统菜单，将置于其他类型菜单项之后。

⑩xmlns:orderInCategor 取值为正整数，用于确定菜单项在同类菜单中的显示位置，取值可不从 0 开始，但必须大于等于 0，数值小的位于前，如果数值相同，则按定义顺序排列。若 item1、item2 和 item3 三个菜单项的 menuCategory 属性均取值为 container，则它们的 orderInCategory 属性值依次为 3、2、1，它们的显示顺序为 item3、item2 和 item1。

(3)<group>元素。<group>元素用于对具有相同属性的<item>菜单项进行分组。<group>元素常用属性有 id、menuCategory、orderInCategory、visible、enable 和 checkableBehavior。其中 id、menuCategory、orderInCategory、visible、enable 属性与<item>标签同名属性含义及作用相同，checkableBehavior 属性取值为 all、single 及 none，all 显示复选菜单项，single 显示单选菜单项，none 为普通菜单项。

菜单创建的示例文件 menu_user.xml 代码如下：

```
<?xml version="1.0" encoding="utf-8"?>
<menu xmlns:android="http://schemas.android.com/apk/res/android"
        xmlns:tools="http://schemas.android.com/tools">
    <item android:id="@+id/userdefine"
          android:title="Close"
          android:orderInCategory = "3"
          android:icon="@drawable/ic_launcher" />
    <item android:id="@+id/c11_no_icon"
         android:orderInCategory = "2"
         android:title = "Sans Icon" />
```

```
(11)    <item android:id="@+id/c11_disabled"
(12)        android:orderInCategory="4"
(13)        android:enabled="false"
(14)        android:title="Disabled" />
(15)    <group android:id="@+id/c11_other_stuff"
(16)        android:menuCategory="secondary"
(17)        android:checkableBehavior="single"
(18)        android:visible="true" >
(19)        <item android:id="@+id/c11_later"
(20)            android:orderInCategory="0"
(21)            android:title="2nd-To-Last" />
(22)        <item android:id="@+id/last"
(23)            android:orderInCategory="5"
(24)            android:title="Last" />
(25)    </group>
(26)    <item android:id="@+id/c11_submenu"
(27)        android:orderInCategory="3"
(28)        android:title="A submenu" >
(29)     <menu>
(30)        <item android:id="@+id/c11_non_ghost"
(31)          android:title="Non-Ghost"
(32)          android:visible="true"
(33)          android:alphabeticShortcut="n" />
(34)        <item android:id="@+id/c11_ghost"
(35)          android:title="Ghost"
(36)          android:visible="true"
(37)          android:alphabeticShortcut="g" />
(38)      </menu>
(39)    </item>
(40) </menu>
```

第 4～14 行 3 个<item>用于添加三个 MenuItem，它们的 orderInCategory 属性取值分别为 3、2、4，数值小的位于前。第 26 行的<item>标签中包含<menu>标签，用于创建子菜单，标题分别为 Non-Ghost、Ghost，一般子菜单不超过两级。

2. 使用 Java 代码操作 Menu

Android 提供 android.view.MenuInflater 类加载并实例化 XML 文件中定义的菜单项，其实例可通过 Activity 的 public MenuInflater getMenuInflater()方法获取：

MenuInflater inflater=getMenuInflater();

然后通过 MenuInflater 类 的 public void inflate(int menuRes, Menu menu)方法加载

menuRes 指定的菜单文件，并将文件中实例化的菜单项加入 menu 中。

获得 menu 实例后，使用下述方法对其进行操作：

(1) MenuItem add(int groupId，int itemId，int order，String title)添加同级菜单项，MenuItem 作用与<item>标签相同，groupId 指定其所在组 id，itemId 为菜单项 id，order 的作用与 android:orderInCategory 相同，title 为菜单显示文字；获得 MenuItem 对象后，可通过 get/set 方法对菜单项相关属性进行操作，如 MenuItem setTitle(CharSequence title)及 CharSequence getTitle()等。

(2) SubMenu addSubMenu(int grouId, int itemId, int order, String title)添加子菜单项，各参数含义与 add 方法相同。SubMenu 用于对子菜单进行操作，SubMenu 不能再包含其他子菜单项。

3. Activity 中绑定菜单

Activity 提供了相关重写方法绑定 XML 文件定义好的菜单，并设定菜单单击事件回调代码。

(1) public boolean onCreateOptionsMenu(Menu menu)为 Activity 方法，需重写用于绑定 OptionsMenu。示例如下：

```
①public boolean onCreateOptionsMenu(Menu menu) {
② getMenuInflater().inflate(R.menu.main, menu);
③ return true;
④ }
```

(2) public boolean onOptionsItemSelected(MenuItem item)为 Activity 方法，需重写确定 OptionsMenu 单击后执行的代码。

(3) public void onOptionsMenuClosed(Menu menu)为 Activity 方法，需重写确定 OptionsMenu 菜单关闭时执行的代码。

(4) public void onCreateContextMenu(ContextMenu menu, View v, ContextMenuInfo menuInfo)为 Activity 方法，重写为控件创建上下文菜单，参数 menu 为待创建上下文菜单，v 为创建上下文菜单控件，menuInfo 指选中菜单项相关信息。

(5) public boolean onContextItemSelected(MenuItem item)为 Activity 方法，重写指定上下文菜单单击时执行的代码。

(6) public void setOnCreateContextMenuListener(View.OnCreateContextMenuListener l)为 android.view.View 定义的方法，将上下文菜单与 View 绑定，当上下文菜单单击时自动回调 onContextItemSelected 方法。

4. 应用示例

这里以 MenuExamActivity 为例说明菜单的使用方法，其布局文件 activity_menu_exam.xml 的代码详述如下：

```
(1) <RelativeLayout xmlns:android="http://schemas.android.com/apk/res/android"
(2)     xmlns:tools="http://schemas.android.com/tools"
(3)     android:layout_width="match_parent"
```

```
    android:layout_height="match_parent"
    android:paddingBottom="@dimen/activity_vertical_margin"
    android:paddingLeft="@dimen/activity_horizontal_margin"
    android:paddingRight="@dimen/activity_horizontal_margin"
    android:paddingTop="@dimen/activity_vertical_margin"
    tools:context="com.example.ch6_exam.MenuExamActivity" >
<!--tools:context 记录了该 XML 文件与那个 Activity 相关 -->
    <TextView
        android:id="@+id/text1"
        android:layout_width="wrap_content"
        android:layout_height="wrap_content"
        android:text="@string/hello_world" />
</RelativeLayout>
```

MenuExamActivity.java 代码如下：

```
package com.example.ch6_exam;
import android.app.Activity;
import android.os.Bundle;
import android.view.ContextMenu;
import android.view.ContextMenu.ContextMenuInfo;
import android.view.Menu;
import android.view.MenuItem;
import android.view.SubMenu;
import android.view.View;
import android.widget.TextView;
public class MenuExamActivity extends Activity {
    private TextView view1=null;
    @Override
    protected void onCreate(Bundle savedInstanceState) {
        super.onCreate(savedInstanceState);
        setContentView(R.layout.activity_menu_exam);
        view1=(TextView) findViewById(R.id.text1);
        //setOnCreateContextMenuListener 实现长按控件显示菜单
        view1.setOnCreateContextMenuListener(this);
    }
    @Override
    public boolean onContextItemSelected(MenuItem item) {
        // TODO Auto-generated method stub
        int group1=item.getGroupId();
        int id = item.getItemId();
```

```
        System.out.println("单击的系统上下文菜单编号为："+id);
        return super.onContextItemSelected(item);
    }
    @Override
    public boolean onCreateOptionsMenu(Menu menu) {
        //通过 XML 创建上下文菜单
        //getMenuInflater().inflate(R.menu.menu_exam, menu);
        MenuItem menu1=menu.add(0,10,1,"新建");
        SubMenu menu2=menu.addSubMenu(0,2,2,"保存");
        menu2.add(0,5,3,"保存 1");
        return true;
    }
    //用于创建上下文菜单
    @Override
    public void onCreateContextMenu(ContextMenu menu, View v,
            ContextMenuInfo menuInfo) {
        MenuItem menu1=menu.add(0,3,1,"新建 1");
        MenuItem menu2=menu.add(0,4,2,"保存 1");
        super.onCreateContextMenu(menu, v, menuInfo);
    }
    //用于系统菜单处理
    @Override
    public boolean onOptionsItemSelected(MenuItem item) {
        int id = item.getItemId();
        System.out.println("单击的系统菜单编号为 OptionsItemSelected: "+id);
        if(id==1)
        {
            System.out.println("单击了新建菜单！");
        }
        if (id == R.id.action_settings) {
            return true;
        }
        return super.onOptionsItemSelected(item);
    }
}
```

示例运行后，将在屏幕上显示“Hello World！”的 TextView 控件，当用鼠标长按该控件后，弹出上下文菜单(图 6-2)。

图 6-2　菜单示例运行结果

单击新建 1 菜单项后，回调第 22 行 onContextItemSelected 方法，在 logcat 中显示：“com.example.ch6_exam I/System.out:单击的系统上下文菜单编号为：3”。

6.2.2　ProgressBar

ProgressBar 为 Android 较常用的控件之一，用于显示较耗时操作的进度，以提高界面友好性。ProgressBar 为 android.view.View 的子类，其常用的属性如下。

(1) max 属性指定进度最大值。

(2) progress 属性指定进度当前值，取值为 0～max。

(3) secondaryProgress 属性指定下一次进度值。

(4) visibility 属性取值为 True 或 False，用于确定 ProgressBar 是否可见。

(5) Styley 属性用于确定 ProgressBar 的显示样式，常用取值如下：

① @android:style/Widget.ProgressBar.Horizontal|?android:attr/progressBarStyleHorizontal 水平进度条(常用)，需设置进度条递增进度量；

②@android:style/Widget.ProgressBar.Small|?android:attr/progressBarStyleSmall 环形小进度条；

③@android:style/Widget.ProgressBar.Large|?android:attr/progressBarStyleLarge 环形大进度条；

④@android:style/Widget.ProgressBar.Inverse|?android:attr/progressBarStyleInverse 逆时针旋转进度条；

⑤ @android:style/Widget.ProgressBar.Large.Inverse|?android:attr/progressBarStyleLargeInverse 逆时针旋转大进度条；

⑥ @android:style/Widget.ProgressBar.Small.Inverse|?android:attr/progressBarStyleSmallInverse 逆时针旋转小进度条。

(6) android:indeterminate 属性取值为 True 或 False，确定其是否以无限循环模式运行。

(7) android:indeterminateDuration 属性指定 ProgressBar 无限循环运行模式，取值为 repeat 时 ProgressBar 达到 max 时从 0 开始；取值为 cycle 时 ProgressBar 达到 max 时从最大递减至 0。

ProgressBar 常用的方法如下：

(1) public int getMax() 获得 ProgressBar 进度最大值；

(2) public void setMax(int max) 设定 ProgressBar 进度最大值；

(3) public int getProgress() 获得 ProgressBar 当前进度；

(4) public void setProgress(int progress) 设定 ProgressBar 当前进度；

(5) public final void incrementProgressBy(int diff) 设置 ProgressBar 进度增量，diff>0 递增，diff<0 递减;

(6) public boolean isIndeterminate() 返回值说明 ProgressBar 是否处于无限循环模式；

(7) public void setIndeterminate(boolean indeterminate) 用于设定 ProgressBar 是否处于无限循环模式；

(8) public void setVisibility(int v) 用于设定 ProgressBar 是否可见，参数 v 的取值为 View.VISIBLE(可见)、View.INVISIBLE(不可见，占据布局空间)、View.GONE(不可见，不占布局空间)。

下面以 ProgressBar 项目为例说明 ProgressBar 的使用方法，项目中有一个名为 ProgressBarTest 的 Activity，其布局文件 main.xml 的代码详述如下：

```
<?xml version="1.0" encoding="utf-8"?>
<LinearLayout xmlns:android="http://schemas.android.com/apk/res/android"
    android:orientation="vertical"
    android:layout_width="fill_parent"
    android:layout_height="fill_parent"
    >
     <TextView
      android:layout_width="fill_parent"
      android:layout_height="wrap_content"
       android:text="@string/hello"
      />
     <ProgressBar
       android:id="@+id/firstBar"
       style="?android:attr/progressBarStyleHorizontal"
       android:layout_width="200dp"
       android:layout_height="wrap_content"
       android:visibility="gone"
      />
```

```
    <ProgressBar
        android:id="@+id/secondBar"
        style="?android:attr/progressBarStyle"
        android:layout_width="wrap_content"
        android:layout_height="wrap_content"
        android:visibility="gone"
    />
    <Button
        android:id="@+id/myButton"
        android:layout_width="wrap_content"
        android:layout_height="wrap_content"
        android:text="begin"
    />
</LinearLayout>
```

从中可以看出，该布局文件使用 LinearLayout 排列 TextView、两个 ProgressBar 及一个 Button 控件。为说明 ProgressBar 的不同显示样式，将 id 为 firstBar 的 style 设定为?android:attr/progressBarStyleHorizontal，以水平方式显示；id 为 secondBar 的 style 设定为?android:attr/progressBarStyle，以旋转方式显示。

ProgressBarTest.java 文件源代码详述如下：

```
package mars.progressbar;
import android.app.Activity;
import android.os.Bundle;
import android.view.View;
import android.view.View.OnClickListener;
import android.widget.Button;
import android.widget.ProgressBar;
public class ProgressBarTest extends Activity {
    private ProgressBar firstBar =null;
    private ProgressBar secondBar = null;
    private Button myButton = null;
    private int i = 0 ;
    @Override
    public void onCreate(Bundle savedInstanceState) {
        super.onCreate(savedInstanceState);
        setContentView(R.layout.main);
        firstBar = (ProgressBar) findViewById(R.id.firstBar);
        secondBar = (ProgressBar) findViewById(R.id.secondBar);
        myButton = (Button) findViewById(R.id.myButton);
        myButton.setOnClickListener(new ButtonListener());
```

```
(21)     }
(22)     class ButtonListener implements OnClickListener{
(23)       @Override
(24)       public void onClick(View v) {
(25)         if(i == 0)
(26)         {
(27)           firstBar.setVisibility(View.VISIBLE);
(28)           firstBar.setMax(150);
(29)           secondBar.setVisibility(View.VISIBLE);
(30)         }
(31)         else if ( i < firstBar.getMax() ) {
(32)           //设置主进度条的当前值
(33)           firstBar.setProgress(i);
(34)           //设置第二进度条的当前值
(35)           firstBar.setSecondaryProgress(i + 10);
(36)           //因为默认的进度条无法显示进行的状态
(37)           //secondBar.setProgress(i);
(38)         }
(39)         else{
(40)           //设置进度条处于不可见状态
(41)           firstBar.setVisibility(View.GONE);
(42)           secondBar.setVisibility(View.GONE);
(43)         }
(44)         i = i + 10 ;
(45)       }
(46)     }
(47) }
```

第 22～46 行代码为 myButton 按钮的鼠标单击事件处理器。当鼠标首次单击时 i = 0，执行第 27～29 行代码，通过 setVisibility 方法将 firstBar 与 secondBar 设置为可见，通过 setMax 方法将 firstBar 的最大状态值设置为 150。此后发生鼠标单击事件时，若 i 小于 firstBar 的最大状态值(150)，则执行第 32～37 行代码，通过 setProgress、setSecondaryProgress 方法改变 firstBar 的当前状态及下步状态值，从中可以看出其状态值每次增加 10；否则执行第 41～42 行代码，通过 setVisibility 方法设置进度条处于不可见状态。

该示例的运行结果如图 6-3 所示。

程序运行结果如图 6-3(a)所示，屏幕上显示 TextView、Button 控件，两个 ProgressBar 控件处于不可见状态；第一次单击 BEGIN 按钮后，两个 ProgressBar 可见；再单击 BEGIN 按钮，位于 TextView 控件下的水平进度条显示当前及下步进度值，其下方进度条以顺时针旋转方式显示进度(图 6-3(b))。

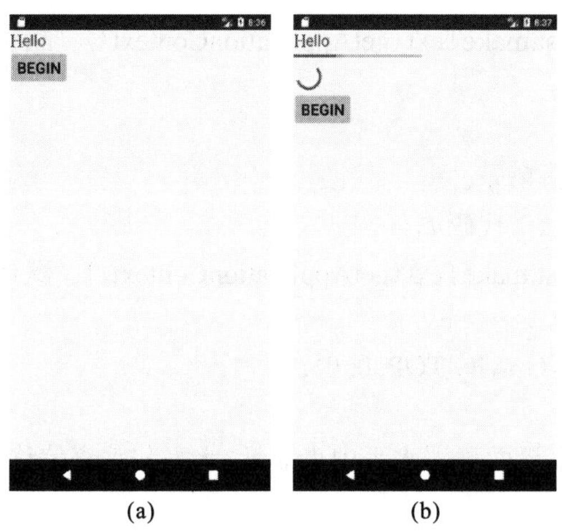

(a)　(b)

图 6-3　ProgressBar 控件示例运行结果

6.2.3　对话框

1. Toast

Toast 是 Android 提供的浮动信息对话框，用于显示无须用户回应的短小信息，这些信息显示一段时间后会自动消失。Toast 位于 android.widget 包中，其构造方法为

public Toast(Context context)；

用于实例化 Toast 对象，context 为应用上下文，通常为 Activity 实例。

Toast 常用方法如下：

(1) public static Toast makeText(Context context, int resId, int duration) 或 public static Toast makeText(Context context, CharSequence text, int duration)，此方法为 Toast 类的静态方法，用于实例化一个 Toast 对象，并指定该对象使用的上下文环境 context、待显示的信息 id(resId) 或字符型可读系列常量/变量(text) 以及信息显示持续时间 duration，取值为 Toast.LENGTH_SHORT 或 Toast.LENGTH_LONG。

(2) public void setText(int resId) | public void setText(CharSequence s) 用于设置 Toast 显示的信息内容。

(3) public void setDuration(int duration) 用于设置信息显示持续时间，取值为 Toast.LENGTH_SHORT 或 Toast.LENGTH_LONG。

(4) public void setGravity(int gravity, int xOffset, int yOffset) 设置 Toast 显示位置，gravity 为参考起始位置，取值为 Gravity.CENTER 等，xOffset 为水平偏移量，yOffset 为垂直偏移量。

(5) public void setView(View view) 将相关控件添加到 Toast 中显示。

(6) public View getView() 获得 Toast 中的布局控件。

(7) public void show() 在特定的位置显示信息提示信息。

下面以示例说明 Toast 使用方法。

(1) 简单 Toast，代码如下：

(1) Toast temp=Toast.makeText(getApplicationContext(), "默认样式显示信息对话框", Toast.LENGTH_LONG);

(2) temp.show();

运行效果如图 6-4(a)所示。

(2)指定位置的 Toast，代码如下：

(1) Toast temp=Toast.makeText(getApplicationContext(), "默认样式显示信息对话框", Toast.LENGTH_LONG);

(2) temp.setGravity(Gravity.TOP, 0, 0);

(3) temp.show();

第 2 行设置 Toast 在界面顶端水平中央显示，水平和垂直偏移量为 0，效果如图 6-4(b)所示。

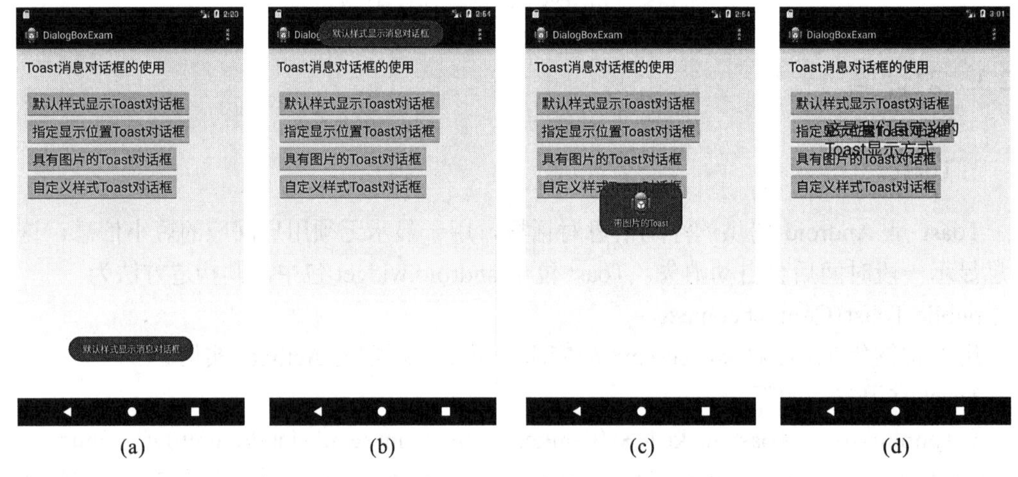

图 6-4 Toast 示例运行结果

(3)嵌入其他控件 Toast，代码如下：

(1) Toast toast=Toast.makeText(getApplicationContext()," 带 图 片 的 Toast", Toast.LENGTH_LONG);

(2) toast.setGravity(Gravity.CENTER, 0, 0);

(3) LinearLayout toastView = (LinearLayout)

(4) toast.getView();

(5) ImageView imageCodeProject = new ImageView(getApplicationContext());

(6) imageCodeProject.setImageResource(R.drawable.ic_launcher);

(7) toastView.addView(imageCodeProject, 0);

(8) toast.show();

第 4 行代码通过 getView()方法获得 toast 实例的布局并将其强制转换为 LinearLayout 模式；第 5 行代码实例化一个名为 imageCodeProject 的 ImageView 对象；第 6 行代码设置 imageCodeProject 显示 app>src>main>res>drawable>ic_launcher.png 图标；第 7 行将

imageCodeProject 加入 toast 布局文件中，显示效果如图 6-4(c)所示。

(4)自定义布局 Toast。自定义布局 Toast 需先在 app>src>main>res>layout 中定义布局文件，示例 custome.xml 代码如下：

```
<RelativeLayout xmlns:android="http://schemas.android.com/apk/res/android"
    xmlns:tools="http://schemas.android.com/tools"
    android:layout_width="match_parent"
    android:layout_height="match_parent"
    android:paddingBottom="@dimen/activity_vertical_margin"
    android:paddingLeft="@dimen/activity_horizontal_margin"
    android:paddingRight="@dimen/activity_horizontal_margin"
    android:paddingTop="@dimen/activity_vertical_margin"
    tools:context="com.example.dialogboxexam.ToastExam"
    android:id="@+id/group1">
    <TextView
        android:id="@+id/textView2"
        android:layout_width="wrap_content"
        android:layout_height="wrap_content"
        android:text="@string/promoate_message" />
</RelativeLayout>
```

然后在 Activity 中添加如下代码：

```
(1) LayoutInflater inflater = getLayoutInflater();
(2) View layout = inflater.inflate(R.layout.custome,null);
(3) TextView title = (TextView) layout.findViewById(R.id.textView2);
(4) title.setText("这是我们自定义的 Toast 显示方式");
(5) Toast toast = new Toast(getApplicationContext());
(6) toast.setGravity(Gravity.CENTER| Gravity.TOP, 50, 400);
(7) toast.setDuration(Toast.LENGTH_LONG);
(8) toast.setView(layout);
(9) toast.show();
```

第 1～2 行代码获得 app>src>main>res>layout>custome.xml 布局文件的引用 layout，第 3 行获得 custome 布局中名为 textView2 的 TextView 控件引用；第 6 行设置 Toast 控件的显示位置相对于界面顶部中央的偏移量(50,400)；第 7 行设置 Toast 控件显示持续时间；第 8 行通过 setView 方法将 layout 设置为 Toast 布局文件，运行结果如图 6-4(d)所示。

2. Dialog

Dialog 用于显示与用户交互的对话框，可接收用户输入的额外信息或显示重要提示信息。Dialog 位于 android.app 包中，AlertDialog、CharacterPickerDialog 等为其派生类。CharacterPickerDialog 对话框提供相关选项以供用户选择。

AlertDialog 为 Dialog 的一个直接子类，可显示标题、提示信息、按钮(1～3 个)、可选择项列表或自定义布局等，在应用程序中具有广泛的应用。AlertDialog 无构造方法，其实例可通过 AlertDialog.Builder 内部类 create()方法获得。

1）AlertDialog.Builder 内部类的构造及常用方法

AlertDialog.Builder 内部类的构造及常用方法如下：

（1）AlertDialog.Builder 内部类的构造及常用方法 public AlertDialog.Builder(Context context)实例化一个 AlertDialog.Builder 对象，并指定其应用上下文环境 context。

(2)public AlertDialog create()实例化一个 AlertDialog 对象，返回调用此方法的 AlertDialog 对象。

(3)public AlertDialog.Builder setMessage(CharSequence message) | public AlertDialog.Builder setMessage(int messageId)设置对话框显示的信息。

(4)public AlertDialog.Builder setIcon(int iconId) | public AlertDialog.Builder setIcon(Drawable icon)设置对话框显示的图标。

(5)public AlertDialog.Builder setPositiveButton(int textId, DialogInterface.OnClickListener listener) |public AlertDialog.Builder setPositiveButton(CharSequence text, DialogInterface.OnClickListener listener)设置确认按钮上显示的字符串 id(textId)或字符串(text)及鼠标单击的事件监听器 listener。

(6)public AlertDialog.Builder setNegativeButton(int textId, DialogInterface.OnClickListener listener)| public AlertDialog.Builder setNegativeButton(CharSequence text, DialogInterface. OnClickListener listener)；设置取消按钮上显示的字符串 Id(textId)或字符串(text)及鼠标单击事件监听器 listener。

(7)public AlertDialog.Builder setMultiChoiceItems(int itemsId, boolean[] checkedItems, DialogInterface.OnMultiChoiceClickListener listener)设置对话框复选框选项，itemsId 为选项字符串数组 id, checkedItems 确定选项选中状态，listener 指定鼠标单击事件处理器。此方法为重载方法。

(8)public AlertDialog.Builder setSingleChoiceItems(int itemsId, int checkedItem, DialogInterface.OnClickListener listener)设置对话框单选选项，itemsId 为选项字符串数组 id, checkedItem 默认选中 id，listener 指定鼠标单击事件处理器。此方法为重载方法。

(9)public AlertDialog.Builder setAdapter(ListAdapter adapter, DialogInterface.OnClickListener listener)设置对话框显示列表的 adapter 及鼠标单击事件监听器 listener。

(10)public AlertDialog.Builder setView(View view)设置对话框自定义布局 view。

(11)public AlertDialog show()创建并显示 AlertDialog 对话框。

2)AlterDialog 常用方法

AterDialog 常用方法如下：

(1)public void setMessage(CharSequence message)，与 AlertDialog.Builder 相似。

(2)public void setView(View view)，与 AlertDialog.Builder 相似。

(3)public void setIcon(Drawable icon)，与 AlertDialog.Builder 相似。

(4)public void setTitle(CharSequence title)，设置对话框标题。

(5)public void show()，显示对话框。

3)AlertDialog 用法示例

(1)简单对话框，代码如下：

```
(1) AlertDialog.Builder exam=new AlertDialog.Builder(this);
(2) exam.setTitle(com.example.dialogboxexam.R.string.hello_world);
(3) exam.setMessage("example");
(4) exam.setPositiveButton(R.string.action_settings,
(5)         new DialogInterface.OnClickListener() {
(6)         @Override
(7)         public void onClick(DialogInterface dialog, int which) {
(8)           System.out.println("单击了提示对话框的确定按钮");
(9)         }});
(10) exam.show();
```

第 4 行代码通过 setPositiveButton 方法将显示 R.string.action_settings 的命令按钮添加到对话框中；第 5～9 行设定命令按钮单击时执行的代码，在此简单显示第 8 行指定的提示信息，运行结果如图 6-5(a)所示。

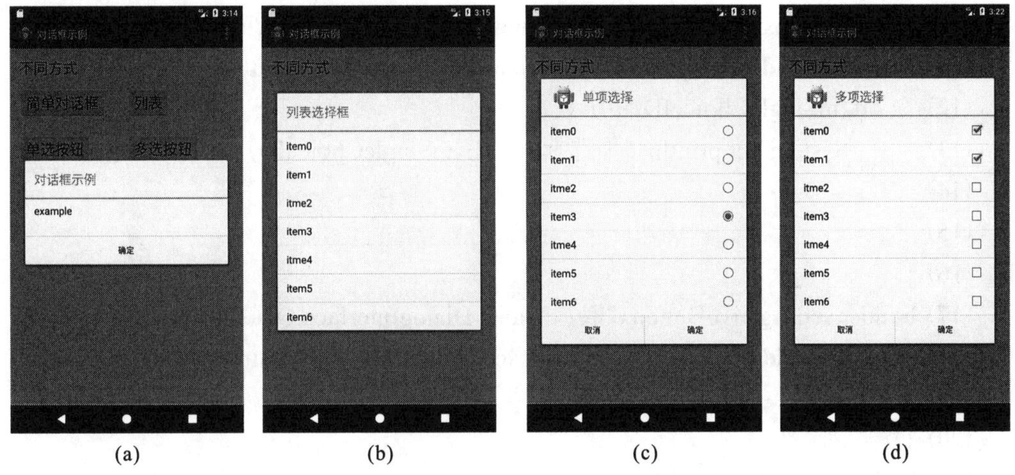

图 6-5　AlertDialog 示例运行结果

(2)列表对话框，代码如下：

```
(1) String[] mItems = {"item0","item1","itme2","item3","itme4","item5","item6"};
(2) AlertDialog.Builder builder = new AlertDialog.Builder(DialogExam.this);
(3) builder.setTitle("列表选择框");
(4) builder.setItems(mItems, new DialogInterface.OnClickListener() {
(5)     public void onClick(DialogInterface dialog, int which) {
(6)         // dialog 为发生单击事件 Dialog 控件的引用;
(7)        //which 代表的是选中了那项;
(8)        // DialogInterface 为 Dialog 实现的接口;
(9)     }
```

```
});
builder.create().show();
```

因为 AlertDialog.Builder 的 create 方法的返回值为 AlertDialog 对象，所以可如 builder.create().show()语句一样先调用 builder.create()方法获得 AlertDialog 实例对象，然后调用其 show()方法进行显示，运行结果如图 6-5(b)所示。

(3)单选对话框，代码如下：

```
String[] mItems = {"item0","item1","itme2","item3","itme4","item5","item6"};
AlertDialog.Builder builder = new AlertDialog.Builder(DialogExam.this);
builder.setIcon(com.example.dialogboxexam.R.drawable.ic_launcher);
builder.setTitle("单项选择");
builder.setSingleChoiceItems(mItems, 1, new DialogInterface.OnClickListener() {
   public void onClick(DialogInterface dialog, int whichButton) {
     mSingleChoiceID = whichButton;
   }
});
builder.setPositiveButton("确定", new DialogInterface.OnClickListener() {
   public void onClick(DialogInterface dialog, int whichButton) {
     if(mSingleChoiceID > 0) {
       System.out.println("你选择的是"+ mSingleChoiceID);
     }
   }
});
builder.setNegativeButton("取消", new DialogInterface.OnClickListener() {
   public void onClick(DialogInterface dialog, int whichButton) {
   }
});
builder.create().show();
```

运行结果如图 6-5(c)所示。

(4)多选对话框，代码如下：

```
ArrayList <Integer>MultiChoiceID = new ArrayList <Integer>();
String[] mItems = {"item0","item1","itme2","item3","itme4","item5","item6"};
AlertDialog.Builder builder = new AlertDialog.Builder(DialogExam.this);
builder.setIcon(R.drawable.ic_launcher);
builder.setTitle("多项选择");
builder.setMultiChoiceItems(mItems,
  new boolean[]{false, false, false, false, false, false, false},
  new DialogInterface.OnMultiChoiceClickListener() {
  public void onClick(DialogInterface dialog, int whichButton, boolean isChecked) {
// whichButton 为单击复选项, isChecked 表示单击的复选框是否选中
```

```
(11)        if(isChecked) {
(12)            MultiChoiceID.add(whichButton);
(13)        }else {
(14)            MultiChoiceID.remove(whichButton);
(15)          }
(16)        }
(17)      });
(18) builder.setPositiveButton("确定", new  DialogInterface.OnClickListener() {
(19)    public void onClick(DialogInterface dialog, int whichButton) {
(20)        String str = "";
(21)        int size = MultiChoiceID.size();
(22)        for (int i = 0 ;i < size; i++) {
(23)        strChoise=strChoise + mItems[MultiChoiceID.get(i)] + ", ";
(24)      }
(25)      System.out.println(strChoise);
(26)    }
(27) });
(28) builder.setNegativeButton("取消", new  DialogInterface.OnClickListener() {
(29)    public void onClick(DialogInterface dialog, int whichButton) {
(30)    }
(31) });
(32) builder.create().show();
```

其中第 6 行代码通过 AlertDialog.Builder 类 setMultiChoiceItems 方法设置 mItems 为复选项，new boolean[]{false, false, false, false, false, false, false}指定所有复选项为未选中状态；第 3 个参数通过匿名类为选项设定鼠标单击事件，在重写的 onClick 方法中 isChecked 参数判断选项是否选中，若选中，则添加到 MultiChoiceID 列表中，否则移除。执行结果如图 6-5(d)所示。

(5)输入信息对话框。下面以 mainActivityExam.java 为例详细说明输入信息对话框的使用方法，其布局文件 my_dialog.xml 代码详述如下：

```
<?xml version="1.0" encoding="utf-8"?>
<LinearLayout xmlns:android="http://schemas.android.com/apk/res/android"
    android:layout_width="match_parent"
    android:layout_height="match_parent"
    android:orientation="vertical"
    android:padding="10dp">
    <LinearLayout
        android:layout_width="match_parent"
        android:layout_height="wrap_content"
        android:orientation="horizontal">
```

```
    <TextView
        android:layout_width="wrap_content"
        android:layout_height="wrap_content"
        android:textColor="#000"
        android:text="原用户名：" />
    <TextView
        android:id="@+id/tv_name"
        android:layout_width="match_parent"
        android:layout_height="wrap_content"
        android:text="大西瓜" />
  </LinearLayout>
  <Button
    android:id="@+id/bt_name"
    android:layout_width="match_parent"
    android:layout_height="wrap_content"
    android:text="修改用户名"
    />
</LinearLayout>
```

此布局文件中包含两个 TextView 和一个 Button 控件。

mainActivityExam1.java 源代码如下：

```
import android.app.Activity;
import android.app.AlertDialog;
import android.content.DialogInterface;
import android.os.Bundle;
import android.view.View;
import android.view.View.OnClickListener;
import android.widget.Button;
import android.widget.EditText;
import android.widget.LinearLayout;
import android.widget.TextView;
import android.widget.Toast;
public class mainActivityExam1 extends Activity {
    TextView old_name=null;
    Button bt_change_name=null;
    @Override
    protected void onCreate(Bundle savedInstanceState) {
        super.onCreate(savedInstanceState);
        setContentView(R.layout.my_dialog);
        old_name = (TextView) findViewById(R.id.tv_name);
```

```
(20)        bt_change_name = (Button) findViewById(R.id.bt_name);
(21)        System.out.println("获得了:"+"------>"+old_name.getText());
(22)        bt_change_name.setOnClickListener(new OnClickListener() {
(23)            @Override
(24)            public void onClick(View v) {
(25)            //获取自定义 AlertDialog 布局文件的 view
(26)                LinearLayout change_name = (LinearLayout) getLayoutInflater().inflate(R.layout.activity_main, null);
(27)                TextView tv_name_dialog =change_name.findViewById(R.id.tv_name_dialog);
(28)                 final EditText et_name_dialog = (EditText) change_name.findViewById(R.id.et_name_dialog);
(29)                tv_name_dialog.setText(old_name.getText().toString());
(30)                et_name_dialog.setText(old_name.getText().toString());
(31)                new AlertDialog.Builder(mainActivityExam1.this)
(32)                        .setTitle("修改用户名")
(33)                        .setView(change_name)
(34)                       .setPositiveButton("确定", new DialogInterface.OnClickListener() {
(35)                            @Override
(36)                            public void onClick(DialogInterface dialog, int which) {
(37)                                old_name.setText(et_name_dialog.getText().toString());
(38)                                Toast.makeText(mainActivityExam1.this, "设置成功！",
(39)                                Toast.LENGTH_SHORT).show(); }
(40)                })
(41)     //由于“取消”的 button 没有设置单击效果，直接设为 null 就可以了
(42)                .setNegativeButton("取消", null)
(43)                .create()
(44)                .show();
(45)            }
(46)        });
(47)    }
(48) }
```

第 31 行实例化一个 AlertDialog.Builder 匿名对象。第 32～43 行调用该匿名对象的相关方法，设置对话框标题、布局文件等。

第 26 行中使用了 app>src>main>res>layout 中的 activity_main 布局文件，内容如下：

```
<LinearLayout xmlns:android="http://schemas.android.com/apk/res/android"
    android:layout_width="match_parent"
    android:layout_height="match_parent"
```

```
    android:orientation="vertical"
    android:padding="10dp">
  <LinearLayout
    android:layout_width="match_parent"
    android:layout_height="wrap_content"
    android:orientation="horizontal">
      <TextView
        android:layout_width="wrap_content"
        android:layout_height="wrap_content"
        android:textColor="#000"
        android:text="原用户名：" />
      <TextView
        android:id="@+id/tv_name_dialog"
        android:layout_width="match_parent"
        android:layout_height="wrap_content"
        android:text="Hello World!" />
  </LinearLayout>
  <LinearLayout
    android:layout_width="match_parent"
    android:layout_height="wrap_content"
    android:orientation="horizontal">
      <TextView
        android:layout_width="wrap_content"
        android:layout_height="wrap_content"
        android:textColor="#000"
        android:text="新用户名" />
      <EditText
        android:id="@+id/et_name_dialog"
        android:layout_width="match_parent"
        android:layout_height="wrap_content"
        android:text="Hello World!">
          <requestFocus />
      </EditText>
  </LinearLayout>
</LinearLayout>
```

程序运行后，首先显示 mainActivityExam(图 6-6(a))。

(a)　(b)　(c)　(d)

图 6-6　输入对话框运行示例

单击“修改用户名”按钮后，弹出标题为修改用户名的对话框(图 6-6(b))；接收用户输入新用户名(图 6-6(c))；此后，单击“确定”按钮，回调 mainActivityExam1.java 中第 37～39 行代码，用户输入的新用户名显示于 Activity TextView 控件中，并通过 Toast 显示设置成功提示信息(图 6-6(d))。

从该例可以看出，当 Dialog 对话框弹出时，用户必须与之进行交互将其关闭才能进行后续操作；而 Toast 无须用户交互，显示一段时间后会从屏幕自动消失。

6.2.4　Fragment

为了提高代码重用性和改善用户体验，Android 提供了 Fragment 组件用于对 Activity 中的 GUI 控件进行分组和模块化管理。一个 Activity 中可包含多个 Fragment，同一 Fragment 模块也可被多个 Activity 使用，且 Activity 可动态添加、替换和移除 Fragment。

1. Fragment 的创建

与 Activity 相似，Fragment 可通过右键单击 app>src>main>java>包名后弹出菜单中 New>Fragment>Fragment(Blank) 子菜单项(图 6-7) 创建。单击此菜单后，弹出 New Android Component 窗口(图 6-8)，在其中输入 Fragment 的名称和布局文件名称，单击 Finish 按钮完成创建。

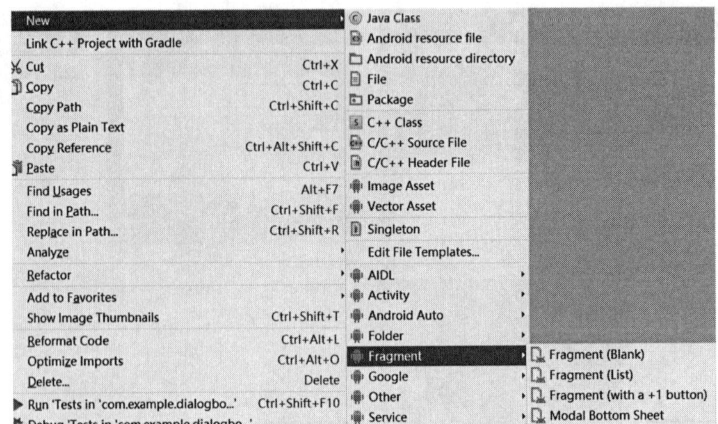

图 6-7　Fragment 创建菜单

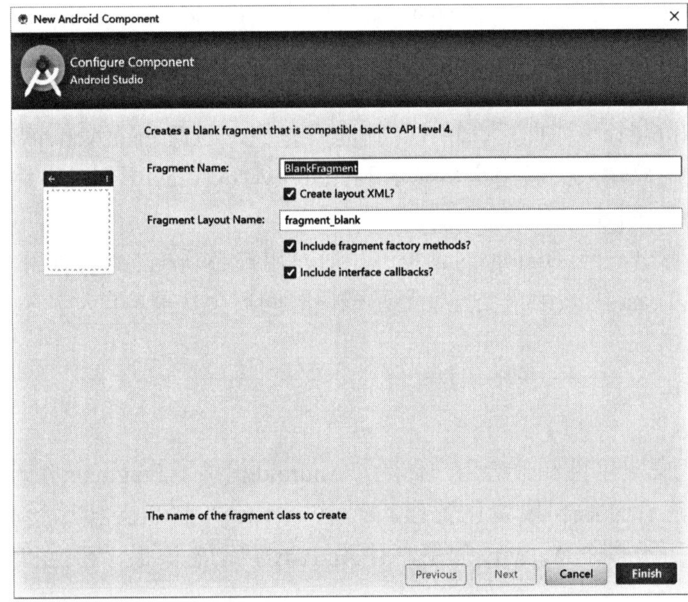

图 6-8　Fragment 创建 New Android Component 窗口

其中，fragment_blank.xml 文件源代码如下：

```
<FrameLayout xmlns:android="http://schemas.android.com/apk/res/android"
    xmlns:tools="http://schemas.android.com/tools"
    android:layout_width="match_parent"
    android:layout_height="match_parent"
    tools:context="com.example.ch5_exam.BlankFragment">
    <!-- TODO: Update blank fragment layout -->
    <TextView
        android:layout_width="match_parent"
        android:layout_height="match_parent"
```

```
        android:text="@string/hello_blank_fragment" />
</FrameLayout>
```

<FrameLayout>为根标签，可将其他布局及 GUI 标签嵌入其中，也可通过布局编辑器进行设计。

新建 BlankFragment 的 Java 源代码详述如下：

```
import android.content.Context;
import android.net.Uri;
import android.os.Bundle;
import android.support.v4.app.Fragment;
import android.view.LayoutInflater;
import android.view.View;
import android.view.ViewGroup;
public class BlankFragment extends Fragment {
    // TODO: Rename parameter arguments, choose names that match
    private static final String ARG_PARAM1 = "param1";
    private static final String ARG_PARAM2 = "param2";
    // TODO: Rename and change types of parameters
    private String mParam1;
    private String mParam2;
    private OnFragmentInteractionListener mListener;
    public BlankFragment() {
        // Required empty public constructor
    }
    // TODO: Rename and change types and number of parameter
    public static BlankFragment newInstance(String param1, String param2)
    {
        BlankFragment fragment = new BlankFragment();
        Bundle args = new Bundle();
        args.putString(ARG_PARAM1, param1);
        args.putString(ARG_PARAM2, param2);
        fragment.setArguments(args);
        return fragment;
    }
    @Override
    public void onCreate(Bundle savedInstanceState) {
        super.onCreate(savedInstanceState);
        if (getArguments() != null) {
            mParam1 = getArguments().getString(ARG_PARAM1);
            mParam2 = getArguments().getString(ARG_PARAM2);
```

```
(35)     }
(36)   }
(37)   @Override
(38)   public View onCreateView(LayoutInflater inflater, ViewGroup container,
(39)           Bundle savedInstanceState) {
(40)     // Inflate the layout for this fragment
(41)     return inflater.inflate(R.layout.fragment_blank, container, false);
(42)   }
(43)   // TODO: Rename method, update argument and hook method into UI event
(44)   public void onButtonPressed(Uri uri) {
(45)     if (mListener != null) {
(46)       mListener.onFragmentInteraction(uri);
(47)     }
(48)   }
(49)   @Override
(50)   public void onAttach(Context context) {
(51)     super.onAttach(context);
(52)     if (context instanceof OnFragmentInteractionListener) {
(53)       mListener = (OnFragmentInteractionListener) context;
(54)     } else {
(55)       throw new RuntimeException(context.toString()
(56)             + " must implement OnFragmentInteractionListener");
(57)     }
(58)   }
(59)   @Override
(60)   public void onDetach() {
(61)     super.onDetach();
(62)     mListener = null;
(63)   }
(64)   public interface OnFragmentInteractionListener {
(65)     // TODO: Update argument type and name
(66)     void onFragmentInteraction(Uri uri);
(67)   }
(68) }
```

从中可以看出，默认重写的 onCreate(第 30 行)、onDetach(第 60 行)方法与 Activity 相似，Fragment 通过相应的生命周期方法对其从创建到销毁的各状态进行管理。

2. Fragment 的生命周期

Fragment 作为 Activity 的复用组件，将经历创建、运行、暂停、停止、销毁等过程，托管 Activity 通过相应的生命周期方法(图 6-9)对 Fragment 各状态进行管理。

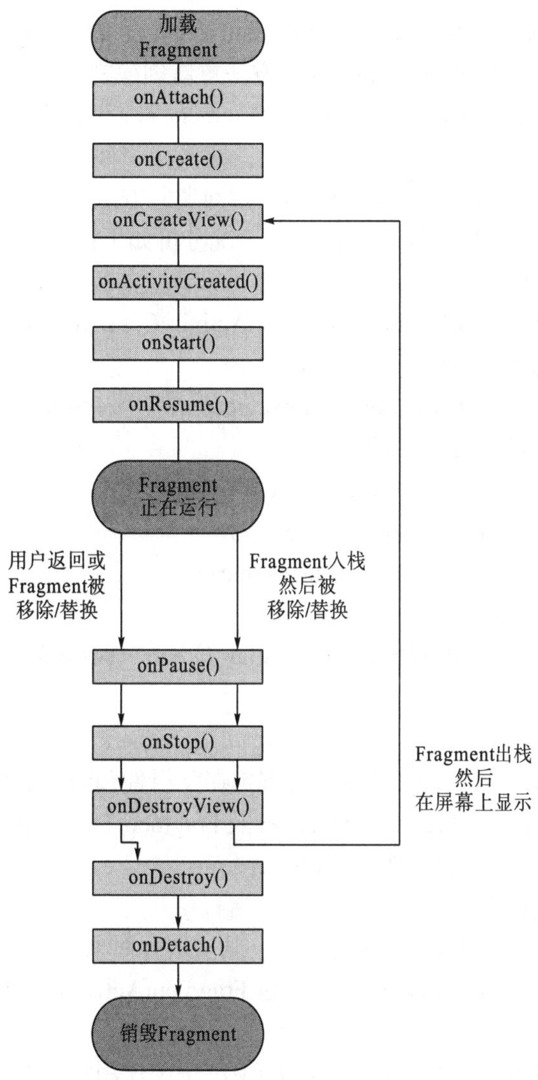

图 6-9 Fragment 生命周期回调方法示意图

(1) onAttach()：当 Fragment 被 Activity 绑定成功时回调该方法，该方法有一个 Activity 类型的参数，代表绑定的 Activity。

(2) onCreate()：创建 Fragment 时回调此方法，用于初始化 Fragment 必要组件，这些组件在 Fragment 被暂停或者停止后可恢复。

(3) onCreateView()：第一次绘制 Fragment 界面时回调此方法，该方法返回 Fragment 布局的根 view，若 Fragment 无 GUI，则返回 null。

(4) onActivityCreated()：绑定 Activity 的 onCreate()方法执行后回调此方法。

(5) onStart()：Fragment 由不可见变为可见状态时回调此方法。

(6) onResume()：Fragment 处于活动状态，可与用户交互时回调此方法。

(7) onPause()：Fragment 可见，但不能与用户交互处于暂停状态时回调此方法。

(8) onStop()：Fragment 完全不可见时回调此方法。

(9) onDestroyView()：当销毁与 Fragment 有关的视图时回调此方法，此时其与 Activity 未解除绑定，可通过 onCreateView 方法重新创建视图。

(10) onDestroy()：按 Back 键退出或者 Fragment 被回收时，系统销毁 Fragment 时回调此方法。

(11) onDetach()：解除与 Activity 的绑定时回调此方法。

不同情况下 Fragment 生命周期方法执行情况分析如下：

(1) Fragment 创建时为

onAttach()>onCreate()>onCreateView()>onActivityCreated()>onStart()>onResume()

(2) Fragment 变为不可见时为

onPause()>onSaveInstanceState()>onStop()

(3) Fragment 由不可见变为活动时

onStart()>OnResume()

(4) Fragment 由部分可见变为活动状态时为

onResume()

(5) 退出应用程序时有

onPause()>onStop()>onDestroyView()>onDestroy()>onDetach()

3. Fragment 的管理

Android 使用类似于 Activity 任务栈对绑定在父组件(通常为 Activity 或 Fragment)的 Fragment 进行管理，并通过 FragmentManager 及 FragmentTransaction 类对栈中的 Fragment 对象进行操作，实现动态增加、移除、替换等。

1) FragmentManager 类

FragmentManager 类为 Fragment 管理类，其实例化对象可通过父组件以下方法获得。

(1) getSupportFragmentManager()：v-4 包 FragmentActivity|AppCompatActivity 派生类使用此方法。

(2) getFragmentManager()：app 包 Activity 派生类使用该方法。

(3) getChildFragmentManager()：Fragment 派生类使用此方法。

FragmentManager 类中定义了很多 Fragment 的操作方法，常用的有：

(1) public List<Fragment> getFragment() 可以获取创建时添加到父组件中的所有 Fragment。

(2) public Fragment findFragmentById(@IdRes int id) 根据 id 找到对应的 Fragment。

(3) public Fragment findFragmentByTag(String tag) 通过 tag 找到指定的 Fragment；tag 在创建 Fragment 时由 addToBackStack(String tag) 方法参数指定。

(4) public FragmentTransaction beginTransaction() 用于获得 FragmentTransaction 实例与用户交互对 Fragment 对象进行增加、移除、替换等操作并回滚 Fragment 事件。

2) FragmentTransaction 类

FragmentTransaction 类定义了系列方法用于实现 Fragment 对象增加、删除、替换等操作。

(1) public FragmentTransaction add(@IdRes int containerViewId, Fragment fragment, @Nullable String tag) 将一个 Fragment 实例对象添加到集合列表的尾部，当展示的时候会在 Activity 的最上层，containerViewId 为 Fragment 放置的布局 id，fragment 指定要添加的 Fragment 实例，一个 Fragment 只能添加一次，tag 为添加 Fragment 实例的标识。

(2) public FragmentTransaction remove(Fragment fragment) 将 fragment 从任务栈中移除，其 GUI 界面也将销毁。

(3) public FragmentTransaction replace(@IdRes int containerViewId, Fragment fragment, @Nullable String tag) 替换父组件中已存在的 Fragment，此方法参数与 add 方法相同。

(4) public int commit() 提交事务。

上述方法使用示例如下：

```
(1) FragmentManager fragmentManager = getFragmentManager();
(2) FragmentTransaction fragmentTransaction=fragmentManager.beginTransaction();
(3)     Fragment3 fragment3 = new Fragment3();
(4)     fragmentTransaction.replace(R.id.fragment2,fragment3);
(5)     fragmentTransaction.commit();
```

第 1 行代码通过 Activity 的 getFragmentManager() 方法获得 FragmentManager 对象的引用，第 2 行代码调用 fragmentManager.beginTransaction() 方法获得 FragmentTransaction 实例，第 4 行代码调用 replace 方法将 R.id.fragment2 中的 Fragment 替换为 fragment3，R.id.fragment2 为 Activity 中<fragment>标签的 id。

4. Fragment 的使用

Fragment 创建好后，即可通过<fragment>标签将其添加到 Activity 布局文件中。下面以示例说明 Fragment 的使用及相互之间的交互，此示例中有三个自定义的 Fragment，名为 Fragment[i],它们的布局文件分别为 fragment[i].xml(i 为数字，1≤[i]≤3)；一个 FragmentsActivity，其布局文件为 main.xml。

1) 第一个自定义 Fragment

第一个自定义 Fragment 的布局文件 fragment1.xml 源代码详述如下：

```
<?xml version="1.0" encoding="utf-8"?>
<LinearLayout
    xmlns:android="http://schemas.android.com/apk/res/android"
    android:orientation="vertical"
    android:layout_width="fill_parent"
    android:layout_height="fill_parent"
    android:background="#FFFFFF"
    android:weightSum="1">
    <TextView
        android:id="@+id/lblFragment1"
        android:layout_width="fill_parent"
```

```
        android:layout_height="wrap_content"
        android:text="This is fragment #1"
        android:textColor="#000000"
        android:textSize="25sp" />
    <Button
        android:id="@+id/addButton"
        android:layout_width="125dp"
        android:layout_height="94dp"
        android:text="替换" />
</LinearLayout>
```

Fragment1.java 源代码如下：

```
package com.example.ch6_exam;
import android.app.Activity;
import android.app.Fragment;
import android.app.FragmentManager;
import android.app.FragmentTransaction;
import android.content.Intent;
import android.os.Bundle;
import android.util.Log;
import android.view.LayoutInflater;
import android.view.View;
import android.view.ViewGroup;
import android.view.View.OnClickListener;
import android.widget.Button;
public class Fragment1 extends Fragment {
    private Button button1=null;
    class buttonClickListenerExam implements OnClickListener
    {
        @Override
        public void onClick(View arg0) {
            System.out.println("用于替换控件！ ");
            FragmentManager fragmentManager = getActivity().getFragmentManager();
            FragmentTransaction fragmentTransaction=fragmentManager.beginTransaction();
            Fragment3 fragment3 = new Fragment3();
            fragmentTransaction.replace(R.id.fragment2,fragment3);
            fragmentTransaction.commit();
        }
    }
    @Override
```

```
public View onCreateView(LayoutInflater inflater,
                ViewGroup container, Bundle savedInstanceState) {
    Log.d("Fragment 1", "onCreateView");
    return inflater.inflate( R.layout.fragment1, container, false);
}
@Override
public void onAttach(Activity activity) {
    super.onAttach(activity);
    Log.d("Fragment 1", "onAttach");
}
@Override
public void onCreate(Bundle savedInstanceState) {
    super.onCreate(savedInstanceState);
    Log.d("Fragment 1", "onCreate");
}
@Override
public void onActivityCreated(Bundle savedInstanceState) {
    super.onActivityCreated(savedInstanceState);
    Log.d("Fragment 1", "onActivityCreated");
}
@Override
public void onStart() {
    super.onStart();
    Log.d("Fragment 1", "onStart");
    button1=(Button) getActivity().findViewById(R.id.addButton);
    button1.setOnClickListener(new buttonClickListenerExam());
}
@Override
public void onResume() {
    super.onResume();
    Log.d("Fragment 1", "onResume");
}
@Override
public void onPause() {
    super.onPause();
    Log.d("Fragment 1", "onPause");
}
@Override
public void onStop() {
```

```java
        super.onStop();
        Log.d("Fragment 1", "onStop");
    }
    @Override
    public void onDestroyView() {
        super.onDestroyView();
        Log.d("Fragment 1", "onDestroyView");
    }
    @Override
    public void onDestroy() {
        super.onDestroy();
        Log.d("Fragment 1", "onDestroy");
    }
    @Override
    public void onDetach() {
        super.onDetach();
        Log.d("Fragment 1", "onDetach");
    }
}
```

2) 第二个自定义 Fragment

第二个自定义 Fragment 布局文件 fragment2.xml 源代码如下：

```xml
<?xml version="1.0" encoding="utf-8"?>
<FrameLayout xmlns:android="http://schemas.android.com/apk/res/android"
    android:orientation="vertical"
    android:layout_width="fill_parent"
    android:layout_height="fill_parent"
    android:background="@android:color/background_light"
    >
    <LinearLayout android:id="@+id/tab01" android:orientation="vertical" android:layout_width="fill_parent" android:layout_height="fill_parent">
     <!-- android:background="#FFFE00"-->
     <TextView
         android:layout_width="fill_parent"
         android:layout_height="wrap_content"
         android:text="This is fragment #2"
         android:textColor="#000000"
         android:textSize="25sp" />
     <Button
        android:id="@+id/btnGetText"
```

```
        android:layout_width="wrap_content"
        android:layout_height="wrap_content"
        android:text="Get text in Fragment #1"
        android:textColor="#000000"
        android:onClick="onClick" />
    </LinearLayout>
</FrameLayout>
```

第二个自定义 Fragment 源文件 Fragment2.java 源代码如下：

```
package com.example.ch6_exam;
import android.app.Fragment;
import android.os.Bundle;
import android.view.LayoutInflater;
import android.view.View;
import android.view.View.OnClickListener;
import android.view.ViewGroup;
import android.widget.Button;
import android.widget.TextView;
import android.widget.Toast;
public class Fragment2 extends Fragment {
    @Override
    public View onCreateView(LayoutInflater inflater,
    ViewGroup container, Bundle savedInstanceState) {
        //---Inflate the layout for this fragment---
        System.out.println("创建视图");
      return inflater.inflate(R.layout.fragment2, container, false);
    }
    @Override
    public void onStart() {
        super.onStart();
        Button btnGetText = (Button)
            getActivity().findViewById(R.id.btnGetText);
        btnGetText.setOnClickListener(new View.OnClickListener() {
            public void onClick(View v) {
                TextView lbl = (TextView)
                getActivity().findViewById(R.id.lblFragment1);
                Toast.makeText(getActivity(), lbl.getText(),
                    Toast.LENGTH_SHORT).show();
            }
        });
```

```
    }
}
```

3)第三个自定义 Fragment

第三个自定义 Fragment 布局文件 fragment3.xml 源代码详述如下：

```
<?xml version="1.0" encoding="utf-8"?>
<FrameLayout   xmlns:android="http://schemas.android.com/apk/res/android"
    android:orientation="vertical"
    android:layout_width="fill_parent"
    android:layout_height="fill_parent"
   android:background="@android:color/background_light"
    >
    <LinearLayout android:id="@+id/tab01" android:orientation="vertical" android:layout_width="fill_parent" android:layout_height="fill_parent">
    <TextView
        android:layout_width="fill_parent"
        android:layout_height="wrap_content"
        android:text="用于替换的 Fragement"
        android:textColor="#000000"
        android:textSize="25sp" />
      </LinearLayout>
</FrameLayout>
```

第三个自定义 Fragment 源文件 Fragment3.java 源代码如下：

```
package com.example.ch6_exam;
import android.app.Fragment;
import android.os.Bundle;
import android.view.LayoutInflater;
import android.view.View;
import android.view.View.OnClickListener;
import android.view.ViewGroup;
import android.widget.Button;
import android.widget.TextView;
import android.widget.Toast;
public class Fragment3 extends Fragment {
    @Override
    public View onCreateView(LayoutInflater inflater,
    ViewGroup container, Bundle savedInstanceState) {
        //---Inflate the layout for this fragment---
        return inflater.inflate(
            R.layout.fragment3, container, false);
```

```
    }
}
```

4）FragmentsActivity

FragmentsActivity 的布局文件 main.xml 源代码详述如下：

```
<?xml version="1.0" encoding="utf-8"?>
<LinearLayout xmlns:android="http://schemas.android.com/apk/res/android"
    android:layout_width="fill_parent"
    android:layout_height="fill_parent"
    android:orientation="horizontal" >
    <fragment
        android:name="com.example.ch6_exam.Fragment1"
        android:id="@+id/fragment1"
        android:layout_weight="2"
        android:layout_width="0px"
        android:layout_height="match_parent" />
    <fragment
        android:name="com.example.ch6_exam.Fragment2"
        android:id="@+id/fragment2"
        android:layout_weight="1"
        android:layout_width="0px"
        android:layout_height="match_parent" />
</LinearLayout>
```

FragmentsActivity 的源文件 FragmentsActivity.java 源代码详述如下：

```
package com.example.ch6_exam;
import android.app.Activity;
import android.app.FragmentManager;
import android.app.FragmentTransaction;
import android.os.Bundle;
import android.view.Display;
import android.view.View;
import android.view.WindowManager;
import android.widget.TextView;
import android.widget.Toast;
public class FragmentsActivity extends Activity {
    @Override
    public void onCreate(Bundle savedInstanceState) {
        super.onCreate(savedInstanceState);
        setContentView(R.layout.main);
```

```
        FragmentManager fragmentManager = getFragmentManager();
      FragmentTransaction fragmentTransaction =
          fragmentManager.beginTransaction();
    }
    public void onClick(View v) {
        TextView lbl = (TextView)
            findViewById(R.id.lblFragment1);
        Toast.makeText(this, lbl.getText(),
            Toast.LENGTH_SHORT).show();
    }
}
```

在 AndroidManifest.xml 中将 FragmentsActivity 声明为主 Activity 后，项目运行结果如图 6-10(a)所示，Activity 左、右两侧分别显示第一个、第二个自定义 Fragment。当单击第二个自定义 Fragment 的 Get text in Fragment #1 按钮时，将获得第一个自定义 Fragment 中 TextView 的显示文字，并通过 Toast 显示(图 6-10(b))；若单击第一个自定义 Fragment 中“替换”按钮，则第二个 Fragment 会被替换为第三个自定义的 Fragment，如图 6-10(c)所示。

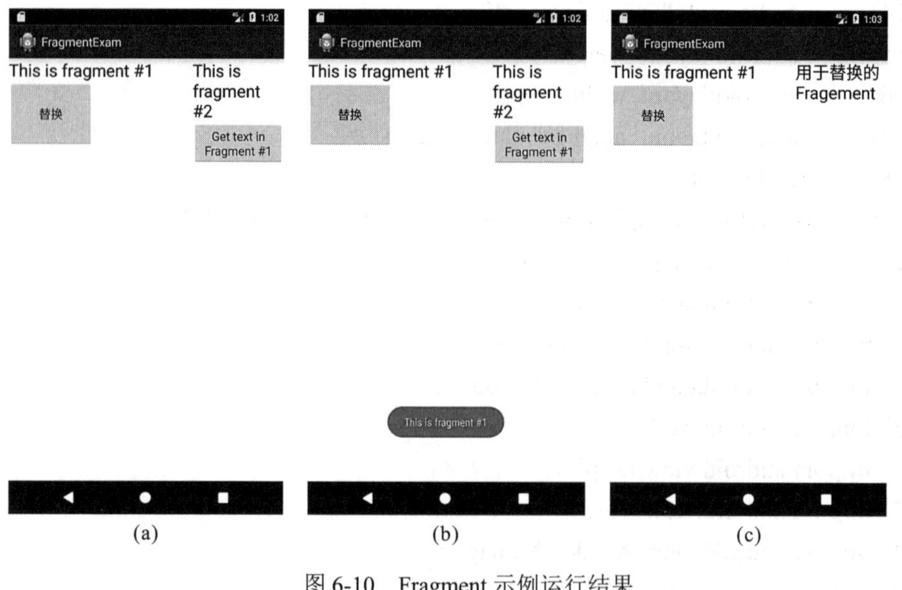

图 6-10　Fragment 示例运行结果

尽管 Fragment 具有自己的布局和生命周期，但因其必须嵌入 Activity 中使用，因此其生命周期受 Activity 宿主的生命周期的影响和控制。当 Activity 暂停时，该 Activity 内的所有 Fragment 都会暂停；当 Activity 被销毁时，该 Activity 内的所有 Fragment 都会被销毁。

6.3　Activity 控件进阶应用示例

该例将实现校车时刻查询应用程序，方便读者通过手机查看发车时间及乘车地点。首先通过 ListView 和 HashMap 显示校车发车时刻表，然后通过 Toast 提示离当前最近的发车时刻，并将已发车时刻设为不可用。

下面以云南大学呈贡校区到本部校车时刻查询 SchoolBusTime 项目实现为例说明。该项目包含 MainActivity、BranchActivity、HeadQuaterActivity 三个 Activity。其中 MainActivity 为主 Activity，其布局文件为 activity_main.xml；BranchActivity 用于显示呈贡校区到校本部发车时刻，其布局文件为 activity_branch.xml；HeadQuaterActivity 用于显示校本部到呈贡校区的发车时刻，其布局文件为 activity_head_quater.xml。为将 ListView 控件中的已发车时刻设为不可用，需使用线程动态监测系统时间，并通过 Handler 对象将相关信息传递给主线程更改已发车时刻项的 Editable 属性。下面分别详细介绍它们的布局文件及源代码。

1. MainActivity

（1）activity_main.xml 布局文件源代码如下：

```
<RelativeLayout xmlns:android="http://schemas.android.com/apk/res/android"
    xmlns:tools="http://schemas.android.com/tools"
    android:layout_width="match_parent"
    android:layout_height="match_parent"
    android:background="@drawable/bb"
    android:paddingBottom="@dimen/activity_vertical_margin"
    android:paddingLeft="@dimen/activity_horizontal_margin"
    android:paddingRight="@dimen/activity_horizontal_margin"
    android:paddingTop="@dimen/activity_vertical_margin"
     tools:context="com.example.km.schoolbustime.MainActivity" >
     <TextView
        android:id="@+id/textView1"
        android:layout_width="wrap_content"
        android:layout_height="wrap_content"
        android:layout_alignParentTop="true"
        android:layout_centerHorizontal="true"
        android:layout_marginTop="16dp"
        android:gravity="center_horizontal"
        android:text="@string/title"
        android:textSize="30sp" />
     <AnalogClock
```

```
        android:id="@+id/analogClock1"
        android:layout_width="wrap_content"
        android:layout_height="wrap_content"
        android:layout_below="@+id/textView1"
        android:layout_centerHorizontal="true"
        android:layout_marginTop="14dp" />
    <Button
        android:id="@+id/button1"
        android:layout_width="wrap_content"
        android:layout_height="wrap_content"
        android:layout_above="@+id/button2"
        android:layout_centerHorizontal="true"
        android:layout_marginBottom="22dp"
        android:text="@string/quaterToBranch" />
    <Button
        android:id="@+id/button2"
        android:layout_width="wrap_content"
        android:layout_height="wrap_content"
        android:layout_alignLeft="@+id/button1"
        android:layout_alignParentBottom="true"
        android:text="@string/branchToQuater" />
</RelativeLayout>
```

(2) MainActivity.java 源代码如下：

```
package com.example.km.schoolbustime;
import android.app.Activity;
import android.content.Intent;
import android.support.v7.app.AppCompatActivity;
import android.os.Bundle;
import android.view.View;
import android.widget.Button;
public class MainActivity extends Activity {
    private Button mybutton1 = null;
    private Button mybutton2 = null;
    @Override
    protected void onCreate(Bundle savedInstanceState) {
        super.onCreate(savedInstanceState);
        setContentView(R.layout.activity_main);
        mybutton1 = (Button) findViewById(R.id.button1);
        mybutton2 = (Button) findViewById(R.id.button2);
```

```
        mybutton1.setOnClickListener(new mybuttonlistener());
        mybutton2.setOnClickListener(new mybuttonlistener());
    }
    class mybuttonlistener implements View.OnClickListener {
        @Override
        public void onClick(View v) {
            // TODO Auto-generated method stub
            if (v == mybutton1) {
                Intent intent = new Intent();
                intent.setClass(MainActivity.this, HeadQuaterActivity.class);
                MainActivity.this.startActivity(intent);
            }
            if (v == mybutton2) {
                Intent intent = new Intent();
                intent.setClass(MainActivity.this, BranchActivity.class);
                MainActivity.this.startActivity(intent);
            }
        }
    }
}
```

2. HeadQuaterActivity

(1) activity_head_quater.xml 布局文件源代码如下：

```
<RelativeLayout xmlns:android="http://schemas.android.com/apk/res/android"
    xmlns:tools="http://schemas.android.com/tools"
    android:layout_width="match_parent"
    android:layout_height="match_parent"
    android:background="@drawable/cc"
    android:paddingBottom="@dimen/activity_vertical_margin"
    android:paddingLeft="@dimen/activity_horizontal_margin"
    android:paddingRight="@dimen/activity_horizontal_margin"
    android:paddingTop="@dimen/activity_vertical_margin"
    tools:context="com.example.km.schoolbustime.MainActivity" >
    <TextView
        android:id="@+id/textView1"
        android:layout_width="wrap_content"
        android:layout_height="wrap_content"
        android:layout_alignParentTop="true"
        android:layout_centerHorizontal="true"
```

```
        android:gravity="center_horizontal"
        android:text="@string/benbu1"  <!--在 String.xml 中定义 -->
        android:textSize="30sp" />
    <LinearLayout
        android:id="@+id/layout1"
        android:layout_width="fill_parent"
        android:layout_height="wrap_content"
        android:layout_below="@id/textView1"
        android:orientation="vertical">"
        <ListView
            android:id="@id/android:list"
            android:layout_width="fill_parent"
            android:layout_height="263dp" >
        </ListView>
    </LinearLayout>
    <TextView
        android:id="@+id/timeview"
        android:layout_width="wrap_content"
        android:layout_height="wrap_content"
        android:layout_alignBottom="@+id/textView1"
        android:layout_alignRight="@+id/layout1" />
    <Button
        android:id="@+id/return1"
        android:layout_width="fill_parent"
        android:layout_height="wrap_content"
        android:layout_alignLeft="@+id/layout1"
        android:layout_alignParentBottom="true"
        android:layout_marginBottom="20dp"
        android:text="@string/return1" />
</RelativeLayout>
```

(2) HeadQuaterActivity.java 源代码如下：

```
package com.example.km.schoolbustime;
import android.app.ListActivity;
import android.content.Context;
import android.content.Intent;
import android.os.Bundle;
import android.os.Handler;
import android.os.Message;
import android.support.design.widget.FloatingActionButton;
```

```
import android.support.design.widget.Snackbar;
import android.support.v7.app.AppCompatActivity;
import android.support.v7.widget.Toolbar;
import android.view.View;
import android.view.ViewGroup;
import android.widget.Button;
import android.widget.SimpleAdapter;
import android.widget.TextView;
import android.widget.Toast;
import java.util.ArrayList;
import java.util.Calendar;
import java.util.HashMap;
import java.util.List;
import java.util.Map;
public class HeadQuaterActivity extends ListActivity {
    private TextView timeview=null;
    private Handler myhandler=null;
    private Button mybutton=null;
    private Thread mythread=null;
    private Calendar mycalendar=null;
    private int hour;
    private int minutes;
    private int seconds;
    private ArrayList<HashMap<String,?>> list=new ArrayList<HashMap<String,?>>();
    private String[] timestr1={"07:00","07:00","09:00","12:30","12:30","14:30","17:30"};
    @Override
    protected void onCreate(Bundle savedInstanceState) {
        super.onCreate(savedInstanceState);
        setContentView(R.layout.activity_head_quater);
        timeview=(TextView)findViewById(R.id.timeview);
        mybutton=(Button)findViewById(R.id.return1);
       // 用 HashMap 和 Arraylist 向 ListActivity 中添加内容
        String[] placestr1={"东陆园—呈贡", "龙泉小区—呈贡", "东陆园—呈贡", "东陆园—呈贡", "龙泉小区—呈贡", "东陆园—呈贡", "东陆园—呈贡"};
        HashMap<String,String> map=null;
        for(int i=0;i<7;i++)
        {
            map=new HashMap<String, String>();
            map.put("time_1", timestr1[i]);
```

```
            map.put("place_1", placestr1[i]);
            list.add(map);
        }
        adapterExam listAdapter= new adapterExam(this, list,R.layout.listview, new
String[] { "time_1", "place_1" },new int[] { R.id.time_1,R.id.place_1});
        setListAdapter(listAdapter);
      //  实例化 handler
        myhandler=new timehandler();
      //  实例化线程，并启动
        mythread=new timethread();
        mythread.start();
        mybutton.setOnClickListener(new mybuttonlistener());
    }
    class mybuttonlistener implements View.OnClickListener {
        @Override
        public void onClick(View arg0) {
            // TODO Auto-generated method stub
            Intent intent=new Intent();
            intent.setClass(HeadQuaterActivity.this, MainActivity.class);
            HeadQuaterActivity.this.startActivity(intent);
        }
    }
    class timehandler extends Handler{
        public void handleMessage(Message msg) {
            super.handleMessage(msg);
            String nowtime="";
            switch(msg.what)
            {case 10:
            {if(hour<10)
                nowtime=nowtime+"0"+hour+":";
            else
                nowtime=nowtime+hour+":";
                if(minutes<10)
                    nowtime=nowtime+"0"+minutes;
                else
                    nowtime=nowtime+minutes;
                timeview.setText(nowtime);
                break;
            }
```

```
            }
            for(int i=0;i<7;i++)
            {  int hourstr=Integer.parseInt(timestr1[i].substring(0,2));
               int munstr=Integer.parseInt(timestr1[i].substring(3,timestr1[i].length()));
               if(hourstr>hour)
               {Toast toast=Toast.makeText(HeadQuaterActivity.this,"由东陆园/龙泉小区出发离你最近的发车时间为："+timestr1[i], Toast.LENGTH_LONG);
                  toast.show();
                  break;
               }
            }
         }
      }
      class timethread extends Thread{
         @Override
         public void run() {
            // TODO Auto-generated method stub
            super.run();
            try{
               do{
                  long time=System.currentTimeMillis();
                  mycalendar=Calendar.getInstance();
                  mycalendar.setTimeInMillis(time);
                  hour=mycalendar.get(mycalendar.HOUR_OF_DAY);
                  minutes=mycalendar.get(mycalendar.MINUTE);
                  seconds=mycalendar.get(mycalendar.SECOND);
                  Message message=new Message();
                  message.what=10;
                  myhandler.sendMessage(message);
                  Thread.sleep(600000);
               }while(HeadQuaterActivity.timethread.interrupted()==false);
            }
            catch(Exception e)
            {
               System.out.println("运行时发生错误");
            }
         }
      }
      public class adapterExam extends SimpleAdapter {
```

```
(123)       public adapterExam(Context context, List<? extends Map<String, ?>> data,
(124)                   int resource, String[] from, int[] to) {
(125)          super(context, data, resource, from, to);
(126)          // TODO Auto-generated constructor stub
(127)       }
(128)       @Override
(129)       public View getView(int position, View convertView, ViewGroup parent) {
(130)          // TODO Auto-generated method stub
(131)          return super.getView(position, convertView, parent);
(132)       }
(133)    }
(134) }
```

其中第 50 行中 R.layout.listview 使用的 listview 布局文件内容详述如下：

```
<?xml version="1.0" encoding="utf-8"?>
<LinearLayout xmlns:android="http://schemas.android.com/apk/res/android"
    android:layout_width="match_parent"
    android:layout_height="match_parent"
    android:orientation="horizontal">
    <TextView
       android:id="@+id/time_1"
       android:layout_weight="1"
       android:textSize="20sp"
        android:layout_width="wrap_content"
        android:layout_height="wrap_content"/>
    <TextView
        android:id="@+id/place_1"
        android:layout_weight="2"
        android:textSize="20sp"
        android:gravity="center_horizontal"
        android:layout_width="wrap_content"
        android:layout_height="wrap_content"/>
</LinearLayout>
```

3. BranchActivity

(1) activity_branch.xml 布局文件源代码如下：

```
<RelativeLayout xmlns:android="http://schemas.android.com/apk/res/android"
    xmlns:tools="http://schemas.android.com/tools"
    android:layout_width="match_parent"
    android:layout_height="match_parent"
```

```
android:background="@drawable/cc"
android:gravity="top"
android:paddingBottom="@dimen/activity_vertical_margin"
android:paddingLeft="@dimen/activity_horizontal_margin"
android:paddingRight="@dimen/activity_horizontal_margin"
android:paddingTop="@dimen/activity_vertical_margin"
tools:context="com.example.km.schoolbustime.MainActivity">
<TextView
    android:id="@+id/textView2"
    android:layout_width="wrap_content"
    android:layout_height="wrap_content"
    android:layout_alignParentTop="true"
    android:layout_centerHorizontal="true"
    android:gravity="center_horizontal"
    android:text="@string/cheng1"
    android:textSize="30sp" />
<LinearLayout
    android:id="@+id/layout2"
    android:layout_width="fill_parent"
    android:layout_height="wrap_content"
    android:layout_below="@id/textView2"
    android:orientation="vertical">
    <ListView
        android:id="@id/android:list"
        android:layout_width="fill_parent"
        android:layout_height="263dp" >
    </ListView>
</LinearLayout>
<Button
    android:id="@+id/return2"
    android:layout_width="fill_parent"
    android:layout_height="wrap_content"
    android:layout_alignLeft="@+id/layout1"
    android:layout_alignParentBottom="true"
    android:layout_marginBottom="20dp"
    android:text="@string/return1" />
<TextView
    android:id="@+id/timeview4"
    android:layout_width="wrap_content"
```

```
        android:layout_height="wrap_content"
        android:layout_alignBottom="@+id/textView2"
        android:layout_alignRight="@+id/layout2" />
</RelativeLayout>
```

(2) BranchActivity.java 源代码如下：

```java
package com.example.km.schoolbustime;
import android.app.ListActivity;
import android.content.Context;
import android.content.Intent;
import android.os.Bundle;
import android.os.Handler;
import android.os.Message;
import android.support.design.widget.FloatingActionButton;
import android.support.design.widget.Snackbar;
import android.support.v7.app.AppCompatActivity;
import android.support.v7.widget.Toolbar;
import android.view.View;
import android.view.ViewGroup;
import android.widget.Button;
import android.widget.SimpleAdapter;
import android.widget.TextView;
import android.widget.Toast;
import java.util.ArrayList;
import java.util.Calendar;
import java.util.HashMap;
import java.util.List;
import java.util.Map;
public class BranchActivity extends ListActivity {
    private TextView timeview=null;
    private Handler myhandler=null;
    private Button mybutton=null;
    private Thread mythread=null;
    private Calendar mycalendar=null;
    private int hour;
    private int minutes;
    private int seconds;
    private ArrayList<HashMap<String,?>> list=new ArrayList<HashMap<String,?>>();
    private String[] timestr1={"08:30","10:30","13:00","16:00","17:30","17:30","
```

```
18:00","21:00"};
    @Override
    protected void onCreate(Bundle savedInstanceState) {
        super.onCreate(savedInstanceState);
        setContentView(R.layout.activity_branch);
        timeview=(TextView)findViewById(R.id.timeview4);
        mybutton=(Button)findViewById(R.id.return2);
        // 用 HashMap 和 Arraylist 向 ListActivity 中添加内容
        String[] placestr1={"呈贡校区—东陆园", "呈贡校区—东陆园", "呈贡校区—龙泉路—东陆园", "呈贡校区—东陆园", "呈贡校区—东陆园", "呈贡校区—东陆园", "呈贡校区—龙泉路—东陆园", "呈贡校区—龙泉路—东陆园"};
        HashMap<String,String> map=null;
        for(int i=0;i<placestr1.length;i++)
        {
            map=new HashMap<String, String>();
            map.put("time_1",timestr1[i]);
            map.put("place_1",placestr1[i]);
            list.add(map);
        }
        adapterExam listAdapter= new adapterExam(this, list,R.layout.listview, new
    String[] { "time_1", "place_1" },new int[] { R.id.time_1,R.id.place_1});
        setListAdapter(listAdapter);
        // 实例化 handler
        myhandler=new timehandler();
        //实例化线程，并启动
        mythread=new timethread();
        mythread.start();
        mybutton.setOnClickListener(new mybuttonlistener());
    }
    class mybuttonlistener implements View.OnClickListener {
        public void onClick(View arg0) {
        // TODO Auto-generated method stub
        Intent intent=new Intent();
        intent.setClass(BranchActivity.this, MainActivity.class);
        BranchActivity.this.startActivity(intent);
        }
    }
    class timehandler extends Handler{
        public void handleMessage(Message msg) {
```

```
            super.handleMessage(msg);
            String nowtime="";
            switch(msg.what)
            {case 10:
            {if(hour<10)
              nowtime=nowtime+"0"+hour+":";
            else
              nowtime=nowtime+hour+":";
              if(minutes<10)
                nowtime=nowtime+"0"+minutes;
              else
                nowtime=nowtime+minutes;
                timeview.setText(nowtime);
              break;
            }
            }
            for(int i=0;i<8;i++)
            {  int hourstr=Integer.parseInt(timestr1[i].substring(0,2));
              int munstr=Integer.parseInt(timestr1[i].substring(3,timestr1[i].length()));
              if(hourstr>hour)
              {Toast toast=Toast.makeText(BranchActivity.this,"由呈贡校区出发离你最近的发车时间为："+timestr1[i], Toast.LENGTH_LONG);
                toast.show();
                break;
              }
            }
        }
    }
    class timethread extends Thread{
      @Override
      public void run() {
        // TODO Auto-generated method stub
         super.run();
         try{
           do{
             long time=System.currentTimeMillis();
             mycalendar=Calendar.getInstance();
             mycalendar.setTimeInMillis(time);
             hour=mycalendar.get(mycalendar.HOUR_OF_DAY);
```

```
                minutes=mycalendar.get(mycalendar.MINUTE);
                seconds=mycalendar.get(mycalendar.SECOND);
                Message message=new Message();
                message.what=10;
                myhandler.sendMessage(message);
                Thread.sleep(600000);
            }while(BranchActivity.timethread.interrupted()==false);
        }
        catch(Exception e)
        {
            System.out.println("运行时发生错误");
        }
    }
}
public class adapterExam extends SimpleAdapter {
    public adapterExam(Context context, List<? extends Map<String, ?>> data,
    int resource, String[] from, int[] to) {
        super(context, data, resource, from, to);
        // TODO Auto-generated constructor stub
    }
    @Override
    public View getView(int position, View convertView, ViewGroup parent) {
        // TODO Auto-generated method stub
        return super.getView(position, convertView, parent);
    }
}
}
```

4. AndroidManifest.xml

AndroidManifest.xml 源代码如下：

```
<?xml version="1.0" encoding="utf-8"?>
<manifest xmlns:android="http://schemas.android.com/apk/res/android"
  package="com.example.km.schoolbustime">
    <application
        android:allowBackup="true"
        android:icon="@mipmap/ic_launcher"
        android:label="@string/app_name"
        android:roundIcon="@mipmap/ic_launcher_round"
        android:supportsRtl="true"
```

```
        android:thcmc="@style/AppTheme">
        <activity android:name=".MainActivity">
            <intent-filter>
                <action android:name="android.intent.action.MAIN" />
                <category  android:name="android.intent.category.LAUNCHER" />
            </intent-filter>
        </activity>
        <activity
            android:name=".HeadQuaterActivity"
            android:label="@string/title_activity_head_quater"
            android:theme="@style/AppTheme.NoActionBar" />
        <activity
            android:name=".BranchActivity"
            android:label="@string/title_activity_branch"
            android:theme="@style/AppTheme.NoActionBar">
        </activity>
    </application>
</manifest>
```

项目运行后结果如图 6-11(a)所示，当单击“东陆园/龙泉路——呈贡校区”时显示如图 6-11(b)所示的界面，当单击“呈贡校区——东陆园/龙泉路”时显示如图 6-11(c)所示的界面，并通过 Toast 提示离当前最近的发车时刻，已发车时刻设为不可用。

图 6-11　一个校车时刻查询应用程序运行结果

6.4　本 章 小 结

本章主要介绍了用于图片集浏览的 Gallery 控件以及多界面程序设计常用控件，包括用于简化程序操作的 Menu 控件、用于显示较耗时操作进度以提高界面友好性的 ProgressBar 控件、用于用户交互的 Toast 及 Dialog 对话框控件，以及用于实现代码重用并改善用户体验而将 Activity 中的 GUI 组件进行分组和模块化管理的 Fragment 控件。

(1) Gallery 画廊控件通过水平滚动方式浏览多幅图片，具有与 Spinner 控件相同的父类 AbsSpinner，其常用的属性及方法与 Spinner 控件相同，需通过 Adapter 适配器指定显示内容。

(2) 多界面程序设计相关控件，有如下几种：

①Menu 是图形用户界面最常用的控件之一，用于简化程序操作。Android 常用的菜单控件有应用程序选项菜单控件 OptionsMenu、控件上下文菜单控件 ContextMenu 及 PopupMenu 等。

②ProgressBar 进度条为 Android 较常用的控件之一，用于显示较耗时操作的进度，以提高界面友好性。

③Toast 是 Android 提供的浮动信息对话框，用于显示无须用户回应短小信息，这些信息显示一段时间后会自动消失。

④Dialog 用于显示与用户交互的对话框，可用于接收用户输入的额外信息或显示重要的提示信息。

⑤为了提高代码重用性和改善用户体验，Android 提供了 Fragment 组件用于对 Activity 中 GUI 控件进行分组和模块化管理。一个 Activity 中可包含多个 Fragment，同一 Fragment 模块也可被多个 Activity 使用，且 Activity 可动态添加、替换和移除 Fragment。

第7章 数据存储

为避免存储在内存中的数据因程序关闭或其他原因而丢失，Android 提供了 SharedPreferences、文件存储、SQLite 数据存储以及网络等方式永久化存储数据，其中 SharePreferences 通过键值对方式存储应用程序简单配置信息，文件将数据存储在内部或外部存储设备中，SQLite 以数据库方式存储数据，网络方式将数据存储在网络存储设备上。本章主要介绍 SharedPreferences、文件存储、SQLite 数据库三种常用的数据存储方式。

7.1 SharedPreferences

在具体介绍 SharedPreferences 之前，先简单介绍一下在 Android Studio 中如何查看位于虚拟设备中的文件及其相关特征。在 Android Studio 中，可通过 Tools>Android>Android Device Monitor 菜单项(图 7-1)打开 Android Device Monitor 窗口，其右侧选项卡中选中 File Explorer(图 7-2)即可查看运行的虚拟设备中的相关文件，其中 SharedPreferences 通过键值对方式将应用程序的简单配置信息存储在/data/data/包名/shared_prefs 目录下的 XML 文件中，所存储的信息为简单类型的数据，如 int、long、boolean、String、Float、Set 和 map 等。图 7-2 的 File Explore 窗口中第一列为文件名称、第二列为文件大小、第三列为访问日期、第四列为访问时间、第五列为文件访问权限。第五列取值示例为-rwxr--rw-，第一个字符表示文件类型(-表示普通文件，d 表示目录文件，c 表示字符串设备)，第一组(rwx)表示文件所有者的权限为读写执行，第二组(r--)标识文件所属组的权限为只读，第三组(rw-)标识其他人的权限为读写。从 File Explorer 窗口中可以查看到/data/data/com.example.ch7_exam/shared_prefs/appPreferences.xml 文件访问权限为-rwxrwxrwx，所有人对此文件具有读、写、执行权限。

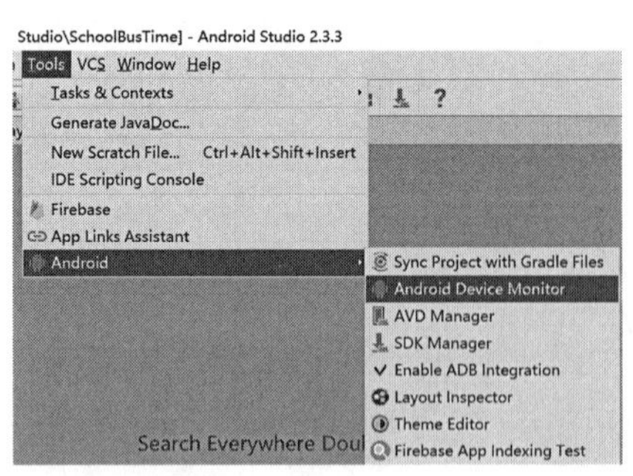

图 7-1 Tools>Android>Android Device Monitor 菜单项

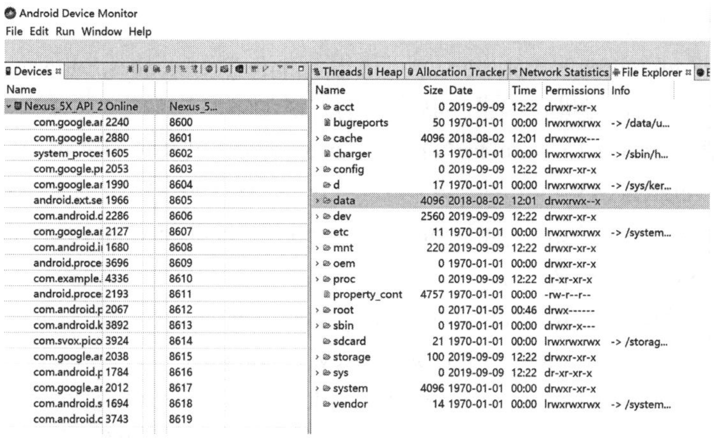

图 7-2　Android Device Monitor 窗口 File Explore 目录

使用 SharedPreferences 访问/data/data/包名/shared_pref 文件中的键值对数据时，首先使用 Context 类的 getSharedPreferences()方法、Activity 类的 getPreferences()方法或 PreferenceManager 类的 getDefaultSharedPreferences()方法获得 SharedPreferences 实例，示例如下：

SharedPreferences sp=context.getSharedPreferences("config", Context.MODE_PRIVATE);

(1)第一个参数 config 指定要打开的 preferences 文件。

(2)第二个参数指定文件打开方式，取值如下。

①Context.MODE_PRIVATE：默认打开模式，表示 XML 存储文件是私有的，只能在创建文件的应用中访问。

②Context.MODE_APPEND：追加模式，该模式会检查文件是否存在，如果文件存在，则可向文件末尾追加相关内容，否则创建新文件。

③Context.MODE_WORLD_READABLE：开放读模式，用来控制其他应用是否有权限读该文件，此模式打开文件存在安全漏洞。

④Context.MODE_WORLD_WRITEABLE：开放写模式，用来控制其他应用是否有权限写该文件，此模式打开文件也存在安全漏洞。

获得 SharedPreferences 实例后，即可通过其相关方法对 preferences 文件中的数据进行处理。

(1)boolean contains(String key)：判断键值 key 所对应的数据是否存在。

(2)Map<String,?> getAll()：用于获得 preferences 文件的所有键值对。

(3)float getFloat(String key, Float defValue)：获得 key 所指定键值对的 float 值，若指定键值对不存在，则返回默认值 defValue。

(4)long getLong(String key, long defValue)：用于获得 long 键值对的值，参数含义与 getFloat 方法相似。

(5)String getString(String key, String defValue)：用于获得 String 键值对的值，参数含义与 getFloat 相似。

(6)public void setSharedPreferencesName(String sharedPreferencesName)：用于设置

preferences 文件的名称。

(7) SharedPreferences.Editor edit()：获得 SharedPreferences.Editord 对象，用于对 preferences 文件中键值对进行编辑。其常用的方法如下。

①SharedPreferences.Editor clear()：清空 preferences 文件所有的键值对。

②SharedPreferences.Editor remove(String key)：移除 key 指定的键值对。

③SharedPreferences.Editor putBoolean(String key, boolean value)：将 key-value 指定的键值对存放到 preferences 文件中。

④SharedPreferences.Editor putLong(String key, long value)。

⑤SharedPreferences.Editor putInt(String key, int value)。

⑥SharedPreferences.Editor putString(String key, String value)。

⑦boolean commit()：当 preferences 文件编辑完成后，调用该方法提交修改。

为便于实现应用程序键值对信息的可视化输入，Android 提供了 PreferencesActivity 和 PreferencesFragment 来快速创建及应用可视化选项界面，二者用法类似，且从 Android 3.0 后官方推荐使用 PreferenceFragment 的 addPreferencesFromResource 方法加载使用存储于 app>src>main>res>xml 文件夹中的布局文件。PreferencesFragment 布局文件中常用的标签有<PreferenceScreen>、<PreferenceCategory>、<CheckBoxPreference>、<ListPreference>、<SwitchPreference>及<EditTextPreference>等，其中<PreferenceScreen>标签代表整个屏幕，内嵌的<PreferenceCategory>标签用于表示偏好类别，其中可以包含<CheckBox Preference>、<ListPreference>、<SwitchPreference>及<EditTextPreference>等显示控件，它们类似于使用于 Activity 中的 CheckBox、ListView、ToggleButton、EditText 等控件。下面通过 myapppreferences.xml 为例详细说明上述标签的使用方法，代码如下：

```
<?xml version="1.0" encoding="utf-8"?>
<PreferenceScreen    xmlns:android="http://schemas.android.com/apk/res/android">
    <PreferenceCategory android:title="选项 1">
        <CheckBoxPreference
            android:title="复选框选项"
            android:defaultValue="false"
            android:summary="True or False"
            android:key="checkboxPref" />
        </PreferenceCategory>
    <PreferenceCategory android:title="选项 2">
        <EditTextPreference
            android:summary="接收用户输入"
            android:defaultValue="[Enter a string here]"
            android:title="接收文本"
            android:key="editTextPref"
            />
        <RingtonePreference
            android:summary="铃声选择列表"
```

```
(19)            android:title="Ringtones"
(20)            android:key="ringtonePref"
(21)            />
(22)        <PreferenceScreen
(23)            android:title="第二个选项界面"
(24)            android:summary= "Click here to go to the second Preference Screen"
(25)            android:key="secondPrefScreenPref" >
(26)            <EditTextPreference
(27)                android:summary="输入字符串"
(28)                android:title="Edit Text (second Screen)"
(29)                android:key="secondEditTextPref"
(30)                />
(31)        </PreferenceScreen>
(32)        <PreferenceScreen
(33)            android:title="第三个选项窗口"
(34)            android:summary=
(35)                "Click here to go to the Third Preference Screen"
(36)            android:key="thirdPrefScreenPref" >
(37)            <EditTextPreference
(38)                android:summary="输入字符串"
(39)                android:title="Edit Text (third Screen)"
(40)                android:key="thirdEditTextPref"
(41)                />
(42)        </PreferenceScreen>
(43)    </PreferenceCategory>
(44) </PreferenceScreen>
```

第 8、15、20、25、29、36、40 行代码通过 android:key 指定各选项键值。

PreferencesFragment 布局文件的相关内容确定好后，即可通过 PreferenceFragment 类的 addPreferencesFromResource 方法将其应用于某一派生类，示例代码详述如下：

```
package com.example.ch7_exam;
import android.preference.PreferenceFragment;
import android.os.Bundle;
import android.preference.PreferenceManager;
public class fragmentPreferences extends PreferenceFragment {
    @Override
    public void onCreate(Bundle savedInstanceState) {
        super.onCreate(savedInstanceState);
        PreferenceManager prefMgr = getPreferenceManager();
         prefMgr.setSharedPreferencesName("appPreferences");
```

```
(11)        addPreferencesFromResource(R.xml.myapppreferences);
(12)    }
(13) }
```

第 10 行 prefMgr.setSharedPreferencesName("appPreferences")语句指定设置的键值对信息存储于/data/data/包名/shared_pref/ appPreferences.xml 文件中。

第 11 行 addPreferencesFromResource(R.xml.myapppreferences)语句指定 AppPreference Activity 的布局文件为 app>src>main>res>xml> myapppreferences.xml。

此后，即可将创建好的 fragmentPreferences 嵌入 Activity 中进行使用。示例 preferencesFragment 将详细说明使用过程，其布局文件 activity_preferences_fragment.xml 的代码详述如下：

```
<?xml version="1.0" encoding="utf-8"?>
<android.support.constraint.ConstraintLayout xmlns:android="http://schemas.android.
  com/apk/res/android"
    xmlns:app="http://schemas.android.com/apk/res-auto"
    xmlns:tools="http://schemas.android.com/tools"
    android:layout_width="match_parent"
    android:layout_height="match_parent"
    tools:context="com.example.ch6_exam.preferencesFragment">
      <fragment android:name="com.example.ch6_exam.fragmentPreferences"
        android:id="@+id/fragment1"
        android:layout_weight="2"
        android:layout_width="0px"
        android:layout_height="match_parent" />
</android.support.constraint.ConstraintLayout>
```

preferencesFragment.java 源代码如下：

```
package com.example.ch7_exam;
import android.app.Activity;
import android.os.Bundle;
public class preferencesFragment extends Activity {
    @Override
    protected void onCreate(Bundle savedInstanceState) {
        super.onCreate(savedInstanceState);
        setContentView(R.layout.activity_preferences_fragment);
    }
}
```

项目运行结果如图 7-3(a)所示，从中可以看出<PreferenceCategory>标签用于将选项进行分组，android:title="选项 1"为组名；单击 Ringtones 时，将弹出如图 7-3(b)所示的铃声选择对话框，单击“第二个选项界面”或者“第三个选项窗口”时将加载 myapppreferences.xml 文件中由内层<PreferenceScreen>定义的选项设置窗口(图 7-3(c))。

选项设置好后，键值对将存储在/data/data/包名/shared_pref/ appPreferences.xml 文件中。

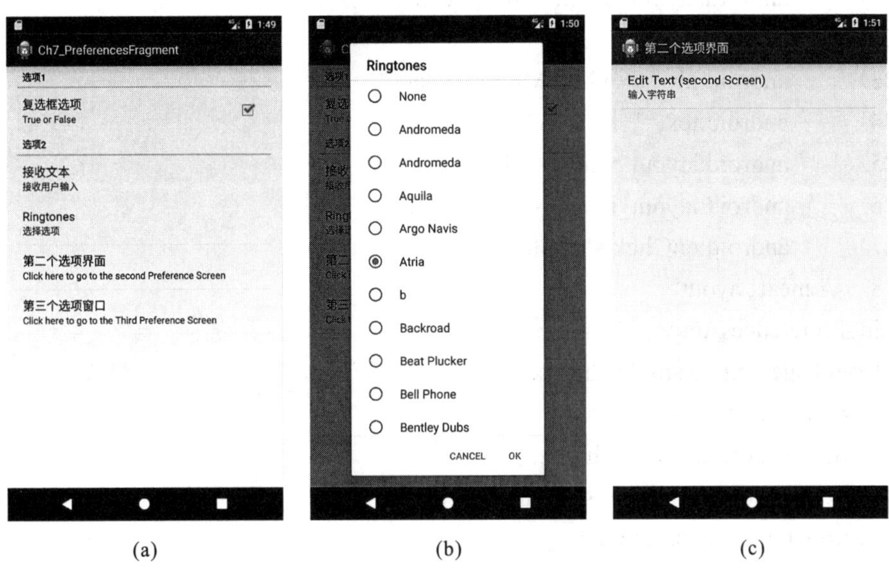

图 7-3　PreferencesFragment 示例运行结果

此后，存放于 appPreferences.xml 文件中的键值对可通过 SharedPreferences 对象进行访问。下面以 UsingPreferencesActivity 为例说明，其布局文件 main.xml 代码详述如下：

```
<?xml version="1.0" encoding="utf-8"?>
<LinearLayout xmlns:android="http://schemas.android.com/apk/res/android"
    android:layout_width="fill_parent"
    android:layout_height="fill_parent"
    android:orientation="vertical" >
    <Button
      android:id="@+id/btnPreferences"
      android:text="加载 Preferences 窗口"
      android:layout_width="fill_parent"
        android:layout_height="wrap_content"
        android:onClick="onClickLoad"/>
     <Button
        android:id="@+id/btnDisplayValues"
        android:text="显示 Preferences 值"
        android:layout_width="fill_parent"
        android:layout_height="wrap_content"
        android:onClick="onClickDisplay"/>
     <EditText
        android:id="@+id/txtString"
```

```
        android:layout_width="fill_parent"
        android:layout_height="wrap_content" />
    <Button
        android:id="@+id/btnModifyValues"
        android:text="修改 Preferences 值"
        android:layout_width="fill_parent"
        android:layout_height="wrap_content"
        android:onClick="onClickModify"/>
</LinearLayout>
```

UsingPreferencesActivity.java 源代码如下：

```
package com.example.ch7_exam;
import android.app.Activity;
import android.content.Intent;
import android.content.SharedPreferences;
import android.os.Bundle;
import android.view.View;
import android.widget.EditText;
import android.widget.Toast;
public class UsingPreferencesActivity extends Activity {
    @Override
    public void onCreate(Bundle savedInstanceState) {
      super.onCreate(savedInstanceState);
      setContentView(R.layout.main);
    }
    public void onClickLoad(View view) {
      Intent i=new Intent();
      i.setClass(UsingPreferencesActivity.this,preferencesFragment.class );
      UsingPreferencesActivity.this.startActivity(i);
    }
    public void onClickDisplay(View view) {
      SharedPreferences appPrefs =
      getSharedPreferences("appPreferences", MODE_PRIVATE);
      DisplayText(appPrefs.getString("editTextPref", ""));
    }
    public void onClickModify(View view) {
      SharedPreferences appPrefs =
      getSharedPreferences("appPreferences", MODE_PRIVATE);
      SharedPreferences.Editor prefsEditor = appPrefs.edit();
      prefsEditor.putString("editTextPref",
```

```
(30)        ((EditText) findViewById(R.id.txtString)).getText().toString());
            prefsEditor.commit();
(31)    }
(32)    private void DisplayText(String str) {
(33)      Toast.makeText(getBaseContext(), str, Toast.LENGTH_LONG).show();
(34)    }
(35) }
```

项目运行结果如图 7-4(a)所示，当单击“加载 Preferences 窗口”按钮时，将由第 15～19 行 onClickLoad 方法加载 preferencesFragment 选项设置界面(图 7-4(b))。

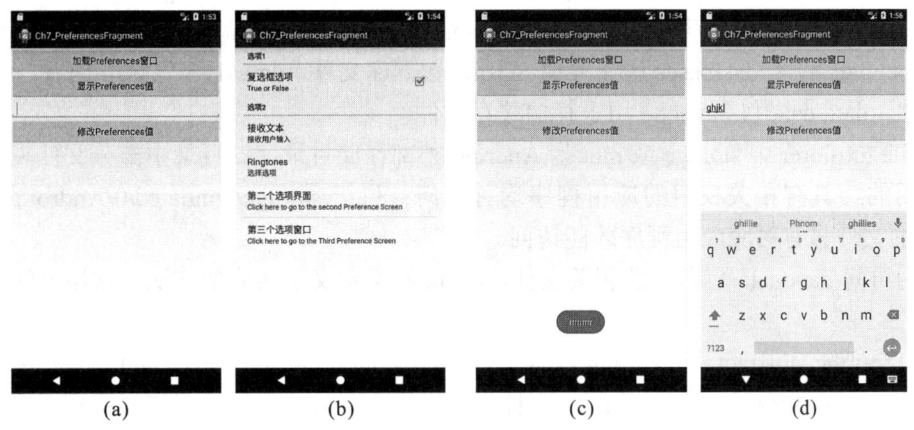

(a)　(b)　(c)　(d)

图 7-4　UsingPreferencesActivity 运行结果

当单击“显示 Preferences 值”按钮时，将由第 20～24 行 onClickDisplay 方法，从 appPreferences.xml 文件中获得 editTextPref 键值对的值，并通过 DisplayText 方法使用 Toast 显示(图 7-4(c))。当文本框获得焦点后，即可以输入 editTextPref 选项的修改值(图 7-4(d))，单击“修改 Preferences 值”按钮后，将调用第 25～32 行 onClickModify 方法将修改值写入 appPreferences.xml 文件中。

7.2　文 件 存 储

文件是一种较常用的数据存储方法，Android 通常将文件存储于资源文件 app>src>main>res>raw|assets 或内部存储目录 data/data/包名/、外部存储目录 /storage/emulated/0/或/mnt/中。app>src>main>res>raw|assets 中存储的只读文件在编译时会与其他文件一起被打包映射到 R.java 中，并通过 InputStream is = getResources().openRawResource(R.id.filename)方法获得输入流读取文件内容；assets 目录下的文件不会被映射到 R.java 中，通过 InputStream is = getResources().getAssets().open("filename")获得读取文件的 InputStream 流。

内部存储目录 data/data/包名/以及外部存储目录/storage/emulated/0/或/mnt/中一般存放可读写文件，可通过 Context、Environment 类提供的相关方法对其进行操作。但为提高应用程序私有文件访问的安全性，应用程序需获得文件访问权限。本节后续内容将对内外部存储目录文件操作进行详述。

7.2.1 Context 文件访问类

Android Device Monitor 窗口(图 7-2)右侧选项卡中选中 File Explorer 即可查看运行虚拟设备中的相关文件，其中 data 文件夹为 Android 应用程序的内部存储目录。系统会在 data/data 文件夹下为应用程序创建与包名同名的文件夹及 shared_prefs、files、cache、databases 等子文件夹，其中 data/data/包名/shared_prefs 用于存储 SharedPreferences 选项信息，data/data/包名/databases 用于存储 SQLite 数据库文件，data/data/包名/files 用于存储普通文件，data/data/包名/cache 用于存储缓存文件。

File Explorer 中 storage 或 mnt 为 Android 外部存储目录，该目录中部分文件夹及文件是共用的，具有相关权限的应用程序均可访问；位于/storage/emulated/0/Android/data/包名/下的文件只有对应应用程序才能访问。

为访问/data/data/包名中的相关文件，Context 类定义了相应的方法，常用方法详述如下。

(1) public abstract FileOutputStream openFileOutput(String name，int mode)用于打开/data/data/包名/files 目录下的 name 文件进行写操作，若该文件不存在则新建一个文件，mode 为文件打开方式，取值有：Context.MODE_PRIVATE 为默认值，此模式下写入的内容会覆盖原内容；Context.MODE_APPEND 模式会检查文件是否存在，若存在就对文件追加内容，否则就创建新文件；Context.MODE_WORLD_READABLE 表示当前文件可以被其他应用读取；Context.MODE_WORLD_WRITEABLE 表示当前文件可以被其他程序读写。

(2) public abstract FileInputStream openFileInput(String name)用于打开/data/data/包名/files 目录下的 name 文件进行读操作，其中 name 参数不能包含路径分割符。

(3) public File getFileStreamPath(String name)用于获得/data/data/包名/files 目录下的 name 文件 File 引用对象，打开的文件已由 openFileOutput(String name，int mode)方法创建。

(4) public String[] fileList()用于获得/data/data/包名/files 目录下的文件名数组。

(5) public File getFilesDir()以 File 对象返回 data/data/包名/files 目录，若不存在就会新建。

(6) public File getCacheDir()以 File 对象返回 data/data/包名/cache，若不存在就会新建。

(7) public abstract File getDatabasePath(String name)以 File 对象返回系统文件上创建的 SQLite，使用该方法前已使用 SQLiteDatabase.openOrCreateDatabase(String name, int mode, SQLiteDatabase.CursorFactory factory)方法创建了 SQLite，其中参数为数据库文件名 name。

(8) public abstract boolean deleteFile(String name)用于删除 data/data/packagename/files 下的 name 文件，返回值为 True 表示操作成功。

(9) public abstract boolean deleteDatabase(String name) 用于删除 data/data/packag

ename/databases 下的 SQLite 数据库文件。

（10）public abstract String[] databaseList()用于获得/data/data/应用程序包名/databases 目录下的 SQLite 数据库文件名数组。

为访问 storage 或 mnt 文件夹中的相关文件，Environment 类定义了相应的方法，其中常用方法详述如下：

（1）public static File getRootDirectory()返回 File，获得手机系统根目录下的/system 文件目录引用。

（2）public static File getDataDirectory()返回 File，获得用户数据目录/data 引用。

（3）public static File getExternalStorageDirectory()返回 File，获得外部存储根目录引用、/mnt/sdcard 或者/storage/emulated/0 等。

（4）public static File getDownloadCacheDirectory()返回 File，获得/cache 目录的引用。

（5）public static String getExternalStorageState()返回 String 用于判断外部存储状态，若/mnt/sdcard 目录可读可写，则返回值为 Environment.MEDIA_MOUNTED 字符串常量。

7.2.2　常用文件读写类

Android 文件读写基于 java.io 包中的 File、FileInputStream、FileOutputStream、BufferedReader、BufferedWriter、DataInputStream、DataOutputStream 等类以流方式实现，下面分别以示例简单说明。

（1）File 类，代码如下：

```
File file = Environment.getExternalStorageDirectory();
System.out.println("文件或目录是否存在:" + file.exists());
System.out.println("是文件吗:" + file.isFile());
System.out.println("是目录吗:" + file.isDirectory());
System.out.println("名称:" + file.getName());
System.out.println("路径: " + file.getPath());
System.out.println("绝对路径: " + file.getAbsolutePath());
System.out.println("最后修改时间:" + file.lastModified());
System.out.println("文件大小: " + file.length()+ “ 字节”);
```

（2）FileInputStream 与 FileOutputStream 文本文件读写。

①FileInputStream 读取文本文件，代码如下：

```
File sdCard = Environment.getExternalStorageDirectory();
File directory = new File (sdCard.getAbsolutePath() + "/MyFiles");
File file = new File(directory, "textfile.txt");
System.out.println(sdCard.getAbsolutePath() + "/MyFiles");
FileInputStream fIn = new FileInputStream(file);
fIn.available(); //可读取的字节数
fIn.read();      //读取文件的数据
```

(8) fIn.close();

②FileOutputStream 写文本文件，代码如下：

(1) File sdCard = Environment.getExternalStorageDirectory();
(2) File directory = **new** File (sdCard.getAbsolutePath() + "/MyFiles");
(3) File file = **new** File(directory, "textfile.txt");
(4) FileOutputStream fOut = **new** FileOutputStream(file);
(5) String str ="好好学习 Java";
(6) byte[] words = str.getBytes();
(7) fOut.write(words, 0, words.length);
(8) fOut.close();

(3) BufferedReader 与 BufferedWriter 读写文本文件。

①BufferedReader 读取文本文件，代码如下：

(1) File sdCard = Environment.getExternalStorageDirectory();
(2) File directory = **new** File (sdCard.getAbsolutePath() + "/MyFiles");
(3) File file = **new** File(directory, "textfile.txt");
(4) FileReader fr=**new** FileReader(file);
(5) BufferedReader br=**new** BufferedReader(fr);
(6) **while**((line=br.readLine())!=**null**)
(7) {
(8)   s=s+line+"\n";
(9) }
(10) br.close();
(11) fr.close();

②BufferedWriter 写文本文件，代码如下：

(1) File sdCard = Environment.getExternalStorageDirectory();
(2) File directory = **new** File (sdCard.getAbsolutePath() + "/MyFiles");
(3) File file = **new** File(directory, "textfile.txt");
(4) FileWriter fw=**new** FileWriter(file);
(5) BufferedWriter bw=**new** BufferedWriter(fw);
(6) bw.write("大家好！");
(7) bw.newLine();
(8) bw.flush();
(9) fw.close();

(4) DataInputStream 与 DataOutputStream 读写二进制文件。

①DataInputStream 读取二进制文件，代码如下：

(1) File sdCard = Environment.getExternalStorageDirectory();
(2) File directory = **new** File (sdCard.getAbsolutePath() + "/MyFiles");
(3) File file = **new** File(directory, "exam.class");
(4) System.out.println(sdCard.getAbsolutePath() + "/MyFiles");

(5) FileInputStream fIn = **new** FileInputStream(file);
(6) DataInputStream dis = **new** DataInputStream(fIn);
(7) dis.readInt();　　　　　// 读取出来的是整数
(8) dis.readByte()；　　　　// 读取出来的数据是字节类型
(9) dis.close (); //关闭数据输入流
(10) fIn.close ();

②DataOutputStream 写二进制文件，代码如下：

(1) File sdCard = Environment.getExternalStorageDirectory();
(2) File directory = **new** File (sdCard.getAbsolutePath() + "/MyFiles");
(3) File file = **new** File(directory, " exam.class ");
(4) FileOutputStream fOut = **new** FileOutputStream(file);
(5) DataOutputStream out = **new** DataOutputStream(fOut);
(6) out.writeByte(1); //把数据写入二进制文件
(7) out.close();
(8) fOut.close();

7.2.3　文件访问权限

为了提高应用程序私有文件的安全性，/data/data/包名及 storage、mnt 目录正常访问需在 AndroidManifest.xml 中通过<uses-permission android:name="Android 权限">静态声明相应的权限：

(1) android.permission.MOUNT_UNMOUNT_FILESYSTEMS，此授权允许用户装载和卸载文件系统。

(2) android.permission.WRITE_EXTERNAL_STORAGE，此授权允许程序将文件写入外部存储，如 SD 卡上。

(3) android.permission.READ_EXTERNAL_STORAGE，此授权允许读取设备外部存储设备(内置 SD 卡和外置 SD 卡)的文件。

在 Android 6.0 (API 23) 发布之前，所有在 AndroidManifest.xml 声明的权限都在安装应用时提示，用户若选择安装则表示授予所有声明权限，此后无法撤销授予的权限。从 Android 6.0 开始，读写外部设备文件等危险操作的权限需在程序运行时请求用户进行动态授权。Android 定义的危险权限一共有 9 组，共 25 个，如下所述。

(1) 联系人(读、写、获取)：group:android.permission-group.CONTACTS：
permission:android.permission.WRITE_CONTACTS
permission:android.permission.GET_ACCOUNTS
permission:android.permission.READ_CONTACTS

(2) 电话 group:android.permission-group.PHONE：
permission:android.permission.READ_CALL_LOG
permission:android.permission.READ_PHONE_STATE
permission:android.permission.CALL_PHONE

permission:android.permission.WRITE_CALL_LOG
permission:android.permission.USE_SIP
permission:android.permission.PROCESS_OUTGOING_CALLS
permission:com.android.voicemail.permission.ADD_VOICEMAIL
(3) 日历 group:android.permission-group.CALENDAR：
permission:android.permission.READ_CALENDAR
permission:android.permission.WRITE_CALENDAR
(4) 相机 group:android.permission-group.CAMERA：
permission:android.permission.CAMERA
(5) 传感器 group:android.permission-group.SENSORS：
permission:android.permission.BODY_SENSORS
(6) 位置 group:android.permission-group.LOCATION：
permission:android.permission.ACCESS_FINE_LOCATION
permission:android.permission.ACCESS_COARSE_LOCATION
(7) 存储 group:android.permission-group.STORAGE：
permission:android.permission.READ_EXTERNAL_STORAGE
permission:android.permission.WRITE_EXTERNAL_STORAGE
(8) 麦克风 group:android.permission-group.MICROPHONE：
permission:android.permission.RECORD_AUDIO
(9) 短消息 group:android.permission-group.SMS：
permission:android.permission.READ_SMS
permission:android.permission.RECEIVE_WAP_PUSH
permission:android.permission.RECEIVE_MMS
permission:android.permission.RECEIVE_SMS
permission:android.permission.SEND_SMS
permission:android.permission.READ_CELL_BROADCASTS

其中，文件读写访问外部存储器动态授权示例代码如下：

```
(1) int REQUEST_EXTERNAL_STORAGE=1;
(2) String[] PERMISSIONS_STORAGE={
(3)         Manifest.permission.READ_EXTERNAL_STORAGE,
(4)         Manifest.permission.WRITE_EXTERNAL_STORAGE
(5) };
(6) if (PackageManager.PERMISSION_GRANTED!=
(7)     ContextCompat.checkSelfPermission(MainActivity.this, Manifest.permission.
    WRITE_EXTERNAL_STORAGE))
(8) {
(9)     ActivityCompat.requestPermissions(this,PERMISSIONS_STORAGE,REQUEST_
  EXTERNAL_STORAGE);
(10) }
```

其中，第 7 行 ContextCompat.checkSelfPermission(context，permission) 方法检测 context 是否具有 permission 权限，若有则返回 PackageManager.PERMISSION_GRANTED，否则返回 PackageManager.PERMISSION_DENIED；permission 参数取值为 Manifest.permission 定义的表示权限的静态字符串变量，如 READ_EXTERNAL_STORAGE 允许应用程序从外部存储器读取数据，WRITE_EXTERNAL_STORAGE 允许应用程序写入外部存储器，WRITE_CONTACTS 允许应用程序编写用户的联系人数据。

若 ContextCompat.checkSelfPermission 方法返回值为 PackageManager.PERMISSION_DENIED，则必须通过第 9 行 ActivityCompat.requestPermissions(this, PERMISSIONS_STORAGE, REQUEST_EXTERNAL_STORAGE) 请求给用户授予权限，该方法第一个参数为请求权限的 Activity 实例，第二个参数是请求权限的 String 数组，第三个参数是标识此次权限请求的请求码。requestPermissions 方法执行后，自动回调 Activity 的 onRequestPermissionsResult (requestCode, permissions, grantResults) 重写方法检测权限授权是否成功，requestCode、permissions 参数与 requestPermissions 方法中的同名参数含义相同，grantResults 是 int 类型的数组，元素取值为 PackageManager.PERMISSION_GRANTED 或 PackageManager.PERMISSION_DENIED，表示 permissions 每个请求是否授权。

7.2.4　文件操作简单示例

该示例通过 FilesActivity 说明 Android 内外部存储目录中文件的操作，其布局文件 mainactivityexam.xml 代码详述如下：

```
(1) <?xml version="1.0" encoding="utf-8"?>
(2) <LinearLayout xmlns:android="http://schemas.android.com/apk/res/android"
(3)     android:layout_width="fill_parent"
(4)     android:layout_height="fill_parent"
(5)     android:orientation="vertical" >
(6)     <TextView
(7)         android:layout_width="fill_parent"
(8)         android:layout_height="wrap_content"
(9)         android:text="Please enter some text" />
(10)    <EditText
(11)        android:id="@+id/txtText1"
(12)        style="?android:attr/textViewStyle"
(13)        android:background="@android:drawable/alert_light_frame"
(14)        android:layout_width="fill_parent"
(15)        android:layout_height="wrap_content" />
(16)    <Button
(17)        android:id="@+id/btnSave"
(18)        android:text="Save"
```

```
        android:layout_width="fill_parent"
        android:layout_height="wrap_content"
        android:onClick="onClickSave" />
    <Button
        android:id="@+id/btnLoad"
        android:text="Load"
        android:layout_width="fill_parent"
        android:layout_height="wrap_content"
        android:onClick="onClickLoad" />
</LinearLayout>
```

FilesActivity.java 源代码如下：

```
import java.io.BufferedReader;
import java.io.File;
import java.io.FileInputStream;
import java.io.FileOutputStream;
import java.io.FileReader;
import java.io.FileWriter;
import java.io.IOException;
import java.io.InputStream;
import java.io.InputStreamReader;
import java.io.OutputStreamWriter;
import android.Manifest;
import android.app.Activity;
import android.content.pm.PackageManager;
import android.os.Bundle;
import android.os.Environment;
import android.support.v4.app.ActivityCompat;
import android.support.v4.content.ContextCompat;
import android.view.View;
import android.widget.EditText;
import android.widget.Toast;
public class FilesActivity extends Activity {
    EditText textBox;
    private int fileFlag=0;
    static final int READ_BLOCK_SIZE = 100;
    @Override
    public void onCreate(Bundle savedInstanceState) {
        super.onCreate(savedInstanceState);
        setContentView(R.layout.mainactivityexam);
```

```
    int REQUEST_EXTERNAL_STORAGE=1;
    String[] PERMISSIONS_STORAGE={
        Manifest.permission.READ_EXTERNAL_STORAGE,
        Manifest.permission.WRITE_EXTERNAL_STORAGE
    };
    if (PackageManager.PERMISSION_GRANTED!=
        ContextCompat.checkSelfPermission(FilesActivity.this, Manifest.permission.WRITE_EXTERNAL_STORAGE))
    {
     ActivityCompat.requestPermissions(this, PERMISSIONS_STORAGE, REQUEST_EXTERNAL_STORAGE);
    }
    textBox = (EditText) findViewById(R.id.txtText1);
    InputStream is = this.getResources().openRawResource(R.raw.textfile);
    BufferedReader br = new BufferedReader(new InputStreamReader(is));
    String str = null;
    try {
      while ((str = br.readLine()) != null) {
        Toast.makeText(getBaseContext(),
            str, Toast.LENGTH_SHORT).show();
        System.out.println(str);
      }
      is.close();
      br.close();
    } catch (IOException e) {
      e.printStackTrace();
    }
  }
  public void onClickSave(View view) {
    String str = textBox.getText().toString();
    try
    {
      //---SD Card Storage---
      File sdCard = Environment.getExternalStorageDirectory();
      File directory = new File (sdCard.getAbsolutePath() +
          "/MyFiles");
      if(!directory.exists())
      {
        directory.mkdirs();
```

```
      }
      File file = new File(directory, "textfile.txt");
      //判断是不是第一次写文件，若是第一次，则将原来的内容删除后再输入程序中的数据
      if(fileFlag==0)
      {
        if(file.isFile()&&file.exists())
        {
          file.delete();
          file.createNewFile();
        }
        fileFlag=1;
      }
      FileWriter writer = new FileWriter(file, true);
      writer.write(str+"\n");
      writer.flush();
      writer.close();
      Toast.makeText(getBaseContext(),
          "File saved successfully!",
          Toast.LENGTH_SHORT).show();
      textBox.setText("");
    }
    catch (IOException ioe)
    {
      ioe.printStackTrace();
    }
  }
  public void onClickLoad(View view) {
    try
    {
      //---SD Storage---
      File sdCard = Environment.getExternalStorageDirectory();
      File directory = new File (sdCard.getAbsolutePath() +
          "/MyFiles");
      File file = new File(directory, "textfile.txt");
      System.out.println(sdCard.getAbsolutePath() +
          "/MyFiles");
      FileInputStream fIn = new FileInputStream(file);
      InputStreamReader isr = new InputStreamReader(fIn);
```

```
        char[] inputBuffer = new char[READ_BLOCK_SIZE];
        int charRead;
        while ((charRead = isr.read(inputBuffer))>0)
        {
          //---convert the chars to a String---
          String readString =
              String.copyValueOf(inputBuffer, 0,
                  charRead);
                  s += readString;
          inputBuffer = new char[READ_BLOCK_SIZE];
        }
        textBox.setText(s);
        Toast.makeText(getBaseContext(),
            "File loaded successfully!",
            Toast.LENGTH_SHORT).show();
      }
      catch (IOException ioe) {
        ioe.printStackTrace();
      }
    }
}
```

AndroidManifest.xml 应用清单文件代码如下：

```
<?xml version="1.0" encoding="utf-8"?>
<manifest xmlns:android="http://schemas.android.com/apk/res/android"
    package="com.example.ch6_exam"
    android:versionCode="1"
    android:versionName="1.0">
    <uses-sdk
        android:minSdkVersion="14"
        android:targetSdkVersion="21" />
    <uses-permission android:name="android.permission.WRITE_EXTERNAL_
      STORAGE" />
      <uses-permission android:name="android.permission.READ_PHONE_STATE" />
      <uses-permission android:name="android.permission.READ_EXTERNAL_
      STORAGE" />
      <application
        android:allowBackup="true"
        android:icon="@drawable/ic_launcher"
```

```
        android:label="@string/app_name"
        android:theme="@style/AppTheme">
    <activity
        android:name=".FilesActivity"
        android:label="@string/app_name">
        <intent-filter>
            <action android:name="android.intent.action.MAIN" />
            <category android:name="android.intent.category.LAUNCHER" />
        </intent-filter>
    </activity>
        </application>
</manifest>
```

程序加载后回调 FilesActivity.java 第 26～54 行 onCreate 方法，通过 Toast 显示 app>src>main>res>raw>textfile.txt 文件中的内容(图 7-5(a))。在文本框中可输入相关信息(图 7-5(b))，单击 Save 按钮时即可将输入内容存入/storage/emulated/0/MyFiles/textfile.txt 文件中；存储成功后由 Toast 显示内容存储成功信息(图 7-5(c))，单击 Load 按钮时，从文件中读出的内容显示在 EditText 中(图 7-5(d))。

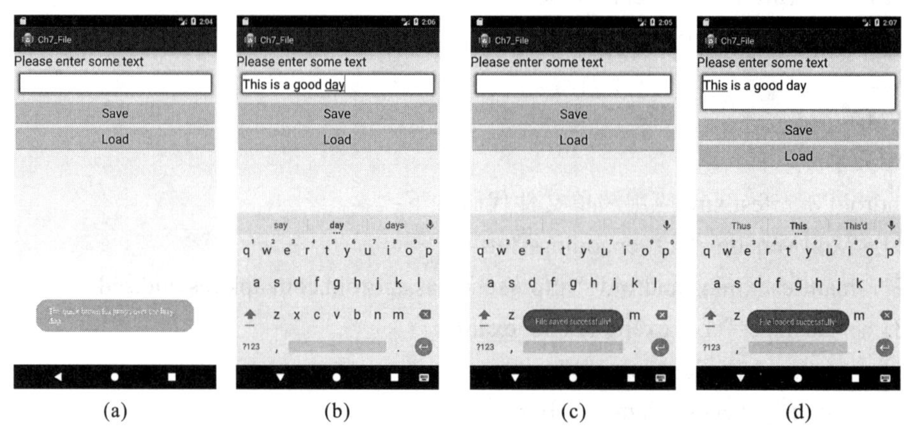

(a) (b) (c) (d)

图 7-5 文件读写示例运行结果

7.3 SQLite 数据存储

SQLite 基于一个相对小的 C 库，实现自给自足的、无服务器的、零配置的、事务性的 SQL 数据库引擎。Android 提供了对 SQLite 数据库的完全支持，通过 SQLiteOpenHelper 类辅助实现对 data/data/包名/databases 中.db 文件所对应数据库 SQLiteDatabase 对象进行操作。数据库文件可通过 Context 的 boolean deleteDatabase(String name)方法删除。

7.3.1 SQLiteOpenHelper 类

Android 提供了 SQLiteOpenHelper 抽象类对数据库进行管理，实现创建、增加、修改、删除及版本控制等操作。实际使用时需先定义其派生类并实现相关抽象方法，说明如下。

(1) 派生类构造方法：在派生类构造方法中需调用 SQLiteOpenHelper 构造方法 public SQLiteOpenHelper(Context context，String name，SQLiteDatabase.CursorFactory factory，int version)：与名为 name 的数据库建立连接，若数据库不存在，则新建数据库，此方法中的 context 为上下文环境，SQLiteDatabase.CursorFactory 为可选游标工厂(通常是 null)，version 为数据库版本。

(2) public abstract void onCreate(SQLiteDatabase db)：创建 db 数据库时回调此方法，执行数据表创建及相关初始化操作。

(3) public abstract void onUpgrade(SQLiteDatabase db, int oldVersion, int newVersion)：db 数据库版本需更新时回调此方法，oldVersion 为旧版本号，newVersion 为新版本号。

(4) public void onOpen(SQLiteDatabase db)：打开 db 数据库时回调此方法。

(5) public void close()：关闭打开的数据库对象。

(6) public SQLiteDatabase getReadableDatabase()：打开数据库进行读操作。

(7) public SQLiteDatabase getWritableDatabase()：打开数据库进行读写操作。

7.3.2 SQLiteDatabase 类

SQLiteDatabase 类定义了相应方法可对 data/data/包名/databases 中.db 数据库中的数据进行增、删、改、查等操作。为了获得文件对应数据库 的 SQLiteDatabase 对象的引用，SQLiteDatabase 提供了以下几个静态方法。

(1) static SQLiteDatabase openDatabase(String path, SQLiteDatabase.CursorFactory factory, int flags, DatabaseErrorHandler errorHandler)。

(2) static SQLiteDatabase openDatabase(String path, SQLiteDatabase.CursorFactory factory, int flags)。

(3) static SQLiteDatabase openOrCreateDatabase(String path, SQLiteDatabase.CursorFactory factory, DatabaseErrorHandler errorHandler)。

(4) static SQLiteDatabase openOrCreateDatabase(String path, SQLiteDatabase.CursorFactory factory)。

各参数含义如下。

(1) path 代表数据库的路径，若数据库文件位于/data/data/包名/databases/下，则直接使用数据库名称。

(2) factory 为 SQLiteDatabase.CursorFactory 对象，用于获得 Cursor 对象，存储从数据库中返回的结果集，该参数为 null 时，使用默认的 SQLiteDatabase.CursorFactory 对象。

(3) flags 代表创建表时的一些权限设置，多个权限之间用|分隔：

①OPEN_READONLY 代表以只读方式打开数据库(常量值为 1)；

②OPEN_READWRITE 代表以读写方式打开数据库(常量值为 0);

③CREATE_IF_NECESSARY 代表当数据库不存在时创建数据库;

④NO_LOCALIZED_COLLATORS 代表打开数据库时不根据本地化语言对数据库进行排序(常量值为 16)。

SQLiteDatabase 定义的对数据库中数据进行增、删、改、查等操作的相关方法详述如下:

(1) public void execSQL(String sql) 或 public void execSQL(String sql, Object[] bindArgs)执行 SQL 语句，bindArgs 为 SQL 语句中占位符的取值;

(2) public long insert(String table, String nullColumnHack, ContentValues values); 用于插入数据，其中，table 为表名，nullColumnHack 为强行插入 null 值的数据列名，values 为 ContentValues 对象，以键值对方式存储要插入的数据;

(3) public int update(String table, ContentValues values, String whereClause, String[] whereArgs)用于修改数据，其中，table 为表名，values 为更新数据，whereCluause 指明 WHERE 子句，whereArgs 为 WHERE 子句参数，用于替换“?”;

(4) public int delete(String table, String whereClause, String[] whereArgs)用于删除记录，各参数的含义与 update 同名参数相同;

(5) public Cursor query(String table, String[] columns, String selection, String[] selectionArgs, String groupBy, String having, String orderBy)用于表记录查询，其中，table 为表名、columns 为提取的列名称、selection 为 WHERE 子句、selectionArgs 为 WHERE 的条件、groupBy 为分组条件、having 相当于 SELECT 语句 having 后的条件、orderBy 为排序列名、limit 用于分页的 LIMIT 子句，返回获得的行集合 Cursor 对象;

(6) public Cursor rawQuery(String sql, String[] selectionArgs)直接通过 SQL 语句进行数据查询，selectionArgs 为 WHERE 的条件;

(7) public void setVersion(int version)用于设置数据库版本;

(8) public boolean isOpen()用于判断数据库是否打开，若打开，则返回 True，否则返回 False;

(9) public void close()用于关闭数据库。

SQLiteDatabase 的 insert、update 等方法中 values 参数为的 ContentValues 类型，其为 HashMap 派生类，通过键值对方式存储数据，其中键表示列名，值为此列的取值，该类常用方法详述如下:

(1) public ContentValues()为无参构造方法，用于实例化 ContentValues 对象;

(2) void put(String key，Object value)用于添加键值对数据;

(3) Object get(String key)用于获取 key 对应的值。

SQLiteDatabase 的 rawQuery、query 方法的返回值类型为 Cursor，代表搜索的行集合，其常用方法如下:

(1) boolean move(int offset)以当前位置为参考，移动到指定行，返回布尔值表示移动是否成功;

(2) boolean moveToFirst()表示移动到第一行;

(3) boolean moveToLast()表示移动到最后一行;

(4) boolean moveToPosition (int position) 表示移动到指定行；

(5) boolean moveToPrevious () 表示移动到前一行；

(6) boolean moveToNext () 表示移动到下一行；

(7) boolean isFirst () 表示是否指向第一条；

(8) boolean isLast () 表示是否指向最后一条；

(9) boolean isBeforeFirst () 表示是否指向第一条之前；

(10) boolean isAfterLast () 表示是否指向最后一条之后；

(11) String[] getColumnNames () 用于获得列名数组；

(12) boolean isNull (int columnIndex) 用于判断指定列是否为空 (列下标从 0 开始)；

(13) boolean isClosed () 用于判断 Cursors 是否关闭；

(14) int getCount () 用于返回记录总数；

(15) int getPosition () 用于返回当前游标所指向的行数；

(16) int getColumnIndex (String columnName) 用于返回列名对应的列下标，若不存在则返回-1；

(17) String getString (int columnIndex) 用于返回 columnIndex 对应的列名；

(18) void close () 用于关闭游标，释放资源。

7.3.3 数据库操作示例

下面以示例说明通过 SQLiteOpenHelper、SQLiteDatabase 等类对 data/data/包名/databases 中 MyDB.db 数据库文件进行操作的方法。该例主要包含 DBAdapter 类及名为 DatabasesActivityExam 的 Activity，其中 DBAdapter 类用于实现数据库操作，类中定义的私有内部类 DatabaseHelper 为 SQLiteOpenHelper 的派生类，其构造方法通过 super 语句调用父类的构造方法，指定将对 MyDB 数据库进行操作，数据库版本号为 2；DatabasesActivityExam 通过 DBAdapter 实例对数据库中的记录进行增、删、改、查操作，其布局文件为 main.xml。

1. DBAdapter 类

DBAdapter 类源代码详述如下：

```
package net.learn2develop.Databases;
import android.content.ContentValues;
import android.content.Context;
import android.database.Cursor;
import android.database.SQLException;
import android.database.sqlite.SQLiteDatabase;
import android.database.sqlite.SQLiteOpenHelper;
import android.util.Log;
public class DBAdapter {
```

```
static final String KEY_ROWID = "_id";
static final String KEY_NAME = "name";
static final String KEY_EMAIL = "email";
static final String TAG = "DBAdapter";
static final String DATABASE_NAME = "MyDB";
static final String DATABASE_TABLE = "contacts";
static final int DATABASE_VERSION = 2;
static final String DATABASE_CREATE =
    "create table contacts (_id integer primary key autoincrement, "
        + "name text not null, email text not null);";
final Context context;
DatabaseHelper DBHelper;
SQLiteDatabase db;
public DBAdapter(Context ctx)
{
  this.context = ctx;
  DBHelper = new DatabaseHelper(context);
 }
//---opens the database---
public DBAdapter open() throws SQLException
{
  db = DBHelper.getWritableDatabase();
  System.out.println("打开数据库！ ");
  return this;
}
//---closes the database---
public void close()
{
  DBHelper.close();
}
//---insert a contact into the database---
public long insertContact(String name, String email)
{
  ContentValues initialValues = new ContentValues();
  initialValues.put(KEY_NAME, name);
  initialValues.put(KEY_EMAIL, email);
  System.out.println("插入数据!");
  return db.insert(DATABASE_TABLE, null, initialValues);
}
```

```
//---deletes a particular contact---
public boolean deleteContact(long rowId)
{
   return db.delete(DATABASE_TABLE, KEY_ROWID + "=" + rowId, null) > 0;
}
//---retrieves all the contacts---
public Cursor getAllContacts()
{
     return db.query(DATABASE_TABLE, new String[] {KEY_ROWID, KEY_NAME, KEY_EMAIL}, null, null, null, null, null);
}
//---retrieves a particular contact---
public Cursor getContact(long rowId) throws SQLException
{
     Cursor mCursor =db.query(true, DATABASE_TABLE, new String[] {KEY_ROWID,KEY_NAME, KEY_EMAIL}, KEY_ROWID + "=" + rowId, null,null, null, null, null);
   if (mCursor != null) {
      mCursor.moveToFirst();
   }
   return mCursor;
}
//---updates a contact---
public boolean updateContact(long rowId, String name, String email)
{
   ContentValues args = new ContentValues();
   args.put(KEY_NAME, name);
   args.put(KEY_EMAIL, email);
   return db.update(DATABASE_TABLE, args, KEY_ROWID + "=" + rowId, null) > 0;
}
private static class DatabaseHelper extends SQLiteOpenHelper {
   DatabaseHelper(Context context)
   {
      super(context, DATABASE_NAME, null, DATABASE_VERSION);
   }
   @Override
   public void onCreate(SQLiteDatabase db)
   {
```

```
            try {
                db.execSQL(DATABASE_CREATE);
                System.out.println("创建表");
            } catch (SQLException e) {
                e.printStackTrace();
            }
        }
        @Override
        public void onUpgrade(SQLiteDatabase db, int oldVersion, int newVersion)
        {
            Log.w(TAG, "Upgrading database from version " + oldVersion + " to " + newVersion + ", which will destroy all old data");
            db.execSQL("DROP TABLE IF EXISTS contacts");
            onCreate(db);
        }
    }
}
```

2. DatabasesActivityExam

(1) 布局文件 main.xml 源代码如下：

```
<?xml version="1.0" encoding="utf-8"?>
<LinearLayout xmlns:android="http://schemas.android.com/apk/res/android"
    android:layout_width="fill_parent"
    android:layout_height="fill_parent"
    android:orientation="vertical" >
    <TextView
        android:layout_width="fill_parent"
        android:layout_height="wrap_content"
        android:text="@string/hello" />
    <Button
        android:id="@+id/buttonAdd"
        android:layout_width="wrap_content"
        android:layout_height="wrap_content"
        android:text="增加" />
    <Button
        android:id="@+id/buttondelete"
        android:layout_width="wrap_content"
        android:layout_height="wrap_content"
        android:text="删除" />
```

```
    <Button
        android:id="@+id/buttonalter"
        android:layout_width="wrap_content"
        android:layout_height="wrap_content"
        android:text="修改" />
    <Button
        android:id="@+id/buttonSelect"
        android:layout_width="wrap_content"
        android:layout_height="wrap_content"
        android:text="查找" />
    <Button
        android:id="@+id/buttonClose"
        android:layout_width="wrap_content"
        android:layout_height="wrap_content"
        android:text="关闭" />
</LinearLayout>
```

(2) DatabasesActivityExam.java 源代码如下：

```
package net.learn2develop.Databases;
import java.io.File;
import java.io.FileNotFoundException;
import java.io.FileOutputStream;
import java.io.IOException;
import java.io.InputStream;
import java.io.OutputStream;
import android.content.pm.PackageManager;
import android.Manifest;
import android.app.Activity;
import android.database.Cursor;
import android.os.Bundle;
import android.view.View;
import android.view.View.OnClickListener;
import android.widget.Button;
import android.widget.Toast;
public class DatabasesActivityExam extends Activity {
    /** Activity 创建时被调用 */
    protected Button buttonAdd=null;
    protected Button buttonDelete=null;
    protected Button buttonUpdate=null;
    protected Button buttonSelecte=null;
```

```
protected Button buttonClose=null;
protected DBAdapter db=null;
@Override
public void onCreate(Bundle savedInstanceState) {
  super.onCreate(savedInstanceState);
  setContentView(R.layout.main);
  //获得命令按钮的控制权，并对其进行相关操作
  buttonAdd=(Button)findViewById(R.id.buttonAdd);
  buttonAdd.setOnClickListener(new confirmButtonListener());
  buttonDelete=(Button)findViewById(R.id.buttondelete);
  buttonDelete.setOnClickListener(new confirmButtonListener());
  buttonUpdate=(Button)findViewById(R.id.buttonalter);
  buttonUpdate.setOnClickListener(new confirmButtonListener());
  buttonSelecte=(Button)findViewById(R.id.buttonSelect);
  buttonSelecte.setOnClickListener(new confirmButtonListener());
  buttonClose=(Button)findViewById(R.id.buttonClose);
  buttonClose.setOnClickListener(new confirmButtonListener());
  db = new DBAdapter(this);
  //获得所有记录
  db.open();
}
public void CopyDB(InputStream inputStream,
          OutputStream outputStream) throws IOException {
  //一次复制 1KB
  byte[] buffer = new byte[1024];
  int length;
  while ((length = inputStream.read(buffer)) > 0) {
    outputStream.write(buffer, 0, length);
  }
  inputStream.close();
  outputStream.close();
}
public void DisplayContact(Cursor c)
{
    System.out.println("id: " + c.getString(0) + "\n" +
      "Name: " + c.getString(1) + "\n" +
      "Email:  " + c.getString(2));
}
//用来处理命令按钮单击事件
```

```
class confirmButtonListener implements OnClickListener
{
  //用来监听命令按钮单击事件
  @Override
  public void onClick(View arg0) {
    // TODO Auto-generated method stub
    int viewID=arg0.getId();  //获得发生事件控件的 ID
    if(viewID== buttonAdd.getId())
    {
      System.out.println("单击了增加命令按钮！将增加一条记录");
      db.insertContact("aa0", "aa@qq.com");

    }
    else
    if(viewID==buttonDelete.getId())
    {
      System.out.println("单击了删除命令按钮！");
      db.deleteContact(1);
    }
    else
    if(viewID==buttonUpdate.getId())
    {
      System.out.println("单击了更新命令按钮！");
      db.updateContact(0, "aa01", "aa01");
    }
    else
    if(viewID==buttonSelecte.getId())
    {
      System.out.println("单击了查询命令按钮！");
      Cursor c = db.getAllContacts();
      if (c.moveToFirst())
      {
        do {
          DisplayContact(c);
        } while (c.moveToNext());
      }
      // db.close();
    }
     else
```

```
        if(viewID==buttonClose.getId())
        {
          db.close();
          //用于关闭数据库
          System.out.println("关闭数据库，将不能再对数据库中的数据进行操作！");
        }
      }
    }
}
```

程序运行结果如图 7-6 所示，当单击“增加”按钮时，会调用 DBAdapter 类的第 42～49 行 insertContact 方法，在 MyDB.contacts 表中插入一条记录，并通过 System.out.println 语句在 logcat 中显示“单击了增加命令按钮！将增加一条记录”提示信息；相似地，当单击“删除”、“修改”、“查找”、“关闭”按钮时将执行 DBAdapter 的 deleteContact、updateContact 、getAllContacts、close 等方法，对数据库中的记录进行相关操作，并通过 System.out.println 语句在 logcat 中显示相关提示信息：

I/System.out: 打开数据库！

I/System.out: 单击了增加命令按钮！将增加一条记录

09-01 01:57:50.715 2355-2355/? I/System.out: 插入数据!

09-01 01:57:57.464 2355-2355/? I/System.out: 单击了更新命令按钮！

09-01 01:57:59.368 2355-2355/? I/System.out: 单击了查询命令按钮！

09-01 01:57:59.371 2355-2355/? I/System.out: id: 2

09-01 01:57:59.371 2355-2355/? I/System.out: Name: aa0

09-01 01:57:59.371 2355-2355/? I/System.out: Email: aa@qq.com

09-01 01:57:59.371 2355-2355/? I/System.out: id: 3

09-01 01:57:59.371 2355-2355/? I/System.out: Name: aa0

09-01 01:57:59.371 2355-2355/? I/System.out: Email: aa@qq.com

09-01 01:57:59.371 2355-2355/? I/System.out: id: 4

09-01 01:57:59.371 2355-2355/? I/System.out: Name: aa0

09-01 01:57:59.371 2355-2355/? I/System.out: Email: aa@qq.com

09-01 01:57:59.371 2355-2355/? I/System.out: id: 5

09-01 01:57:59.371 2355-2355/? I/System.out: Name: aa0

09-01 01:57:59.371 2355-2355/? I/System.out: Email: aa@qq.com

09-01 01:57:59.371 2355-2355/? I/System.out: id: 6

09-01 01:57:59.371 2355-2355/? I/System.out: Name: aa0

09-01 01:57:59.371 2355-2355/? I/System.out: Email: aa@qq.com

09-01 01:58:02.688 2355-2355/? I/System.out: 单击了删除命令按钮！

09-01 01:58:04.231 2355-2355/? I/System.out: 关闭数据库，将不能再对数据库中的数据进行操作！

图 7-6　数据库操作示例运行结果

7.4 本 章 小 结

为避免存储在内存中的数据因程序关闭或其他原因导致丢失，Android 提供了 SharedPreferences、文件存储、SQLite 数据库以及网络等方式对数据进行永久化存储。本章主要介绍了 SharedPreferences、文件存储、SQLite 数据库三种常用的数据存储方式。

(1) 使用 SharedPreferences 访问/data/data/包名/shared_pref 文件中的键值对数据时，首先使用 Context 类的 getSharedPreferences()方法、Activity 类的 getPreferences()方法或 PreferenceManager 类的 getDefaultSharedPreferences()方法获得 SharedPreferences 实例；此后通过 SharedPreferences 实例的 getAll、getFloat、getLong 等相关方法访问 preferences 文件中的数据。

(2) 文件存储。

①Android 在 Context 类中定义了相应的方法以访问/data/data/包名中的相关文件，如 FileOutputStream、openFileInput、getFileStreamPath、fileList、getFilesDir 等。

②Android 文件读写基于 java.io 包中 File、FileInputStream、FileOutputStream、BufferedReader、BufferedWriter、DataInputStream、DataOutputStream 等类以流方式实现。

③为了提高应用程序私有文件的安全性，/data/data/包名及 storage、mnt 目录正常访问需在 AndroidManifest.xml 中通过<uses-permission android:name="Android 权限">静态声明相应的权限；在 Android 6.0（API 23）开始，读写外部设备文件等危险操作的权限需在程序运行时弹出对话框，请求用户进行动态授权。

(3) Android 提供了对 SQLite 数据库的完全支持，通过 SQLiteOpenHelper 实现对 data/data/包名/databases 中 db 文件所对应数据库中的数据进行增、删、改、查等操作。

第 8 章　ContentProvider 组件

ContentProvider 为 Android 常用组件之一，允许不同应用以统一方式交换存储于数据库、文件及网络中的无安全隐患数据。用户也可以通过自定义 ContentProvider 派生类提供其他应用程序可访问的数据，并在 AndroidManifest.xml 中为其声明统一资源标识符(URI)，以便其他应用通过 ContentResolver 对象进行访问。

8.1　统一资源标识符

URI 是一种用于标识资源的字符串，可用于标识 Android 可用的每种资源，如图片、视频片段、内容提供者等，其书写格式为

<standard_prefix>://<authority>/<data_path>/<id>

(1) <standard_prefix>为标准前缀，ContentProvider 的标准前缀为 content://；

(2) <authority>为授权标识，即 AndroidManifest.xml 中 android:authorities 属性指定的值，为 ContentProvider 的唯一标识；

(3) <data_path>指向一个对象集合，一般为表名，如果没有指定<id>部分，则返回全部记录；

(4) <id>为指定请求的特定记录。

URI 中可包含#、*等通配符，*可匹配任意长度和有效的字符串，#可匹配任意长度的数字字符。使用过程中，需通过 Uri 类的 parse 静态方法将其转换为对象进行使用，示例如下：

Uri uri = Uri.parse("content://com.carson.provider/User/1")；

此例中资源 URI 为"content://com.carson.provider/User/1"，其授权标识为"com.carson.provider"，表名为 "User"，资源 id 为 1。

Android 还提供了用于 Uri 内容解析的 UriMatcher 工具类，通过其相关方法可实现 Uri 匹配：

(1) void addURI(String authority, String path, int code)用于添加一个 Uri 匹配项，authority 为 AndroidManifest.xml 中注册的 ContentProvider 中的 authority 属性；path 为一个路径，可以包含#、*等通配符；code 为自定义的一个 Uri 代码。

(2) int match(Uri uri)用于匹配传递的 Uri，返回 addURI()传递的 code 参数。

简单示例如下：

(1) UriMatcher matcher = **new** UriMatcher(UriMatcher.NO_MATCH)；

(2) matcher.addURI("com.yfz.Lesson", "people", PEOPLE)；

```
matcher.addURI("com.yfz.Lesson", "person/#", PEOPLE_ID);
Uri uri = Uri.parse("content://" + "com.yfz.Lesson" + "/people");
int match = matcher.match(uri);
```

8.2 ContentProvider 类

ContentProvider 为抽象类，自定义内容提供者时，需继承并重写其抽象方法以实现对共享数据的处理：

(1) public abstract Cursor query(Uri uri, String[] projection, String selection, String[] selectionArgs, String sortOrder)用于查询数据，返回一个 Cursor 对象；

(2) public abstract Uri insert(Uri uri, ContentValues values)用于插入一条记录；

(3) public abstract int delete(Uri uri, String selection, String[] selectionArgs)用于根据条件删除记录；

(4) public abstract int update(Uri uri, ContentValues values, String selection, String[] selectionArgs)用于根据条件修改记录；

(5) public abstract String getType(Uri uri)返回 URI 参数对应的多用途互联网邮件扩展(multipurpose internet mail extensions，MIME)取值，用于确定在浏览器中扩展名对应的文件用指定的应用程序打开使用。

定义好 ContentProvider 派生类后需在 AndroidManifest.xml 文件中通过<provider>标签对其进行声明：

```
<application
    ...
    <provider
        android:name=".StudentContentProvider"
        android:authorities="com.android.peter.provider"
        android:readPermission="com.android.peter.provider.READ_PERMISSION"
        android:writePermission="com.android.peter.provider.WRITE_PERMISSION"
        android:process=":provider"
        android:exported="true"/>
    ...
</application>
```

各属性含义如下：

(1) android:name 为 ContentProvider 的类名称，即 ContentProvider 的派生类名称。

(2) android:authorities 指定用于访问内容提供者的一个或多个 URI 授权列表。多个 authority 名称之间用分号分隔，为了避免冲突，通常使用包名.类名的 Java 命名规则对授权名称进行命名，如 com.example.provider.cartoonprovider，该属性必须至少指定一个授权。

（3）android:readPermission 授予其他应用程序读取该内容提供者中相关数据的权限。

（4）android:writePermission 授予其他应用程序将相关内容写入此内容提供者的权限。

（5）android:process 指定内容提供者运行所在的进程名称，若不指定，则内容提供者运行于系统为其创建的以包名命名的默认进程中。若其属性值以一个冒号开头，则运行进程为应用私有；若其属性值以小写字母开头，则运行进程具有全局特性，允许在不同应用中共享此进程，从而减少资源的占用。

（6）android:exported 用于确定其他应用程序是否可以访问本内容提供者，取值为 True 时，任何应用程序都可通过 URI 在满足申请权限前提下访问本内容提供者；取值为 False 时，当用户 id 与应用程序同名时才能访问。

在 AndroidManifest.xml 中声明了内容提供者后，不管该应用程序是否启动，其他应用程序都可以通过这个接口来操作它的内部数据。

8.3　ContentResolver 类

ContentResolver 类提供了访问内容提供者中共享数据的相关方法，其实例可通过 Context 中的 getContentResolver() 方法获取，其常用方法以类似数据库操作方式对共享数据进行操作：

（1）public final Uri insert(Uri url, ContentValues values)用于插入一行到 url 指定的内容提供者报表中，插入行各列的值由 values 键值对确定。

（2）public final int delete(Uri url, String where, String[] selectionArgs)用于从指定的 url 中删除指定的记录，where 为筛选语句(如"packageName = ?")，selectionArgs 为 where 语句中？占位参数列表。

（3）public final int update(Uri uri, ContentValues values, String where, String[] selection Args)用于更新 uri 中相关记录，values 为更新键值对系列， where 及 selectionArgs 含义与 delete 中相同。

（4）public final Cursor query(Uri uri, String[] projection, String selection, String[] selectionArgs, String sortOrder)用于从指定 uri 中搜索给定的数据以 Cursor 对象的方式返回， projection 确定返回列 Column 集合，null 为所有列；selection 的作用与 delete 方法中的 where 参数相同；selectionArgs 为 selection 中？占位参数列表；sortOrder 指定返回数据排序方式，相当于 SQL 语句中的 Order by。

上述方法使用简单示例如下：

```
(1) Uri uri = Uri.parse("content://com.example.app.procider/table1");
(2) ContentValues values = new ContentValues();
(3) values.put("column1", "text");
(4) values.put("column2:, 1);
(5) getContentResolver().insert(uri, values);
```

8.4 ContentProvider 应用示例

8.4.1 访问手机通讯录示例

Android 手机在电话簿中存放的联系人信息作为其他应用程序(如微信、QQ 等)的基础性数据，可通过 ContentResolver 进行访问。下面以 contentProvider 项目为例具体说明，项目中包含一个名为 MainActivity 的 ListActivity 派生类，其布局文件 activity_ contacts_ exam.xml 详细内容如下：

```
<?xml version="1.0" encoding="utf-8"?>
<LinearLayout xmlns:android="http://schemas.android.com/apk/res/android"
    android:layout_width="fill_parent"
    android:layout_height="fill_parent"
    android:orientation="vertical" >
    <ListView
      android:id="@+id/android:list"
      android:layout_width="fill_parent"
      android:layout_height="wrap_content"
       android:layout_weight="1"
       android:stackFromBottom="false"
       android:transcriptMode="normal" />
     <TextView
       android:id="@+id/contactName"
       android:textStyle="bold"
       android:layout_width="wrap_content"
       android:layout_height="wrap_content" />
     <TextView
       android:id="@+id/contactID"
       android:layout_width="fill_parent"
       android:layout_height="wrap_content" />
</LinearLayout>
```

MainActivity.java 源代码详述如下：

```
package com.example.km.contentprovider;
import android.Manifest;
import android.app.ListActivity;
import android.content.pm.PackageManager;
import android.database.Cursor;
```

```
import android.net.Uri;
import android.os.Build;
import android.provider.ContactsContract;
import android.os.Bundle;
import android.widget.CursorAdapter;
import android.widget.SimpleCursorAdapter;
import android.widget.Toast;
public class MainActivity extends ListActivity {
    private static final int PERMISSIONS_REQUEST_READ_CONTACTS  = 100;
    @Override
    protected void onCreate(Bundle savedInstanceState) {
        super.onCreate(savedInstanceState);
        setContentView(R.layout.activity_contacts_exam);
        if (Build.VERSION.SDK_INT >= Build.VERSION_CODES.M && checkSelfPermission(Manifest.permission.READ_CONTACTS) != PackageManager.PERMISSION_GRANTED) {
            requestPermissions(newString[]{Manifest.permission.READ_CONTACTS}, PERMISSIONS_REQUEST_READ_CONTACTS);
        }
        else {
            getContacts();
        }
    }
    public void getContacts()
    {
        Uri allContacts = Uri.parse("content://contacts/people");
        Cursor c;
        c = getContentResolver().query(ContactsContract.CommonDataKinds.Phone.CONTENT_URI, null, null, null, null);
        String[] columns = new String[] {
                ContactsContract.Contacts.DISPLAY_NAME,
                ContactsContract.Contacts._ID};
        int[] views = new int[] {R.id.contactName, R.id.contactID};
        SimpleCursorAdapter adapter;
        if (android.os.Build.VERSION.SDK_INT <11) {
            adapter = new SimpleCursorAdapter(
              this, R.layout.activity_contacts_exam, c, columns, views);
        }
            else {
```

```
(41)         adapter = new SimpleCursorAdapter(this, R.layout.activity_contacts_exam,
     c, columns, views,
(42)             CursorAdapter.FLAG_REGISTER_CONTENT_OBSERVER);
(43)     }
(44)         this.setListAdapter(adapter);
(45)   }
(46)     public void onRequestPermissionsResult(int requestCode, String[] permissions,
      int[] grantResults) {
(47)       if (requestCode == PERMISSIONS_REQUEST_READ_CONTACTS) {
(48)         if (grantResults[0] == PackageManager.PERMISSION_GRANTED) {
(49)           getContacts();
(50)         } else {
(51)           Toast.makeText(this, "未获得授权，无法读取联系人信息", Toast.
     LENGTH_SHORT).show();
(52)         }
(53)     }
(54)   }
(55) }
```

因通讯录联系人信息访问属危险操作，需用户进行动态授权，需通过第 19～24 行判断，如果 SDK 版本号大于 Build.VERSION_CODES.M(Android 6.0)并且不具有 Manifest.permission.READ_CONTACTS 读取联系人权限，则调用 requestPermissions 方法请求用户动态授权，并在 onRequestPermissionsResult 回调方法中判断是否获得授权，若获得授权，则调用 getContacts()方法读取联系人相关信息，否则使用 Toast 提示用户未获得授权，无法读取联系人相关信息。

第 23 行 getContacts()方法通过 URI 或 Uri 对象常量(表 8-1)获得联系人相关信息并提取 ContactsContract.Contacts.DISPLAY_NAME、ContactsContract.Contacts._ID 两列数据进行显示。

表 8-1　联系人相关表及其对应的 URI、Uri 对象常量

表	URI	Uri 对象常量
contacts 表(名字及编号)	content://com.android.contacts/contacts	ContactsContract.Contacts.CONTENT_URI
联系人电话(电话号码)	content://com.android.contacts/data/phones	ContactsContract.CommonDataKinds.Phone.CONTENT_URI
联系人邮箱(邮箱地址)	content://com.android.contacts/data/emails	ContactsContract.CommonDataKinds.Email.CONTENT_URI
联系人地址	content://com.android.contacts/data/postals	ContactsContract.CommonDataKinds.StructuredPostall.CONTENT_URI
data 表	content://com.android.contacts/data	ContactsContract.Data.CONTENT_URI
所有联系人	content://contacts/people	
某个联系人 x	content://contacts/people/x	

程序运行前应先在模拟器中添加两个联系人(图 8-1(a))，且在 AndroidManifest.xml 中声明通讯录访问权限：

(1) <?xml version="1.0" encoding="utf-8"?>

(2) <manifest ...>

(3) <uses-permission android:name="android.permission.WRITE_CONTACTS"/>

(4) <uses-permission android:name="android.permission.READ_CONTACTS"></uses-permission>

(5) ...

(6) </manifest>

程序运行结果如图 8-1(b)所示。

(a)模拟器通信列表　(b)ContentResolver示例运行结果

图 8-1　模拟器通信列表及 ContentResolver 示例运行结果

8.4.2　自定义 ContentProvider

该例包含两个项目，即 userDefineContent 及 useDefinedContent，userDefineContent 项目用于说明如何自定义一个 ContentProvider, useDefinedContent 项目用于说明如何使用自定义 ContentProvider。

1. userDefineContent 项目

自定义一个 ContentProvider 大致分成三步：①创建 ContentProvider 抽象类的派生类，重写相关抽象方法；②为其注册内容提供者 URI；③在 AndroidManifest 中进行声明。下面，以 userDefineContent 项目为例详细说明此过程，该项目包含 IdentifiedExamActivity、ResultActivity 两个 Activity，一个 SQLiteOpenHelper 派生类

dataBaseHelper、一个 ContentProvider 派生类 stuProvider，以及用于确定内容提供者 URI 的文件 stuInfo。该例中内容提供者的相关内容存储于 myStudent.db3 数据库 stu 表中。

1) dataBaseHelper.java

dataBaseHelper 类是 SQLiteOpenHelper 的派生类，用于管理库的创建和版本的更新，具体代码详述如下：

```
package com.example.km.userdefinecontent;
import android.content.Context;
import android.database.sqlite.SQLiteDatabase;
import android.database.sqlite.SQLiteOpenHelper;
public class dataBaseHelper extends SQLiteOpenHelper
{
   //定义 stu 表创建语句
   final String CREATE_TABLE_SQL =
        "create table stu(_id integer primary key autoincrement, stuName, stuNo)";
    public dataBaseHelper(Context context, String name, int version)
    {
      super(context, name, null, version);
    }
    @Override
    public void onCreate(SQLiteDatabase db)
    {
      // 第一个使用数据库时自动建表
      db.execSQL(CREATE_TABLE_SQL);
    }
    @Override
    public void onUpgrade(SQLiteDatabase db, int oldVersion, int newVersion)
    {
    //该方法在数据库更新时自动调用
      System.out.println("--------onUpdate Called--------"
           + oldVersion + "--->" + newVersion);
    }
}
```

2) stuProvider.java

stuProvider 类为 ContentProvider 的派生类，用于自定义一个内容提供者，详细代码如下：

```
package com.example.km.userdefinecontent;
import android.content.ContentProvider;
import android.content.ContentUris;
import android.content.ContentValues;
```

```
import android.content.UriMatcher;
import android.database.Cursor;
import android.database.sqlite.SQLiteDatabase;
import android.net.Uri;
public class stuProvider extends ContentProvider
{
    //常量 UriMatcher.NO_MATCH 表示不匹配任何路径的返回码
    private static UriMatcher matcher = new UriMatcher(UriMatcher.NO_MATCH);
    private static final int  STUDENTS= 1;
    private static final int STUDENT= 2;
    private dataBaseHelper dbOpenHelper;
    static
    {
      // 为 UriMatcher 注册两个 Uri
      matcher.addURI(stuInfo.AUTHORITY, "students", STUDENTS);
      matcher.addURI(stuInfo.AUTHORITY, "student/#", STUDENT);
    }
    // 第一次调用该 DictProvider 时，系统先创建 DictProvider 对象，并回调该方法
    @Override
    public boolean onCreate()
    {
      dbOpenHelper = new dataBaseHelper(this.getContext(), "myStudent.db3", 1);
      return true;
    }
    // 插入数据方法
    @Override
    public Uri insert(Uri uri, ContentValues values)
    {
      // 获得数据库实例
      SQLiteDatabase db = dbOpenHelper.getReadableDatabase();
      // 插入数据
      long rowId = db.insert("stu", stuInfo.stu._ID, values);
      // 如果插入成功返回 uri
      if (rowId > 0)
      {
       // 在已有的 Uri 的后面追加 ID 数据
        Uri stuUri = ContentUris.withAppendedId(uri, rowId);
     // 通知数据已经改变，通知那些监测 databases 变化的 observer
        getContext().getContentResolver().notifyChange(stuUri, null);
```

```
            return stuUri;
        }
        return null;
    }
    // 删除数据的方法
    @Override
    public int delete(Uri uri, String selection, String[] selectionArgs)
    {
        SQLiteDatabase db = dbOpenHelper.getReadableDatabase();
        // 记录所删除的记录数
        int num = 0;
        // 对于 uri 进行匹配
        switch (matcher.match(uri))
        {
            case STUDENTS:
                num = db.delete("stu", selection, selectionArgs);
                break;
            case STUDENT:
                // 解析出所需要删除的记录 ID
                long id = ContentUris.parseId(uri);
                String where = stuInfo.stu._ID+ "=" + id;
                // 如果原来的 where 子句存在，拼接 where 子句
                if (selection != null && !selection.equals(""))
                {
                    where = where + " and " + selection;
                }
                num = db.delete("stu", where, selectionArgs);
                break;
            default:
                throw new IllegalArgumentException("未知 Uri:" + uri);
        }
        // 通知数据已经改变
        getContext().getContentResolver().notifyChange(uri, null);
        return num;
    }
    // 修改数据的方法
    @Override
    public int update(Uri uri, ContentValues values, String selection,
            String[] selectionArgs)
```

```
{
  SQLiteDatabase db = dbOpenHelper.getWritableDatabase();
  // 记录所修改的记录数
  int num = 0;
  switch (matcher.match(uri))
  {
    case STUDENTS:
      num = db.update("stu", values, selection, selectionArgs);
      break;
    case STUDENT:
       // 解析出想修改的记录 ID
       long id = ContentUris.parseId(uri);
      String where = stuInfo.stu._ID + "=" + id;
       // 如果原来的 where 子句存在，拼接 where 子句
      if (selection != null && !selection.equals(""))
      {
        where = where + " and " + selection;
      }
      num = db.update("stu", values, where, selectionArgs);
      break;
     default:
       throw new IllegalArgumentException("未知 Uri:" + uri);
   }
   // 通知数据已经改变
   getContext().getContentResolver().notifyChange(uri, null);
   return num;
}
// 查询数据的方法
@Override
public Cursor query(Uri uri, String[] projection, String selection,
          String[] selectionArgs, String sortOrder)
{
   SQLiteDatabase db = dbOpenHelper.getReadableDatabase();
   switch (matcher.match(uri))
   {
     case STUDENTS:
       // 执行查询
     return db.query("stu", projection, selection, selectionArgs,
          null, null, sortOrder);
```

```
            case STUDENT:
                // 解析出想查询的记录 ID
                long id = ContentUris.parseId(uri);
                String where = stuInfo.stu._ID + "=" + id;
                // 如果原来的 where 子句存在，拼接 where 子句
                if (selection != null && !"".equals(selection))
                {
                    where = where + " and " + selection;
                }
                return db.query("stu", projection, where, selectionArgs, null, null,
    sortOrder);
            default:
                throw new IllegalArgumentException("未知 Uri:" + uri);
        }
    }
    // 返回指定 uri 参数对应的数据的 MIME 类型
    @Override
    public String getType(Uri uri)
    {
        switch (matcher.match(uri))
        {
            // 如果操作的数据是多项记录
            case STUDENTS:
                return "com.example.km.userdefinecontent/students";
            // 如果操作的数据是单项记录
            case STUDENT:
                return "com.example.km.userdefinecontent/student";
            default:
                throw new IllegalArgumentException("未知 Uri:" + uri);
        }
    }
}
```

3）stuInfo.java

此文件用于确定内容提供者访问的 URI，具体代码如下：

```
package com.example.km.userdefinecontent;
import android.net.Uri;
import android.provider.BaseColumns;
public final class stuInfo {
    // 定义该 ContentProvider 的授权标识
```

```
    public static final String AUTHORITY
            = "com.example.km.userdefinecontent";
    //定义一个静态内部类
    public static final class stu implements BaseColumns
    {
        // 定义 Content 所允许操作的 3 个数据列
        public final static String _ID = "_id";
        public final static String stuName = "stuName";
        public final static String stuNo = "stuNo";
        // 定义该 Content 提供服务的两个 Uri
        public final static Uri STUS_CONTENT_URI =
                Uri.parse("content://" + AUTHORITY + "/students");
        public final static Uri STU_CONTENT_URI =
                Uri.parse("content://" + AUTHORITY + "/student");
    }
}
```

4) ResultActivity

ResultActivity 用于显示搜索学生信息，其布局文件 popup.xml 的源代码详述如下：

```
<?xml version="1.0" encoding="utf-8"?>
<LinearLayout xmlns:android="http://schemas.android.com/apk/res/android"
    android:orientation="vertical"
    android:layout_width="fill_parent"
    android:layout_height="fill_parent"
    android:gravity="center"
    >
    <ImageView
        android:layout_width="fill_parent"
        android:layout_height="wrap_content"
        android:src="@drawable/line"
        />
    <ListView
        android:id="@+id/show"
        android:layout_width="fill_parent"
        android:layout_height="fill_parent"
        />
</LinearLayout>
```

ResultActivity.java 源代码详述如下：

```
package com.example.km.userdefinecontent;
import android.app.Activity;
```

```
(3) import android.content.Intent;
(4) import android.os.Bundle;
(5) import android.widget.ListView;
(6) import android.widget.SimpleAdapter;
(7) import java.util.List;
(8) import java.util.Map;
(9) public class ResultActivity extends Activity
(10) {
(11)     @Override
(12)     public void onCreate(Bundle savedInstanceState)
(13)     {
(14)        super.onCreate(savedInstanceState);
(15)        setContentView(R.layout.popup);
(16)        ListView listView = (ListView) findViewById(R.id.show);
(17)        Intent intent = getIntent();
(18)        //获取该 Intent 所携带的数据
(19)        Bundle data = intent.getExtras();
(20)        //从 Bundle 数据包中取出数据
(21)        @SuppressWarnings("unchecked")
(22)        List<Map<String , String>> list =
(23)              (List<Map<String , String>>) data.getSerializable("data");
(24)        //将 List 封装成 SimpleAdapter
(25)        SimpleAdapter adapter = new SimpleAdapter(
(26)              ResultActivity.this , list,
(27)              R.layout.line , new String[]{"stuName" , "stuNo"},
(28)              new int[]{R.id.stuName1, R.id.stuNo1});
(29)        //填充 ListView
(30)        listView.setAdapter(adapter);
(31)     }
(32) }
```

第 27 行 R.layout.line 引用的是 line.xml 布局文件，源代码详述如下：

```
<?xml version="1.0" encoding="utf-8"?>
<LinearLayout xmlns:android="http://schemas.android.com/apk/res/android"
    android:orientation="vertical"
    android:layout_width="fill_parent"
    android:layout_height="fill_parent"
    >
    <EditText
       android:id="@+id/stuName1"
```

```
      android:layout_width="wrap_content"
        android:layout_height="wrap_content"
        android:width="120px"
        android:editable="false"
        />
    <TextView
        android:layout_width="fill_parent"
        android:layout_height="wrap_content"
        android:text="@string/detail"
        />
    <EditText
        android:id="@+id/stuNo1"
        android:layout_width="fill_parent"
        android:layout_height="wrap_content"
        android:editable="false"
        android:lines="3"
        />
</LinearLayout>
```

5) IdentifiedExamActivity

IdentifiedExamActivity 为该项目主 Activity，用于录入学生信息和查询学生信息，查询结果由 ResultActivity 显示。IdentifiedExamActivity 的布局文件 activity_identified_ exam.xml 源代码详述如下：

```
<?xml version="1.0" encoding="utf-8"?>
<LinearLayout xmlns:android="http://schemas.android.com/apk/res/android"
    android:orientation="vertical"
    android:layout_width="fill_parent"
    android:layout_height="fill_parent"
    >
    <EditText
      android:id="@+id/stuName"
      android:layout_width="fill_parent"
        android:layout_height="wrap_content"
        />
    <EditText
        android:id="@+id/stuNo"
        android:layout_width="fill_parent"
        android:layout_height="wrap_content"
        android:lines="3"
        />
```

```
    <Button
        android:id="@+id/insert"
        android:layout_width="wrap_content"
        android:layout_height="wrap_content"
        android:text="@string/insert"
        />
    <EditText
        android:id="@+id/key"
        android:layout_width="fill_parent"
        android:layout_height="wrap_content"
        />
    <Button
        android:id="@+id/search"
        android:layout_width="wrap_content"
        android:layout_height="wrap_content"
        android:text="@string/search"
        />
    <ListView
        android:id="@+id/show"
        android:layout_width="fill_parent"
        android:layout_height="fill_parent" >
    </ListView>
</LinearLayout>
```

IdentifiedExamActivity.java 源代码详述如下：

```java
package com.example.km.userdefinecontent;
import android.support.v7.app.AppCompatActivity;
import android.app.Activity;
import android.os.Bundle;
import android.view.Menu;
import android.view.MenuItem;
import java.util.ArrayList;
import java.util.HashMap;
import java.util.Map;
import android.content.Intent;
import android.database.Cursor;
import android.database.sqlite.SQLiteDatabase;
import android.os.Bundle;
import android.view.View;
import android.view.View.OnClickListener;
```

```
import android.widget.Button;
import android.widget.EditText;
import android.widget.Toast;
public class IdentifiedExamActivity extends Activity {
    dataBaseHelper dbHelper;
    Button insert = null;
    Button search = null;
    @Override
    protected void onCreate(Bundle savedInstanceState) {
        super.onCreate(savedInstanceState);
        setContentView(R.layout.activity_identified_exam);
        // 创建 dataBaseHelperr 对象，指定数据库版本为 1
        // 数据库文件保存在程序数据文件夹的 databases 目录下
        dbHelper = new dataBaseHelper(this, "myStudent.db3" , 1);
        insert = (Button) findViewById(R.id.insert);
        search = (Button) findViewById(R.id.search);
        insert.setOnClickListener(new OnClickListener()
        {
            @Override
            public void onClick(View source)
            {
                //获取用户输入
                String stuName = ((EditText) findViewById(R.id.stuName))
                        .getText().toString();
                String stuNo = ((EditText) findViewById(R.id.stuNo))
                        .getText().toString();
                //插入学生记录
                insertData(dbHelper.getReadableDatabase(), stuName, stuNo);
                //显示提示信息
        Toast.makeText(IdentifiedExamActivity.this, "添加学生信息成功！ ", 8000)
    .show();
            }
        });
        search.setOnClickListener(new OnClickListener()
        {
            @Override
            public void onClick(View source)
            {
                // 获取用户输入
```

```
                String key = ((EditText) findViewById(R.id.key)).getText()
                        .toString();
                // 执行查询
                Cursor cursor = dbHelper.getReadableDatabase().rawQuery(
                        "select * from stu where stuName like ? or stuNo like ?",
                        new String[]{"%" + key + "%" , "%" + key + "%"});
                //创建一个 Bundle 对象
                Bundle data = new Bundle();
                data.putSerializable("data", converCursorToList(cursor));
                //创建一个 Intent
                Intent intent = new Intent(IdentifiedExamActivity.this,
                        ResultActivity.class);
                intent.putExtras(data);
                //启动 Activity
                startActivity(intent);
            }
        });
    }
    protected ArrayList<Map<String , String>>  converCursorToList(Cursor cursor)
    {
        ArrayList<Map<String , String>> result =
                new ArrayList<Map<String , String>>();
        //遍历 Cursor 结果集
        while(cursor.moveToNext())
        {
            //将结果集中的数据存入 ArrayList 中
            Map<String , String> map = new
                    HashMap<String , String>();
            //取出查询记录中第 2 列、第 3 列的值
            map.put("stuName" , cursor.getString(1));
            map.put("stuNo" , cursor.getString(2));
            result.add(map);
        }
        return result;
    }
    private void insertData(SQLiteDatabase db,
            String stuName, String stuNo)
    {
        //执行插入语句
```

```
        db.execSQL("insert into stu values(null , ? , ?)",
                new String[]{stuName, stuNo});
    }
    @Override
    public void onDestroy()
    {
        super.onDestroy();
        //退出程序时关闭 MyDataBaseHelper 里的 SQLiteDatabase
        if (dbHelper != null)
        {
            dbHelper.close();
        }
    }
    @Override
    public boolean onCreateOptionsMenu(Menu menu) {
        getMenuInflater().inflate(R.menu.identified_exam, menu);
        return true;
    }
    @Override
    public boolean onOptionsItemSelected(MenuItem item) {
            int id = item.getItemId();
            if (id == R.id.action_settings) {
                return true;
        }
        return super.onOptionsItemSelected(item);
    }
}
```

从中可见，学生相关信息存储于 myStudent.db3 数据库的 stu 表中，并通过 execSQL 及 rawQuery 方法对表中记录进行相关操作。

此后在 AndroidManifest.xml 文件中声明 IdentifiedExamActivity、ResultActivity 及 stuProvider 组件，源代码详述如下：

```
<?xml version="1.0" encoding="utf-8"?>
<manifest xmlns:android="http://schemas.android.com/apk/res/android"
    package="com.example.km.userdefinecontent">
    <uses-sdk
        android:minSdkVersion="14"
        android:targetSdkVersion="21" />
    <application
        android:allowBackup="true"
```

```
        android:icon="@mipmap/ic_launcher"
        android:label="@string/app_name"
        android:roundIcon="@mipmap/ic_launcher_round"
        android:supportsRtl="true"
        android:theme="@style/AppTheme">
        <activity android:name=".IdentifiedExamActivity"
                android:label="@string/app_name" >
            <intent-filter>
                <action android:name="android.intent.action.MAIN" />
            <category
                android:name="android.intent.category.LAUNCHER" />
            </intent-filter>
        </activity>
        <activity android:name=".ResultActivity"
            android:theme="@android:style/Theme.Dialog"
            android:label="找到学生信息">
        </activity>
        <!--声明 stuProvider-->
        <provider
            android:exported="true"  <!--其他组件可调用此 provider-->
            android:name=".stuProvider"
            android:authorities="com.example.km.userdefinecontent"/>
    </application>
</manifest>
```

程序加载运行后，首先显示 IdentifiedExamActivity 页面(图 8-2(a))，在“添加学生信息”按钮上的两个 TextView 控件中输入学生姓名和学号后单击此按钮将学生信息添加进 stu 表中，并由 Toast 显示“学生信息添加成功！”提示信息(图 8-2(b))；在“查找”按钮上方输入待查找学生的姓名或学号相关信息，单击此按钮，查找结果由 ResultActivity 显示(图 8-2(c))。

(a) (b) (c)

图 8-2 自定义 ContentProvider 运行结果

2. useDefinedContent 项目

此项目用于访问 userDefineContent 中自定义的 ContentProvider，其 android:authorities 属性值为"com.example.km.userdefinecontent"。该项目包含 ResultActivity、MainActivity 两个 Activity，一个名为 stuInfo 的类，其中 ResultActivity 及 stuInfo 与 userDefineContent 中同名文件内容及功能相同。MainActivity 为此项目的主 Activity，其布局文件 activity_main.xml 源代码详述如下：

```
<?xml version="1.0" encoding="utf-8"?>
<android.support.constraint.ConstraintLayout xmlns:android="http://schemas.android.com/apk/res/android"
    xmlns:app="http://schemas.android.com/apk/res-auto"
    xmlns:tools="http://schemas.android.com/tools"
    android:layout_width="match_parent"
    android:layout_height="match_parent"
    tools:context="com.example.km.usedefinedcontent.MainActivity">
    <TextView
        android:layout_width="wrap_content"
        android:layout_height="wrap_content"
        android:text="Hello World!"
        app:layout_constraintBottom_toBottomOf="parent"
        app:layout_constraintLeft_toLeftOf="parent"
        app:layout_constraintRight_toRightOf="parent"
        app:layout_constraintTop_toTopOf="parent" />
</android.support.constraint.ConstraintLayout>
```

MainActivity.java 源代码如下：

```
package com.example.km.usedefinedcontent;
import android.Manifest;
import android.app.Activity;
import android.content.ContentResolver;
import android.content.ContentValues;
import android.content.Intent;
import android.content.pm.PackageManager;
import android.database.Cursor;
import android.provider.ContactsContract;
import android.support.v7.app.AppCompatActivity;
import android.os.Bundle;
import android.support.v4.app.ActivityCompat;
import android.support.v4.content.ContextCompat;
import android.widget.Button;
```

```
import java.util.ArrayList;
import java.util.HashMap;
import java.util.Map;
public class MainActivity extends Activity
{
    ContentResolver contentResolver;
    Button insert = null;
    Button search = null;
    @Override
    protected void onCreate(Bundle savedInstanceState) {
        super.onCreate(savedInstanceState);
        setContentView(R.layout.activity_main);
        int REQUEST_EXTERNAL_STORAGE=1;
    //请求用户进行动态授权
        String[] PERMISSIONS_STORAGE={
                Manifest.permission.READ_EXTERNAL_STORAGE,
                Manifest.permission.WRITE_EXTERNAL_STORAGE
        };
        if (PackageManager.PERMISSION_GRANTED!=
                ContextCompat.checkSelfPermission(MainActivity.this, Manifest.permission.WRITE_EXTERNAL_STORAGE))
        {
            ActivityCompat.requestPermissions(this, PERMISSIONS_STORAGE, REQUEST_EXTERNAL_STORAGE);
        }
        contentResolver = getContentResolver();
        //用于将学生信息插入自定义内容提供者
        ContentValues values = new ContentValues();
        values.put(stuInfo.stu.stuName , "zz");
        values.put(stuInfo.stu.stuNo , "113");
        contentResolver.insert(stuInfo.stu.STU_CONTENT_URI, values);// 执行查询
        Cursor cursor = contentResolver.query(stuInfo.stu.STUS_CONTENT_URI, null, null, null, null);
        //创建一个 Bundle 对象
        Bundle data = new Bundle();
        data.putSerializable("data", converCursorToList(cursor));
        //创建一个 Intent
        Intent intent = new Intent(MainActivity.this, ResultActivity.class);
        intent.putExtras(data);
```

```
(51)        //启动 Activity
(52)        startActivity(intent);
(53)    }
(54)    protected ArrayList<Map<String , String>> converCursorToList(Cursor cursor)
(55)    {
(56)        ArrayList<Map<String , String>> result =
(57)                new ArrayList<Map<String , String>>();
(58)        //遍历 Cursor 结果集
(59)        while(cursor.moveToNext())
(60)        {
(61)            //将结果集中的数据存入 ArrayList 中
(62)            Map<String , String> map = new
(63)                    HashMap<String , String>();
(64)            //取出查询记录中第 2 列、第 3 列的值
(65)            map.put("stuName" , cursor.getString(1));
(66)            map.put("stuNo" , cursor.getString(2));
(67)            result.add(map);
(68)        }
(69)        return result;
(70)    }
(71) }
```

从中可见，在第 24～55 行 onCreate 方法中首先请求用户对访问外部文件进行动态授权，然后获得 ContentResolver 实例 contentResolver = getContentResolver() 并调用 insert 方法将相关记录插入 URI 为 stuInfo.stu.STU_CONTENT_URI 的自定义内容提供者中，调用 query 方法将 stuInfo.stu.STU_CONTENT_URI 中的数据提取出来进行显示。项目运行结果如图 8-3 所示。

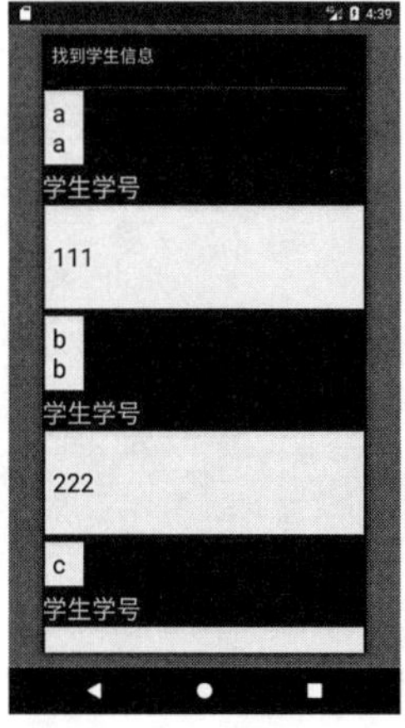

图 8-3　useDefinedContent 项目运行结果

8.5 本 章 小 结

ContentProvider 为 Android 常用组件之一，允许不同应用通过 URI 以统一方式交换存储于数据库、文件及其网络中的无安全隐患数据。

(1) URI 是一种用于标识资源的字符串，可用于标识 Android 可用的每种资源，如图片、视频片段、内容提供者等，其书写格式为<standard_prefix>://<authority>/<data _path>/<id>。

(2) ContentProvider 为抽象类，自定义内容提供者时，需继承并重写以下抽象方法以实现对共享数据的处理：

① public abstract Cursor query(Uri uri, String[] projection, String selection, String[] selectionArgs, String sortOrder)；

②public abstract Uri insert(Uri uri, ContentValues values)；

③public abstract int delete(Uri uri, String selection, String[] selectionArgs)；

④ public abstract int update(Uri uri, ContentValues values, String selection, String[] selectionArgs)；

⑤public abstract String getType(Uri uri)。

(3) ContentResolver 类提供了访问内容提供者中共享数据的相关方法，其实例可以通过 Context 中的 getContentResolver() 方法获取，然后通过 insert、update、delete 等方法以类似数据库操作方式对共享数据进行操作。

第 9 章　Service 组件及网络应用

Service(服务)为 Android 四大组件之一，其不依赖于用户界面并在后台长时间执行相关程序，广泛用于网络检测、后台播放音乐、检测 SD 卡上文件的变化、文件输入输出等操作。本章主要介绍 Service 的定义、配置、启动及生命周期等基础知识，并通过示例说明其使用方法。此外，本章还简要介绍通过 HttpURLConnection 访问网络资源以及针对 TCP/IP 的 Socket 编程实现。

9.1　Service 组件

Service 是 Android 常用的组件之一，在后台运行并与其他组件进行交互，与 Activity 相似，使用前需创建并注册，并由 Activity 等组件启动。默认情况下，Service 运行在应用程序进程的主线程之中，如果需要在 Service 中处理一些网络连接等耗时的操作，应该将这些任务放在单独的线程中进行处理，避免阻塞用户界面。

9.1.1　Service 创建

一个应用程序可以包含多个 Service，以实现特定的功能，每个自定义 Service 为 android.app.Service 或其子类 IntentService 的派生类。也可通过鼠标右键单击 app>src>main>java>包名打开弹出菜单，在 New 菜单子项中找到 Service。鼠标指向 Service 后，显示创建 Service、Service(IntentService)菜单子项(图 9-1)，单击 Service 菜单项后弹出新建 Service 窗口(图 9-2)， Class Name 标签后文本框用于接收 Service 名称，Exported 复选框用于设置 android:exported 属性指定其他组件是否可调用它，Enabled 复选框用于设置 android:enabled 属性指定此 Service 是否可用，然后单击 Finish 按钮完成 Service 创建。

新建 serviceExample 的 Java 源代码如下：

```
import android.app.Service;
import android.content.Intent;
import android.os.IBinder;
public class serviceExample extends Service {
    public serviceExamp() {
    }
```

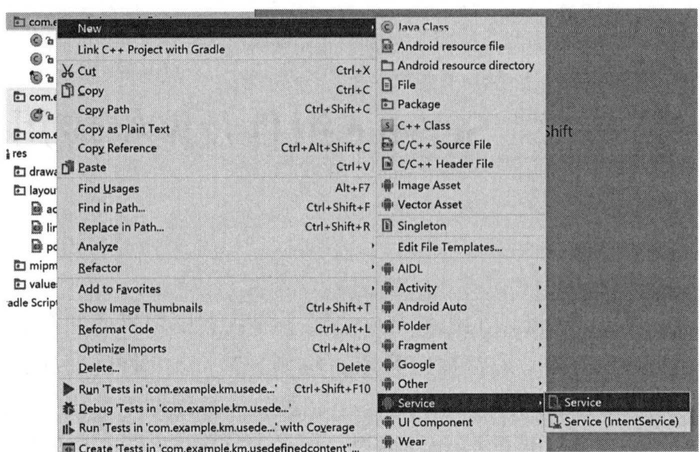

图 9-1　创建 Service、Service (IntentService) 菜单子项

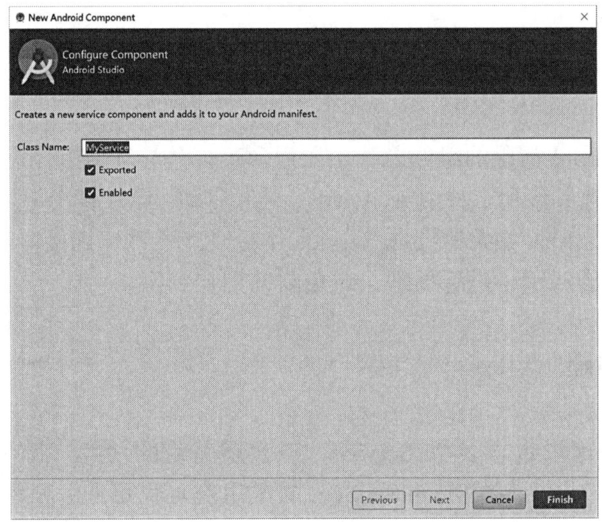

图 9-2　新建 Service 窗口

```
(7)      @Override
(8)      public IBinder onBind(Intent intent) {
(9)          throw new UnsupportedOperationException("Not yet implemented");
(10)     }
(11) }
```

第 4 行显示 serviceExample 为 Service 派生类；第 7～10 行重写的 onBind 方法将在其他组件绑定此 Service 时回调，intent 参数用于接收绑定组件的相关参数；IBinder 返回值用于与绑定组件进行通信，若此 Service 不允许被绑定，则返回值为 null。IBinder 为 Android 基本接口，为进程间和跨进程间调用机制的核心部分，其常用实现类为 android.os.Binder。

除 onBind 方法外，Service 还有 onCreate(创建)、onDestroy(销毁)、onUnbind(取消绑定)、onRebind(重新绑定)等回调方法，可在新建 Service 中进行重写。

下面以示例分别说明服务器端和客户端具体实现过程。

1. 服务器端

在实际应用中，通过创建 Binder 派生类，并重写 onTransact 方法定义服务器端实现代码：

protected boolean onTransact(int code, Parcel data, Parcel reply, int flags) throws RemoteException;

各参数含义详述如下：

(1) code 为执行动作标识，取值有 IBinder.INTERFACE_TRANSACTION、IBinder.PING_TRANSACTION 等，自定义标识值介于 FIRST_CALL_TRANSACTION 和 LAST_CALL_TRANSACTION 之间。

(2) data 为客户端传给服务器端的待处理可跨进程传输的 Parcel 类型数据。

(3) reply 为服务器端执行完以后返回给客户端的 Parcel 数据。

(4) flags 指定服务器端对客户端请求的响应模式，取值为 0 和 IBinder. FLAG_ONEWAY。取值为 0 时，服务器端同步响应客户端请求，即客户端接收服务器端返回结果才继续执行后续代码；取值为 IBinder.FLAG_ONEWAY 时，客户端发送请求给服务器端后立即执行后续代码。

(5) throws RemoteException 说明该方法会抛出 RemoteException 异常，调用方法需对此异常进行相关处理。

使用示例源代码如下：

```
import android.app.Service;
import android.content.Intent;
import android.os.Binder;
import android.os.IBinder;
import android.os.Parcel;
import android.os.RemoteException;
public class serviceExample extends Service {
    public serviceExamp() {
    }
    @Override
    public IBinder onBind(Intent intent) {
        //将服务器与客户端通信的 Ibinder 对象返回到服务器
        return new binderExample();
    }
    class binderExample extends Binder
    {
        public void showInfo()
        {
            System.out.println("Binder 中传递信息");
```

```
(20)        }
(21)        @Override
(22)        protected boolean onTransact(int code, Parcel data, Parcel reply, int flags)
throws RemoteException {
(23)            System.out.println("调用了 onTransact 方法");
(24)            return super.onTransact(code, data, reply, flags);
(25)        }
(26)    }
(27) }
```

第 15～26 行定义了名为 binderExample 的内部类，此类为 Binder 派生类，重写的 onTransact 方法通过 System.out.println 输出提示信息。

第 11～14 行 onBind 方法返回的 binderExample 实例用于进行通信。

2. 客户端

客户端为了获得服务器端传递的 Binder 实例与服务器端进行通信，必须定义一个 public interface ServiceConnection 派生类，并实现以下方法：

(1) void onServiceConnected(ComponentName name, IBinder service)，此方法在与服务器端绑定成功时回调；

(2) void onServiceDisconnected(ComponentName name)，此方法在与服务器端取消绑定时回调。

上述方法中的 name 参数用于指定 Client 对象，service 获得服务器端 onBind 方法返回的 IBinder 实例引用。

与服务器端绑定成功，回调 onServiceConnected 方法时，客户端将获得服务器端 IBinder 实例引用；然后客户端调用 Binder.transact() 方法向服务器端发送请求，服务器端接收到请求后回调 onTransact 方法。Binder.transact() 方法声明如下：

public final boolean transact(int code, Parcel data, Parcel reply, int flags);

其参数个数、类型及含义与 onTransact 方法相同，即客户端调用 Binder.transact() 方法请求服务器端响应时，若 flags 参数为 0，则等待服务器端回调 onTransact 方法执行完后才继续执行后续代码；取值为 FLAG_ONEWAY 时立即返回。

具体示例源代码如下：

```
(1) private ServiceConnection mConnection = new ServiceConnection() {
(2)     // 当与 service 的连接建立后被调用
(3)     public void onServiceConnected(ComponentName className, IBinder service) {
(4)         serviceExample.binderExample binder = (serviceExample.binderExample) s
    ervice;
(5)         binder.showInfo();
(6)         mService = binder.getService();
(7)         Parcel data = Parcel.obtain();
(8)         Parcel reply = Parcel.obtain();
```

```
        try {
            data.writeInt(20);
            binder.transact(TRANSACTION_GET_AGE, data, reply, 0);
        }
        catch(Exception ce)
        {
                System.out.println(ce);
        }
        finally
        {
            data.recycle();
            reply.recycle();
        }
    }
};
```

Service 定义好后，须在 AndroidManifest.xml 中声明：

```
<service
    android:name=".serviceExamp"
    android:enabled="true"
    android:exported="true">
</service>
```

声明时，还可以通过 android:permission="string"对 Service 权限进行声明，android:process="string"属性指定 Service 运行进程名称，Service 能否单独使用一个进程与其启动方式有关。

9.1.2 Service 启动及其生命周期

Android 为 Activity 等组件提供了 Context.startService、Context.bindService 两种方法以启动 Service。当启动组件与 Service 无需通信时，使用 Context.startService 方法；当两者需通信时，使用 Context.bindService 方法。

1. Context.startService

通过 Context.startService 方法以无通信方式启动 Service 的生命周期为

Context.startService→onCreate→onStart→Service running→stopService→onDestroy→Service stop

首次调用 Context.startService 方法时，由于 Service 实例不存在，Android 会实例化 Service 实例，并回调 onCreate 方法，然后调用 onStart 方法。

若 Service 实例已存在，则直接回调 onStart 方法，即在程序运行过程中若多次调用 startService 方法，则会多次回调 onStart 方法。

通过 Context.startService 启动服务后，可使用 Context.stopService 方法结束，并回调 onDestroy 方法销毁服务；若 Context.stopService 方法未被执行调用组件就退出，则 Service 会一直在后台运行。

2. Context.bindService

Context.bindService 方法声明如下：

public abstract boolean bindService (Intent service, ServiceConnection conn, int flags)；

各参数含义如下：

(1) service 为 Intent 实例，用于指定绑定的服务；

(2) conn 为 ServiceConnection 实例，用于获得通信 IBinder 实例；

(3) flags 用于指定 Service 对请求的响应模式，取值为 0 或 BIND_AUTO_CREATE，含义与 onTransact 方法第四个参数相同。

通过 Context.bindService 方法以通信绑定方式启动 Service 的生命周期为

Context.bindService→onCreate→onBind→Service running→stopService→onUnbind→onDestroy→Service stop

首次调用 Context.bindService 绑定 Service 时，由于 Service 实例不存在，实例化 Service 实例并回调 onCreate 方法；然后调用 onBind 方法将 IBinder 实例返回给调用组件，使两者可以通信。

若 Service 实例已存在，则直接回调 onBind 方法，即在程序运行过程中即使多次调用 Context.bindService 方法会多次回调 onBind 方法。

通过 Context.bindService 启动服务后，可使用 Context.unbindService (Service Connection conn) 方法结束绑定，此后 Service 会回调 onUnbind 方法；Service 组件被销毁时将回调 onDestroy 方法。取消绑定未销毁前，若调用组件再次执行 Context.bindService 方法，则 Service 会回调 onRebind 方法，将两者进行重新绑定。

3. 生命周期回调方法示例

该示例用于具体说明自定义 Service 与 Activity 处于绑定状态下的生命周期，其包含一个 LocalService 和一个 LocalBindingActivity，LocalBindingActivity 的布局文件为 activity_local_binding.xml。

1) LocalService

自定义 LocalService.java 源代码详述如下：

```
(1) import java.util.Random;
(2) import android.app.Service;
(3) import android.content.Intent;
(4) import android.os.Binder;
(5) import android.os.IBinder;
(6) import android.os.Parcel;
(7) import android.os.RemoteException;
```

```
public class LocalService extends Service {
   // 实例化自定义的 Binder 类
     private final IBinder mBinder = new LocalBinder();
     private final Random mGenerator = new Random();
     @Override
     public void onCreate() {
        // 实例化该类对象时自动调用
        super.onCreate();
        System.out.println("服务启动！ ");
     }
     @Override
     public IBinder onBind(Intent arg0) {
        //与客户端建立连接时自动调用
       System.out.println("从 Client 中获得数据 "+arg0.getStringExtra("stu    Name"));
        return mBinder;
     }
     @Override
     public boolean onUnbind(Intent intent) {
        System.out.println("与服务取消绑定了");
        return super.onUnbind(intent);
     }
    @Override
     public void onDestroy() {
        System.out.println("服务被注销");
        super.onDestroy();
     }
     /**
      * 自定义的 Binder 内部类，在其中可访问外部定义的相关对象，通过其返回
   Activity 访问的 Service 对象
      */
     public class LocalBinder extends Binder {
        LocalService getService() {
           /**返回 Activity 所关联的 Service 对象，这样在 Activity 里，就可调用
   Service 里的一些公用方法和公用属性 */
           return LocalService.this;
        }
        @Override
        protected boolean onTransact(int code, Parcel data, Parcel reply, int flags)
    throws RemoteException {
```

```
            System.out.println("服务回调 onTransact 方法");
            return super.onTransact(code, data, reply, flags);
        }
    }
    /** public 方法，Activity 可以进行调用 */
    public int getRandomNumber()
    {
        return mGenerator.nextInt(100);
    }
}
```

2) LocalBindingActivity

Local Binding Activity 布局文件 activity_local_binding.xml 的源代码详述如下：

```
<RelativeLayout xmlns:android="http://schemas.android.com/apk/res/android"
    xmlns:tools="http://schemas.android.com/tools"
    android:layout_width="match_parent"
    android:layout_height="match_parent"
    android:paddingBottom="@dimen/activity_vertical_margin"
    android:paddingLeft="@dimen/activity_horizontal_margin"
    android:paddingRight="@dimen/activity_horizontal_margin"
    android:paddingTop="@dimen/activity_vertical_margin"
    tools:context="com.example.ch9_serviceexam.LocalBindingActivity" >
    <TextView
        android:id="@+id/textView2"
        android:layout_width="wrap_content"
        android:layout_height="wrap_content"
        android:text="Service 生命周期示例" />
    <Button
        android:id="@+id/getServiceData"
        android:layout_width="wrap_content"
        android:layout_height="wrap_content"
        android:layout_alignLeft="@+id/textView2"
        android:layout_below="@+id/textView2"
        android:layout_marginLeft="44dp"
        android:layout_marginTop="40dp"
        android:text="@string/getServiceData" />
</RelativeLayout>
```

LocalBindingActivity.java 源代码详述如下：

```
import com.example.ch9_serviceexam.LocalService.LocalBinder;
import android.app.Activity;
```

```
import android.content.ComponentName;
import android.content.Context;
import android.content.Intent;
import android.content.ServiceConnection;
import android.os.Bundle;
import android.os.IBinder;
import android.os.Parcel;
import android.view.Menu;
import android.view.MenuItem;
import android.view.View;
import android.view.View.OnClickListener;
import android.widget.Button;
import android.widget.Toast;
public class LocalBindingActivity extends Activity {
    LocalService mService;
    boolean mBound = false;
    private Button myButton=null;
    /** 定义 ServiceConnection，用于绑定 Service */
    private ServiceConnection mConnection = new ServiceConnection() {
      @Override
      public void onServiceConnected(ComponentName className,
                                   IBinder service) {
//已经绑定了 LocalService，强转 IBinder 对象，调用方法得到 LocalService 对象
          LocalBinder binder = (LocalBinder) service;
          String DESCRIPTOR = "com.example.aidl.IRemoteService";
          Parcel data = Parcel.obtain();
          Parcel reply = Parcel.obtain();
          mService = binder.getService();
         try {
            data.writeInt(20);
            binder.transact(IBinder.INTERFACE_TRANSACTION, data, reply, 0);
         }
          catch(Exception ce)
          {
                System.out.println(ce);
          }
          finally
          {
                data.recycle();
```

```
                reply.recycle();
            }
            mBound = true;
            System.out.println("是否正确绑定！ "+mBound);
        }
        @Override
        public void onServiceDisconnected(ComponentName arg0) {
              mBound = false;
        }
    };
    @Override
    protected void onCreate(Bundle savedInstanceState) {
          super.onCreate(savedInstanceState);
          setContentView(R.layout.activity_local_binding);
          myButton=(Button) findViewById(R.id.getServiceData);
          myButton.setOnClickListener(new ButtonClickedClass());
    }
    @Override
     protected void onStart() {
           super.onStart();
           System.out.println("启动 Service 进行服务！ ");
           Intent intent = new Intent(this, LocalService.class);
          //通过 Intent 在 Activity 与 Service 间传递信息
          intent.putExtra("stuName", "aaa");
          bindService(intent, mConnection, Context.BIND_AUTO_CREATE);
    }
    protected class ButtonClickedClass implements OnClickListener
    {
        @Override
        public void onClick(View arg0) {
            if (mBound) {
               int num = mService.getRandomNumber();
              Toast.makeText(LocalBindingActivity.this,"number: " + num, Toast.LENGTH_ SHORT).show();
            }
        }
    }
    @Override
    protected void onStop() {
```

```
(80)        super.onStop();
(81)          if (mBound) {
(82)               unbindService(mConnection);
(83)               mBound = false;
(84)          }
(85)      }
(86)  }
```

第 20～50 行代码通过匿名类方式实例化一个 ServiceConnection 对象，用于绑定 LocalService 实例；重写的 onServiceConnected 方法在绑定 LocalService 服务时回调。

第 26 行代码将 Service 返回的 IBinder 实例强制转化为 LocalService.LocalBinder 对象，赋值给 binder 对象。

第 28～29 行通过 Parcel 的 static 方法 obtain 获得 Parcel 两个实例 data 及 reply。

第 30 行通过 binder 对象调用 LocalService 方法获得启动服务实例的引用。

第 31～43 行使用了异常处理，其中第 32 行将 20 写入 data 中；第 33 行调用 binder 对象 transact 方法与服务进行交互，第 41～42 行用于回收 data、reply 所占用资源。第 44 行将布尔型变量 mBound 设为 true，说明与 LocalService 实例绑定成功。

第 47～50 重写了 onServiceDisconnected 方法，在方法中把 mBound 设为 false，与 LocalService 实例解绑。

第 53～58 行为 LocalBindingActivity 实例创建时回调的 onCreate 方法，用于设定其布局文件，获得布局文件中 id 为 LocalService 的 Button 引用，并通过 setOnClickListener 设定 ButtonClickedClass 类实例为其鼠标事件处理器。

第 59～67 行为 LocalBindingActivity 实例启动时回调的 onStart 方法，第 62 行用于输出提示信息，第 63 行定义一个 Intent 对象，LocalService.class 说明将启动 LocalService 实例，第 65 行在 intent 中放入键值对("stuName","aaa")用于演示通过 Intent 在 Activity 与 Service 间传递信息，第 66 行调用从 Context 继承而来的 bindService 方法，将 LocalBindingActivity 实例与即将启动的 LocalService 实例绑定。

第 70～76 行为当鼠标单击 LocalService 按钮时将回调的方法。第 72～75 行代码说明当 LocalBindingActivity 实例与 LocalService 实例绑定时，通过 mService 对象调用 LocalService 中 getRandomNumber()方法获得一个整型随机值，第 74～75 行代码通过 Toast 输出相关提示信息。

第 79～86 行为 LocalBindingActivity 实例停止运行时回调的 onStop 方法，第 82～84 行代码用于判断若与服务处于绑定状态，则调用 unbindService 方法取消绑定并将 mBound 设置为 false。

此后，在 AndroidManifest.xml 文件中声明 LocalService 及 LocalBindingActivity，源代码如下：

```
<activity
      android:name=".LocalBindingActivity"
      android:label="@string/title_activity_local_binding">
    <intent-filter>
```

```
(5)         <action android:name="android.intent.action.MAIN" />
(6)         <category android:name="android.intent.category.LAUNCHER" />
(7)      </intent-filter>
(8)   </activity>
(9)   <service android:name=".LocalService">
(10) </service>
```

单击 Run>Run ‘app’ 运行项目后，LocalBindingActivity 实例加载于屏幕上并显示(图 9-3(a))，在 logcat 中输出如下提示信息：

08-23 07:46:16.967 14012-14012/com.example.ch9_serviceexam I/System.out: 启动 Service 进行服务！

08-23 07:46:17.000 14012-14012/com.example.ch9_serviceexam I/System.out: 服务启动！

08-23 07:46:17.000 14012-14012/com.example.ch9_serviceexam I/System.out: 从 Client 中获得数据 aaa

08-23 07:46:17.110 14012-14012/com.example.ch9_serviceexam I/System.out: 服务回调 onTransact 方法

08-23 07:46:17.110 14012-14012/com.example.ch9_serviceexam I/System.out: 是否正确绑定！ true

当单击“获得数据”按钮时，将用 Toast 在屏幕上显示提示信息(图 9-3(b))；将程序关闭后，将在 logcat 中提示如下信息：

08-23 10:02:42.884 14012-14012/com.example.ch9_serviceexam I/System.out: 与服务取消绑定了

08-23 10:02:42.884 14012-14012/com.example.ch9_serviceexam I/System.out: 服务被注销

图 9-3　自定义 Service 与 Activity 处于绑定状态下的生命周期示例运行结果

9.2 网 络 应 用

目前 Android 设备均能上网，相关应用通过网络与服务器进行交互，把数据传输到服务器或从服务器获得数据进行显示，如电子邮件、浏览器、微信、QQ、高德地图、酷狗音乐等。目前 Android 应用可通过 java.net、org.apache、android.net 包中相关类实现网络编程，其中 java.net 包中含有用于互联网操作的相关类，包括流、数据包套接字(socket)、internet 协议、常见 HTTP 处理等；org.apache 为 Apache 开源组织提供的 HttpClient 客户端编程工具包，为客户端的 HTTP 编程提供高效、最新、功能丰富的工具包支持；android.net 中的类可实现 Android 特有的网络编程，如访问 WIFI、Android 联网信息、邮件等功能。Android 网络编程的核心技术和功能模块众多，本节主要介绍 HttpURLConnection 访问网络资源以及针对 TCP/IP 的 Socket 编程。

9.2.1 HttpURLConnection

HttpURLConnection 位于 java.net 包中，为 URLConnection 类的抽象子类，通过 HTTP 协议以 GET、POST、PUT、DELETE 等各种请求方式访问统一资源定位符(uniform resource locator，URL)指定的网络资源，其常用的方法如下所述。

(1) public URL getURL()，获得标识连接网络资源的 URL 类的实例。URL 类用于表示网络资源统一定位符，其常用的方法有：

①public URL(String spec)用于实例化 URL 对象；

②public URLConnection openConnection()用于获得与统一资源定位符指定资源的连接对象；

③public URI toURI()用于将 URL 转换为 URI 对象；

④public String getFile()用于获得 URL 指定资源的完整文件名；

⑤public String getHost()用于获得 URL 中的主机名；

⑥public String getProtocol()用于获得 URL 中表示协议的字符串；

⑦public int getPort()用于获得 URL 中的端口号。

(2) public void setRequestMethod(String method) throws ProtocolException，用于设置资源请求方式，method 取值为 GET、POST、PUT、HEAD、DELETE 等，具体含义如下：

①GET 以安全幂等方式请求服务器某个资源，幂等是指相同资源多次返回的结果相同；

②POST 方式可向服务器提交数据，如表单数据提交；

③PUT 方式是让服务器用请求的主体部分来创建一个由所请求的 URL 命名的新文档，若那个文档存在，则用这个主体来代替它；

④HEAD 方式较简单，通知服务器只返回 HTTP 首部，不用实际发送信息体，用于检测当前客户端缓存的文件是否与服务器一致；

⑤DELETE 方式将删除 Web 服务器上位于指定 URL 的文件，由于这个请求方式存在明显的安全风险，所以并非所有的服务器都支持，即使支持也需进行身份认证。

(3) public void setDoInput(boolean newValue)，通过布尔值确定是否可获取服务器数据，默认为 True，允许读取数据。

(4) public void setDoOutput(boolean newValue)，通过布尔值确定是否可以将数据传输到服务器，默认为 False，不允许传输数据。

(5) public void setDefaultUseCaches(boolean newValue)，确定 HttpURLConnection 实例是否可使用缓存。

(6) public void setRequestProperty(String field，String newValue)，设置 HTTP 请求头属性值，field 为属性名，newValue 为其取值。常见的 HTTP 请求头属性有：

①Connection 表示是否需要持久连接，Keep-Alive 为持久连接；

②Cookie 用于辨别用户身份，进行 session 跟踪而存储在用户本地终端上的数据，为很重要的请求头信息之一；

③Host 指定初始 URL 中的主机和端口；

④Content-Length 表示请求信息正文的长度；

⑤Accept-Language 指定所接受的语言种类等。

(7) public InputStream getInputStream() throws IOException，获得输入流从服务器读取数据。

(8) public OutputStream getOutputStream() throws IOException，获得输出流，将数据传递至服务器。

使用 HttpURLConnection 访问网络资源的步骤总结如下：

(1) 通过 java.net.URL 指定待访问 HTTP 资源的 URL，并使用 openConnection 方法获得 HttpURLConnection 对象，代码如下：

```
(1) URL url = new URL(http://www.blogjava.net/nokiaguy/archive/2009/12/14/305890.html);
(2) HttpUrlConnection httpURLConnection = (HttpURLConnecton) url.openConnection();
```

(2) 通过 setRequestMethod 方法设置资源访问方式，代码如下：

```
httpURLConnection.setRequestMethod("POST");
```

(3) 设置输入、输出以及是否使用缓存权限。

①允许从服务器下载 HTTP 资源：httpURLConnection.setDoInput(true)。

②允许传递数据到服务器：httpURLConnection.setDoOutput(true)。

③设置访问资源不使用缓存：httpURLConnection.setUseCaches(false)。

(4) 通过 setRequestProperty 设置 Http 请求头相关属性，示例如下。

①设置连接方式：

```
conn.setRequestProperty("Connection", "Keep-Alive");
```

②设置文件字符集：

```
conn.setRequestProperty("Charset", "UTF-8");
```

③设置文件长度：

```
conn.setRequestProperty("Content-Length", String.valueOf(data.length));
```

④设置文件类型：

```
conn.setRequestProperty("Content-Type","application/x-www-form-urlencoded");
```

(5)通过 getInputStream、getOutputStream 方法获得 InputStream 及 OutputStream 对象与服务器进行交互，代码如下：

```
InputStream is = httpURLConnection.getInputStream();
OutputStream os = httpURLConnection.getOutputStream();
```

(6)读写完毕后关闭输入流和输出流，代码如下：

```
is.close();
os.close();
```

下面以项目 httpurlexam 为例详细说明此过程，该项目包含一个 downLoadActivity 及一个文件操作辅助类 FileUtils。

(1)FileUtils 文件操作辅助类。FileUtils 文件操作辅助类实现了在外部存储设备 SD 卡中新建目录、文件及对文件写操作，源代码详述如下：

```
package com.example.km.httpurlexam;
import java.io.File;
import java.io.FileOutputStream;
import java.io.IOException;
import java.io.InputStream;
import java.io.OutputStream;
import android.os.Environment;
public class FileUtils {
    private String SDPATH;
    //用于获得当前外部存储设备的目录
    public String getSDPATH() {
        return SDPATH;
    }
    public FileUtils() {
        //得到当前外部存储设备的目录
        SDPATH = Environment.getExternalStorageDirectory() + "/";
        System.out.println("外部存储卡位置："+SDPATH);
    }
    //在 SD 卡上创建文件
    public File creatSDFile(String fileName) throws IOException {
        File file = new File(SDPATH + fileName);
        file.createNewFile();
        return file;
    }
    //在 SD 卡上创建目录
    public File creatSDDir(String dirName) {
        File dir = new File(SDPATH + dirName);
```

```
        dir.mkdirs();
        return dir;
    }
    //判断 SD 卡上的文件夹是否存在
    public boolean isFileExist(String fileName){
        File file = new File(SDPATH + fileName);
        return file.exists();
    }
    //将一个 InputStream 里面的数据写入 SD 卡中
    public File write2SDFromInput(String path,String fileName,InputStream input){
        System.out.println("正在写入 SDCard!");
        File file = null;
        OutputStream output = null;
        try{
            creatSDDir(path);
            file = creatSDFile(path + fileName);
            output = new FileOutputStream(file);
            byte buffer [] = new byte[4 * 1024];
            while((input.read(buffer)) != -1){
                output.write(buffer);
            }
            output.flush();
        }
        catch(Exception e){
            e.printStackTrace();
        }
        finally{
            try{
                output.close();
            }
            catch(Exception e){
                e.printStackTrace();
            }
        }
        return file;
    }
}
```

(2) downLoadActivity。downLoadActivity 用于从网络下载并显示资源，其布局文件 main.xml 源代码详述如下：

```
<?xml version="1.0" encoding="utf-8"?>
<LinearLayout xmlns:android="http://schemas.android.com/apk/res/android"
    android:orientation="vertical"
    android:layout_width="fill_parent"
    android:layout_height="fill_parent"
    android:weightSum="1">
    <Button
      android:id="@+id/downloadTxt"
      android:layout_width="fill_parent"
        android:layout_height="wrap_content"
        android:text="下载文本文件"
      />
      <Button
        android:id="@+id/downloadMp3"
        android:layout_width="fill_parent"
        android:layout_height="wrap_content"
        android:text="下载 MP3 文件 "
      />
     <TextView
       android:id="@+id/loadTextView"
       android:layout_width="match_parent"
       android:layout_height="wrap_content"
       android:text="下载内容" />
     <EditText
       android:id="@+id/loadText"
       android:layout_width="match_parent"
       android:layout_height="wrap_content"
       android:layout_weight="0.53"
       android:ems="10"
       android:text="" />
</LinearLayout>
```

downLoadActivity.java 源代码详述如下：

```
package com.example.km.httpurlexam;
import android.Manifest;
import android.content.pm.PackageManager;
import android.os.Handler;
import android.os.Message;
import android.support.v4.app.ActivityCompat;
import android.support.v4.content.ContextCompat;
```

```
import android.support.v7.app.AppCompatActivity;
import android.os.Bundle;
import android.app.Activity;
import android.util.Log;
import android.view.View;
import android.view.View.OnClickListener;
import android.widget.Button;
import android.widget.TextView;
import java.io.BufferedReader;
import java.io.File;
import java.io.FileOutputStream;
import java.io.IOException;
import java.io.InputStream;
import java.io.InputStreamReader;
import java.io.OutputStream;
import java.net.HttpURLConnection;
import java.net.MalformedURLException;
import java.net.URL;
public class downLoadActivity extends Activity {
    private Button downloadTxtButton;
    private Button downloadMp3Button;
    private TextView loadTextExam;
    private URL url = null;
    @Override
    public void onCreate(Bundle savedInstanceState) {
        super.onCreate(savedInstanceState);
        setContentView(R.layout.main);
    //用于动态申请读写外部存储设备的权限
        int REQUEST_EXTERNAL_STORAGE=1;
        String[] PERMISSIONS_STORAGE={
              Manifest.permission.READ_EXTERNAL_STORAGE,
              Manifest.permission.WRITE_EXTERNAL_STORAGE
        };
        if(PackageManager.PERMISSION_GRANTED!= ContextCompat.checkSelfPermission(downLoadActivity.this, Manifest.permission. WRITE_EXTERNAL_STORAGE))
        {
    ActivityCompat.requestPermissions(this, PERMISSIONS_STORAGE, REQUEST_EXTERNAL_STORAGE);
```

```
        }
        downloadTxtButton = (Button) findViewById(R.id.downloadTxt);
        downloadTxtButton.setOnClickListener(new DownloadTxtListener());
        downloadMp3Button = (Button) findViewById(R.id.downloadMp3);
        downloadMp3Button.setOnClickListener(new DownloadMp3Listener());
        loadTextExam=(TextView) findViewById(R.id.loadText);
    }
    //定义一个 Handler 对象，实现更新界面等相关操作
    Handler handler = new Handler() {
        @Override
        public void handleMessage(Message msg) {
            super.handleMessage(msg);
            Bundle data = msg.getData();
            String val = data.getString("文本");
            if(val!=null) {
                Log.i("mylog", "请求结果为-->" + val);
                loadTextExam.setText(val);
            }
            int valInt=data.getInt("yesOrNo");
            if(valInt==1)
                    System.out.println("待写入文件已存在于 SD 卡中");
                else
                    if(valInt==0)
                        System.out.println("待写入文件成功写入 SD 卡中");
                    else
                        if(valInt==-1)
                            System.out.println("待写入文件写入 SD 卡失败");
        }
    };
    //该 OnClickListener 派生类为 R.id.downloadTxt 鼠标单击事件执行码
    class DownloadTxtListener implements OnClickListener{
        @Override
        public void onClick(View v) {
            System.out.println("下载文本文件");
            //实例化网络资源访问的子线程对象 exam1
            //访问资源为本机 Tomcat 服务器上 myApp/a.txt 文件
          TreadExam exam1=new TreadExam("http://192.168.0.110:8080/myApp/a.txt");
            exam1.start();

```

```
    }
}
//用于访问本机 Tomcat 服务器上 myApp/a.txt 文件的线程类
class TreadExam  extends Thread
{
   private String urlStr;
   public TreadExam(String urlStr)
   {
      this.urlStr=urlStr;
   }
   @Override
   public void run() {
      // TODO
      // 在这里进行 http request 网络请求相关操作
      StringBuffer sb = new StringBuffer();
      String line = null;
      BufferedReader buffer = null;
       Message msg = new Message();
       Bundle data = new Bundle();
       HttpURLConnection urlConn;
       try {
          // 创建一个 URL 对象
          url = new URL(urlStr);
          // 创建一个 HTTP 连接
          urlConn= (HttpURLConnection) url. openConnection();
          // 使用 IO 流读取数据
          buffer = new BufferedReader(new InputStreamReader(urlConn
                 .getInputStream()));
          while ((line = buffer.readLine()) != null) {
             sb.append(line);
             System.out.println(line);
          }
       } catch (Exception e) {
          System.out.println(e.toString());
          e.printStackTrace();
       } finally {
          try {
             buffer.close();
          } catch (Exception e) {
```

```
                System.out.println(e.toString());
                e.printStackTrace();
            }
        }
        data.putString("文本", sb.toString());
        msg.setData(data);
        handler.sendMessage(msg);
    }
}
//该 OnClickListener 派生类为 R.id.downloadMp3 鼠标单击事件执行码
class DownloadMp3Listener implements OnClickListener{
    @Override
    public void onClick(View v) {
        //实例化网络资源访问的子线程对象 temp
        //访问资源为本机 Tomcat 服务器上 myApp/a.mp3 文件
        //并将 myApp/a.mp3 中的内容写入外部存储设备 voa 同名文件内
          TreadOutputFile temp=new TreadOutputFile("http://192.168.0.110:8080/myApp/a.mp3", "voa/", "a.mp3");
        temp.start();
    }
}
//用于访问本机 Tomcat 服务器上 myApp/a.mp3
//并将 myApp/a.mp3 中的内容写入外部存储设备 voa 文件夹内
class TreadOutputFile  extends Thread {
    String urlStr;
    String path, fileName;
    Message msg = new Message();
    Bundle data = new Bundle();
    public TreadOutputFile(String urlStr, String path, String fileName) {
        this.urlStr = urlStr;
        this.path=path;
        this.fileName=fileName;
    }
    @Override
    public void run() {
        downFile("http://192.168.0.110:8080/myApp/a.mp3", "voa/", "a.mp3");
    }
    public void downFile(String urlStr, String path, String fileName) {
        InputStream inputStream = null;
```

```
        try {
            //实例化 FileUtils 对象
            FileUtils fileUtils = new FileUtils();
            if (fileUtils.isFileExist(path + fileName)) {
                data.putInt("yesOrNo", 1);
                msg.setData(data);
                handler.sendMessage(msg);
                System.out.println("待写入文件已存在于 SD 卡中");
                return;
            } else {
                inputStream = getInputStreamFromUrl(urlStr);
                File resultFile = fileUtils.write2SDFromInput(path,fileName, inputStream);
                if (resultFile == null) {
                    data.putInt("yesOrNo", -1);
                    msg.setData(data);
                    handler.sendMessage(msg);
                    System.out.println("待写入文件写入 SD 卡失败");
                    return;
                }
            }
        } catch (Exception e) {
            System.out.println(e.toString());
            e.printStackTrace();
        } finally {
            try {
                inputStream.close();
            } catch (Exception e) {
                e.printStackTrace();
            }
        }
        data.putInt("yesOrNo", 0);
        msg.setData(data);
        handler.sendMessage(msg);
        System.out.println("待写入文件成功写入 SD 卡中");
    }
    public InputStream getInputStreamFromUrl(String urlStr)
        throws MalformedURLException, IOException {
            url = new URL(urlStr);
```

```
                HttpURLConnection urlConn = (HttpURLConnection) url.openConnection();
            InputStream inputStream = urlConn.getInputStream();
            return inputStream;
        }
    }
}
```

从中可见，该例访问了本机 Tomcat 服务器上 myApp/a.mp3 及 a.txt 资源。Tomcat 服务器是一个免费的开放源代码的 Web 应用服务器，属于轻量级应用服务器，为开发和调试网络应用程序的首选。本机构建 Tomcat 服务器，需先下载安装软件，如 apache-tomcat-7.0.72.exe，然后安装并为服务器指定端口号等相关参数；此后，在浏览器地址栏中输入本机 IP 地址及其对应的端口号检测安装是否成功，本机 IP 地址可在命令窗口中输入 ipconfig/all 命令查看(图 9-4)。

```
管理员: 命令提示符

   媒体状态  . . . . . . . . . . . . : 媒体已断开连接
   连接特定的 DNS 后缀 . . . . . . . :
   描述. . . . . . . . . . . . . . . : SVN Adapter V1.0
   物理地址. . . . . . . . . . . . . : 00-FF-3B-68-BA-75
   DHCP 已启用 . . . . . . . . . . . : 是
   自动配置已启用. . . . . . . . . . : 是

以太网适配器 以太网:

   连接特定的 DNS 后缀 . . . . . . . : DHCP HOST
   描述. . . . . . . . . . . . . . . : Realtek PCIe GBE Family Controller
   物理地址. . . . . . . . . . . . . : B0-6E-BF-C2-CC-5A
   DHCP 已启用 . . . . . . . . . . . : 是
   自动配置已启用. . . . . . . . . . : 是
   本地链接 IPv6 地址. . . . . . . . : fe80::28f8:e2db:a190:29f%7(首选)
   IPv4 地址 . . . . . . . . . . . . : 192.168.0.110(首选)
   子网掩码  . . . . . . . . . . . . : 255.255.255.0
   获得租约的时间  . . . . . . . . . : 2019年9月10日 14:13:05
   租约过期的时间  . . . . . . . . . : 2019年9月10日 17:13:04
   默认网关. . . . . . . . . . . . . : 192.168.0.1
   DHCP 服务器 . . . . . . . . . . . : 192.168.0.1
   DHCPv6 IAID . . . . . . . . . . . : 129003199
   DHCPv6 客户端 DUID  . . . . . . . : 00-01-00-01-22-DB-B0-4B-B0-6E-BF-C2-CC-5A
   DNS 服务器  . . . . . . . . . . . : 192.168.1.1
                                       192.168.0.1
   TCPIP 上的 NetBIOS  . . . . . . . : 已启用

隧道适配器 本地连接* 15:
```

图 9-4　命令窗口中输入 ipconfig/all 命令查看本机 IP 地址

从图 9-4 中可以看见本机的首选 IP 地址为 192.168.0.110，故在浏览器地址栏中输入 http://192.168.0.110:8080 后按回车键，若成功安装，则显示 Tomcat 服务器主页面(图 9-5)。

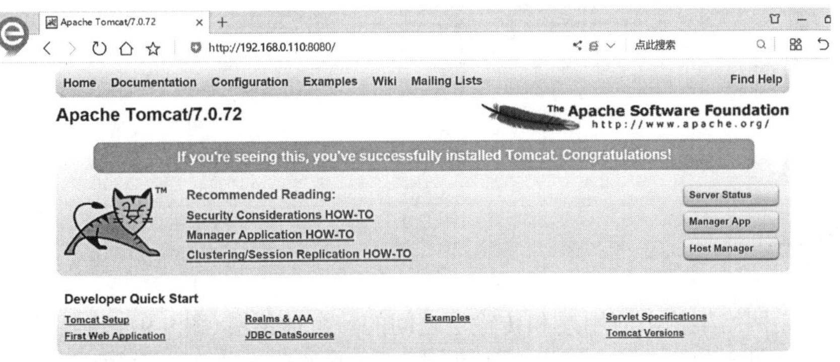

图 9-5　Tomcat 服务器主页面

此后将包含 a.mp3 及 a.txt 的 myApp 文件夹复制到 Tomcat 安装目录的 webapps 文件夹中(图 9-6)。

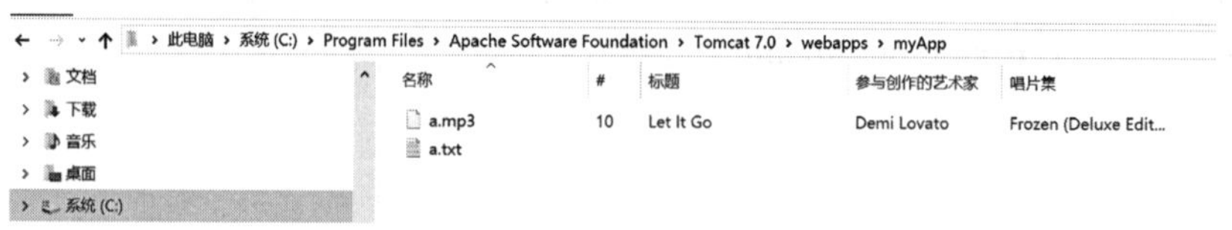

图 9-6 myApp 文件夹复制到 webapps 文件夹中

准备就绪后运行程序，结果如图 9-7(a)所示。当单击“下载文本文件”按钮时，将把 webapps/myApp/a.txt 的内容读取到文本框中显示(图 9-7(b))。当单击“下载 MP3 文件”按钮时，将把 webapps/myApp/a.txt 复制到外部存储卡的 voa/目录中，并提示“待写入文件成功写入 SD 卡中”(图 9-8)，当再次单击会提示“待写入文件已存在 SD 卡中”。

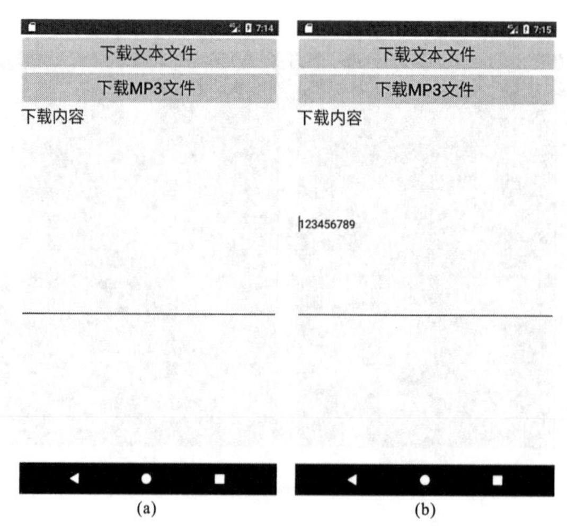

图 9-7 httpurlexam 运行结果

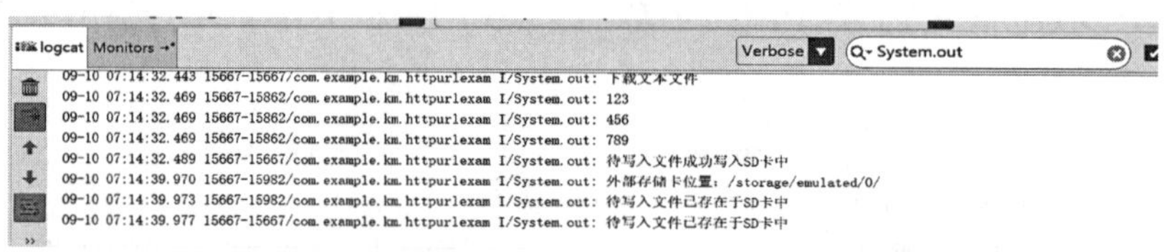

图 9-8 单击“下载 MP3 文件”按钮运行提示信息

9.2.2 Socket

Socket 是网络架构中应用层和传输层之间的一个抽象层(图 9-9)，将复杂 TCP/IP 族抽象为简单接口以实现网络资源访问。其中基于 TCP 的称为流套接字(SOCK_STREAM)，提供可靠的字节流服务；使用用户数据报(user datagram protocol，UDP)的称为数据报套接字(Datagram Socket)，提供数据打包发送服务。下面主要介绍通过流套接字访问网络资源。

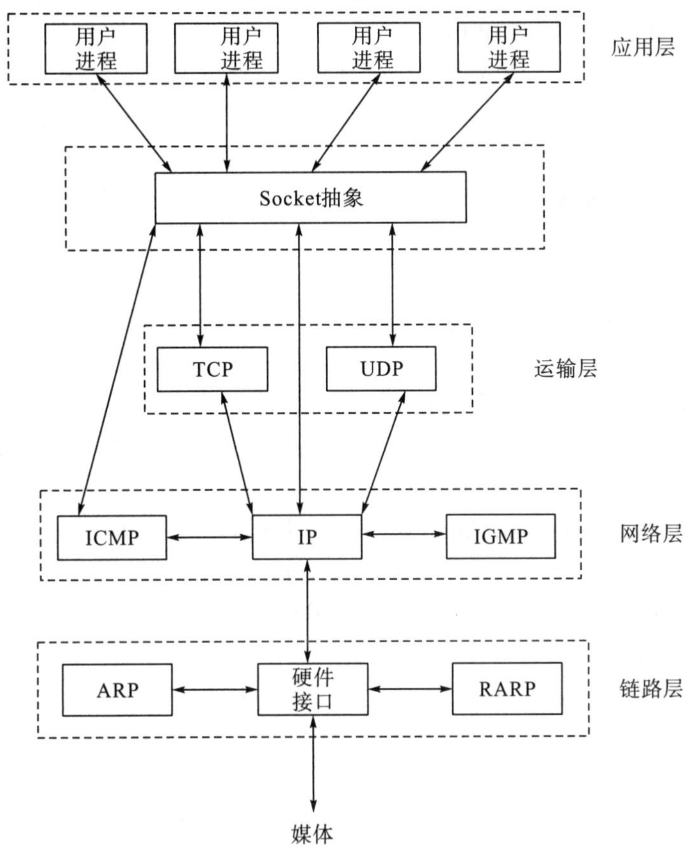

图 9-9　Socket 网络架构示意图

图 9-9 中，ICMP 代表 Internet 控制报文协议(internet control message protocol)，ARP 代表地址解析协议(address resolution protocol)，RARP 代表反向地址解析协议(reverse address resolution protocol)，IGMP 代表 Internet 组管理协议(internet group management protocol)。

SOCK_STREAM 通过 TCP 在客户端/服务器端提供面向连接的、可靠的、数据无错并且无重复的数据发送服务，且发送的数据按顺序被接收，常用于远程登录(Telnet)、文件传输协议(FTP)等，其中 java.net.ServerSocket 和 Socket 类分别用于构建服务器端、客户端流套接字应用。

1. ServerSocket 类

ServerSocket 类用来实现服务器套接字，可实现端口绑定，监听到达数据，接收客户端连接请求并与其进行信息交互，常用的构造方法如下：

(1) public ServerSocket(int aport, int backlog, InetAddress localAddr) 实例化与指定端口

绑定的服务器套接字，aport 为服务器监听端口号，若为 0，则使用任意空闲端口号；backlog 为请求队列的长度，当客户端 Socket 向服务器发出连接请求时，进入请求队列，若请求队列已满，则拒绝连接，客户端抛出 ConnectException 异常；localAddr 为 InetAddress 对象监听服务器的 IP 地址。

(2) public ServerSocket() 实例化不与任何端口绑定的服务器套接字。

(3) public ServerSocket(int aport) 实例化与本机特定端口 aport 绑定的服务器套接字，请求队列长度默认为 50。

(4) public ServerSocket(int aport, int backlog) 创建与本机特定端口 aport 绑定的服务器套接字。

常用方法如下：

(1) public void bind(SocketAddress endpoint) 将 ServerSocket 绑定到 endpoint 指定 IP 地址及端口，如果地址为 null，则系统自动挑选一个临时端口和一个有效本地地址来绑定套接字。SocketAddress 抽象类用于表示不带有任何协议附件的套接字地址，InetSocketAddress 为其实现派生类，可通过构造方法实例化其对象：InetSocketAddress (InetAddress addr, int port)。

(2) public InetAddress getInetAddress() 返回服务器套接字的本地地址。

(3) public int getLocalPort() 返回服务器套接字侦听端口号。

(4) public SocketAddress getLocalSocketAddress() 返回服务器套接字绑定端口的地址，如果尚未绑定则返回 null。

(5) public Socket accept() 用于从连接请求队列中获取一个客户端请求，获得与客户端交互的 Socket 对象，与客户端交互过程中，若客户端断开连接，则抛出 Socket Exception 异常。

(6) public void close() 关闭套接字，并断开所有与客户端之间的连接。

(7) public boolean isBound() 返回 ServerSocket 的绑定状态，若 ServerSocket 成功绑定到一个 IP 地址，则返回 True。

(8) public boolean isClosed() 返回 ServerSocket 的关闭状态，若已经关闭了套接字，则返回 True。

2. Socket 类

客户端流套接字为 Socket 类实例，通过 IP 地址、端口号等与服务器连接后，与其进行数据交互。Socket 类常用的方法如下：

(1) public Socket(String host, int port) 用于创建一个流套接字并将其连接到 host 指定主机上的 port 端口号。

(2) public Socket(InetAddress address, int port) 用于创建一个流套接字并将其连接到 address 指定主机上的 port 端口号。

(3) public Socket(String host, int port, InetAddress localAddr, int localPort) 用于创建一个流套接字并将其连接到 host 指定的远程主机的 port 端口上，localAddr 与 localPort 分别指定本机地址及端口号。

(4) public void bind(SocketAddress bindpoint) 用于将套接字绑定到本地地址。

(5) public　void　connect (SocketAddress endpoint, int timeout) 用于将套接字连接到 endpoint 指定的服务器，timeout 为指定超时值，取值为 0 时被解释为无限超时，建立连接或者发生错误前，连接一直处于阻塞状态。

(6) public void close () 用于关闭此套接字。

(7) public InetAddress getLocalAddress () 用于获取套接字绑定的本地地址。

(8) public int getLocalPort () 用于获取套接字绑定的本地端口号。

(9) public int getPort () 用于获取套接字连接服务器端口号。

(10) public InetAddress getInetAddress () 用于获取套接字连接服务器地址。

(11) public boolean isConnected () 用于返回套接字的连接状态，如果将套接字成功地连接到服务器，则返回 true。

(12) public boolean isBound () 用于返回套接字的绑定状态，如果将套接字成功地绑定到一个地址，则返回 true。

(13) public boolean isClosed () 用于返回套接字的关闭状态，如果已经关闭套接字，则返回 True。

使用 Socket 与服务器端进行通信的步骤如下：

(1) 服务器建立监听。建立服务器端流套接字，并使其处于等待连接状态，实时监控网络状态，等待客户端的连接请求。

(2) 客户端提出请求。客户端实例化 Socket，指定所需连接服务器端地址及端口号、本地地址及端口号及其相关属性，并向服务器端提出连接请求。

(3) 连接确认并建立连接。当服务器端套接字监听到客户端连接请求后，立即响应请求并建立一个新进程，然后将服务器端的套接字的描述反馈给客户端，由客户端确认之后连接就建立成功，然后客户端和服务器端之间可以相互通信，传输数据，此时服务器端的套接字继续等待监听来自其他客户端的请求。

下面通过服务器端及客户端示例项目 serverApplicationNetBeans 及 SocketClient 详细说明。

(1) 服务器端示例项目 serverApplicationNetBeans，该项目在 NetBeans 中创建，其中包含一个 Main.java 文件，源代码详述如下：

```
(1) import java.io.BufferedReader;
(2) import java.io.BufferedWriter;
(3) import java.io.IOException;
(4) import java.io.InputStreamReader;
(5) import java.io.OutputStreamWriter;
(6) import java.io.PrintWriter;
(7) import java.io.OutputStream;
(8) import java.net.ServerSocket;
(9) import java.net.Socket;
(10) import java.util.ArrayList;
(11) import java.util.List;
(12) import java.util.concurrent.ExecutorService;
```

```
import java.util.concurrent.Executors;
import java.io.InputStream;
public class Main {
    private static final int PORT = 9995;
    private List mList = new ArrayList();
    private ServerSocket server = null;
    // Java 提供的线程池
    private ExecutorService mExecutorService = null;
    public static void main(String[] args) {
        new Main();
    }
    public Main() {
        try {
            server = new ServerSocket(PORT);
            //create a thread pool
            mExecutorService = Executors.newCachedThreadPool();
            System.out.println("服务器已启动...");
            Socket client = null;
            while(true) {
                client = server.accept();
                //客户端加入列表中，并在线程池中创建一个新线程
                mList.add(client);
                mExecutorService.execute(new Service(client));
            //start a new thread to handle the connection
            }
        }catch (Exception e) {
            e.printStackTrace();
        }
    }
    class Service implements Runnable {
            private Socket socket;
            private BufferedReader in = null;
            private String msg = "";
            private InputStream inputStream=null;
            public Service(Socket socket) {
                this.socket = socket;
                try {
                    in = new BufferedReader(new InputStreamReader(socket.getInputStream()));
```

```
                inputStream= socket.getInputStream();
            //客户端只要一连到服务器，便向客户端发送下面的信息
                msg = "address： " +this.socket.getInetAddress() + "come toal： "+
    mList.size()+"from server";
                this.sendmsg();
            } catch (IOException e) {
                e.printStackTrace();
            }
          public void run() {
            try {
                while(true) {
                    System.out.println("服务器端接收!");
                    byte[] buffer = new byte[1024];
                    int bytes;
                    bytes = inputStream.read(buffer);
        //将 buffer 转换为字符串时必须只取收到的字符，不然是乱码
                    String stemp=new String(buffer,0,bytes);
                    System.out.println("字节数： "+bytes+";字符： "+stemp);
                    if(bytes>0)
                    {
                        msg = socket.getInetAddress() + "： " + stemp;
                         System.out.println(msg);
                         this.sendmsg();
                    }
                }
            } catch (Exception e) {
                System.out.println("系统信息错误： "+e.toString());
            }
          }
        //循环遍历客户端集合，给每个客户端都发送信息。
          public void sendmsg() {
            System.out.println(msg);
            int num =mList.size();
            for (int index = 0; index < num; index ++) {
                Socket mSocket = (Socket)mList.get(index);
                PrintWriter pout = null;
                try {
                  pout = new PrintWriter(new BufferedWriter(
                         new OutputStreamWriter(mSocket.getOutputStream())),true);
```

```
                    pout.println(msg);
                }catch (IOException e) {
                    e.printStackTrace();
                }
            }
        }
    }
}
```

此文件运行结果如图 9-10 所示。

输出 - 调试器控制台 × serverApplicationNetBeans (run) ×
run:
服务器已启动...

图 9-10　服务器端示例项目 serverApplicationNetBeans 运行结果

(2)客户端示例项目 SocketClient。客户端示例项目 SocketClient 在 Android Studio 中创建并运行，包含 CommsThread 类及 SocketsActivity。CommsThread 为 Thread 派生类，用于与服务器端通信，源代码详述如下：

```
package com.example.km.socketclient;
import java.io.IOException;
import java.io.InputStream;
import java.io.OutputStream;
import java.net.Socket;
import android.util.Log;
public class CommsThread extends Thread {
    private final Socket socket;
    private final InputStream inputStream;
    private final OutputStream outputStream;
    public CommsThread(Socket sock) {
        socket = sock;
        InputStream tmpIn = null;
        OutputStream tmpOut = null;
        try {
            //创建输入输出流对象，以便 Sockets 发送接收信息
            tmpIn = socket.getInputStream();
            tmpOut = socket.getOutputStream();
        } catch (IOException e) {
            Log.d("SocketChat", e.getLocalizedMessage());
        }
```

```
        inputStream = tmpIn;
        outputStream = tmpOut;
    }
    public void run() {
        //buffer 用于缓存信息
        byte[] buffer = new byte[1024*8];
        //按字节方式读取服务器发送信息
        int bytes;
        System.out.println("线程执行！");
        //保持监听
        while (true) {
            try {
                bytes = inputStream.read(buffer);
                String strtemp=new String(buffer);
                if(bytes>0)
                    System.out.println("接收到的字符："+strtemp);
                SocketsActivity.UIupdater.obtainMessage(
                        0,bytes, -1, buffer).sendToTarget();
            } catch (IOException e) {
                break;
            }
        }
    }
    //向服务器发送信息
    public void write(byte[] bytes) {
        try {
            outputStream.write(bytes);
            outputStream.flush();
        } catch (IOException e) {
            System.out.println("向服务器写数据时报错："+e.getMessage());
        }
    }
    //关闭 Socket 连接
    public void cancel() {
        try {
            socket.close();
        } catch (IOException e) { }
    }
}
```

SocketsActivity 提供了一个界面，用户与之交互完成与服务器端的通信，其布局文件为 main.xml，源代码详述如下：

```
<?xml version="1.0" encoding="utf-8"?>
<LinearLayout xmlns:android="http://schemas.android.com/apk/res/android"
    android:layout_width="fill_parent"
    android:layout_height="fill_parent"
    android:orientation="vertical" >
    <!--接收用户传递到客户端的信息-->
    <EditText
        android:id="@+id/txtMessage"
        android:layout_width="fill_parent"
        android:layout_height="wrap_content" />
    <!--单击时将 txtMessage 中信息传递到客户端-->
    <Button
        android:layout_width="fill_parent"
        android:layout_height="wrap_content"
        android:text="发送信息"
        android:onClick="onClickSend"/>
    <!--显示客户端与服务器端的交互信息-->
    <TextView
        android:id="@+id/txtMessagesReceived"
        android:layout_width="fill_parent"
        android:layout_height="200dp"
        android:scrollbars = "vertical" />
</LinearLayout>
```

SocketsActivity.java 源代码详述如下：

```
package com.example.km.socketclient;
import android.os.Bundle;
import java.io.IOException;
import java.net.InetAddress;
import java.net.Socket;
import java.net.UnknownHostException;
import android.app.Activity;
import android.os.AsyncTask;
import android.os.Handler;
import android.os.Message;
import android.view.View;
import android.widget.EditText;
import android.widget.TextView;
```

```
public class SocketsActivity extends Activity {
    static final String NICKNAME = "LI Ming";
    //创建 Socket 相关引用
    InetAddress serverAddress;
    private Socket socket;
    //创建所需使用控件的引用
    static TextView txtMessagesReceived;
    EditText txtMessage;
    //声明 CommsThread 引用
    CommsThread commsThread;
    //在 CommsThread.java 中 run 方法进行调用，更新显示的数据
    static Handler UIupdater = new Handler() {
        @Override
        public void handleMessage(Message msg) {
            int numOfBytesReceived = msg.arg1;
            byte[] buffer = (byte[]) msg.obj;
            //将获得的字节流转换为字符串
            String strReceived = new String(buffer);
            strReceived = strReceived.substring(
                    0, numOfBytesReceived);
            //更新 txtMessagesReceived 中显示的内容
            txtMessagesReceived.setText(
                    txtMessagesReceived.getText().toString() + "\n"+
                            strReceived);
        }
    };
    /** 当 Activity 实例首次创建时自动调用
    @Override
    public void onCreate(Bundle savedInstanceState) {
        super.onCreate(savedInstanceState);
        setContentView(R.layout.main);
        //---get the views---
        txtMessage = (EditText) findViewById(R.id.txtMessage);
        txtMessagesReceived = (TextView) findViewById(R.id.txtMessagesReceived);
    }
    public void onClickSend(View view) {
        //---send the message to the server---
        System.out.println("传递信息到服务器："+txtMessage.getText().toString());
```

```
        sendToServer(txtMessage.getText().toString());
    }
    private void sendToServer(String message) {
        byte[] theByteArray =
                message.getBytes();
        System.out.println("message!");
        new WriteToServerTask().execute(theByteArray);
    }
    @Override
    public void onResume() {
        super.onResume();
        System.out.println("onResume");
        new CreateCommThreadTask().execute();
    }
    @Override
    public void onPause() {
        super.onPause();
        // new CloseSocketTask().execute();
    }
    /* AsyncTask 是 Android 提供的轻量级的异步类，可以直接继承 AsyncTask, 在类中实现异步操作，并提供接口反馈当前异步执行的程度(可以通过接口实现 GUI 进度更新)，最后反馈执行的结果给 GUI 主线程*/
    private class CreateCommThreadTask extends AsyncTask
            <Void, Integer, Void> {
        @Override
        protected Void doInBackground(Void... params) {

            try {
                //---create a socket---
                System.out.println("用来创建 CommsThread 对象！");
                //10.0.2.2 为本地 IP 地址
                serverAddress =
                        InetAddress.getByName("10.0.2.2");
                socket = new Socket(serverAddress, 9993);
                //实例化 CommsThread 对象
                commsThread = new CommsThread(socket);
                commsThread.start();
                sendToServer(NICKNAME);
            } catch (UnknownHostException e) {
```

```
                System.out.println("Sockets:"+e.getLocalizedMessage());
            } catch (IOException e) {
                System.out.println("Sockets:"+e.getLocalizedMessage());
            } catch (Exception e)
            {
                System.out.println("Sockets:"+e.getLocalizedMessage());
            }
            return null;
        }
    }
    //调用 CommsThread 类的 write 方法向服务器发送信息
    private class WriteToServerTask extends AsyncTask
            <byte[], Void, Void> {
        protected Void doInBackground(byte[]...data) {
            commsThread.write(data[0]);
            return null;
        }
    }
    private class CloseSocketTask extends AsyncTask
            <Void, Void, Void> {
        @Override
        protected Void doInBackground(Void... params) {
            try {
                socket.close();
            } catch (IOException e) {
                System.out.println("Sockets:"+e.getLocalizedMessage());
            }
            return null;
        }
    }
}
```

在程序运行前，需在 AndroidManifest.xml 中声明网络访问权限，源代码如下：

```
<?xml version="1.0" encoding="utf-8"?>
<manifest xmlns:android="http://schemas.android.com/apk/res/android"
    package="com.example.km.socketclient">
    <uses-permission android:name="android.permission.INTERNET"/>
    <application......>
        ......
    </application>
```

(8) </manifest>

程序运行结果如图 9-11(a)所示，此时服务器监听到客户端连接请求后建立连接，连接相关信息显示于“发送信息”按钮下的 TextView 控件中；此后可在 txtMessage 中输入信息如"aaa"(图 9-11(b))，单击“发送信息”按钮将信息传递到服务器端(图 9-12)。

图 9-11 客户端示例项目 SocketClient 运行结果

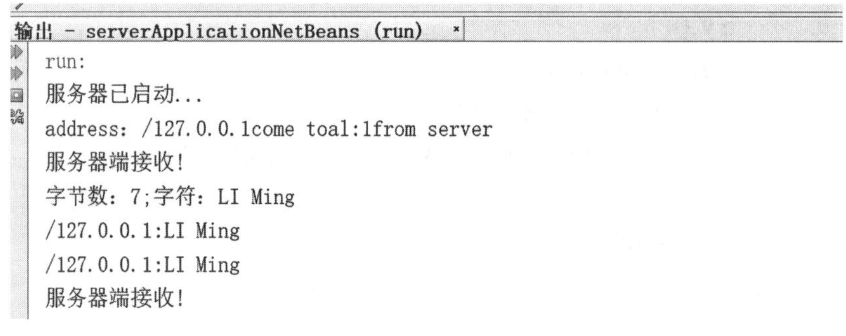

图 9-12 服务器端与客户端通信信息

9.3 本章小结

本章主要介绍了 Service 的定义、配置、启动及生命周期等基础知识，并通过示例说明了其使用方法。此外，还简要介绍了通过 HttpURLConnection 访问网络资源及针对 TCP/IP 的 Socket 编程实现。

(1) Service 为 Android 四大组件之一，其不依赖于用户界面并在后台长时间执行相关程序，广泛用于执行无须与用户交互的长时间任务中。

①一个应用程序可包含多个 Service，以实现特定的功能，每个 Service 为 android.app.Service 或其子类 IntentService 的派生类。

②Android 为 Activity 等组件提供了 Context.startService、Context.bindService 两种方法以启动 Service。

③通过 Context.startService 方法以无通信方式启动 Service 的生命周期为

Context.startService→onCreate→onStart→Service running→stopService→onDestroy→Service stop

④通过 Context.bindService 方法以通信绑定方式启动 Service 的生命周期为

Context.bindService→onCreate→onBind→Service running→stopService→onUnbind→onDestroy→Service stop

(2) Android 应用可通过 java.net、org.apache、android.net 包中的相关类实现网络编程。Android 网络编程的核心技术和功能模块众多，本章主要介绍了 HttpURLConnection 访问网络资源及针对 TCP/IP 的 Socket 编程。

①HttpURLConnection 位于 java.net 包中，为 URLConnection 类的抽象子类，通过 HTTP 以 GET、POST、PUT、DELETE 等各种请求方式访问 URL 指定的网络资源。

②Socket 是网络架构中应用层和传输层之间的一个抽象层，将复杂 TCP/IP 协议族抽象为简单接口以实现网络资源访问。

③基于 TCP 的称为流套接字，在客户端/服务器端提供面向连接的、可靠的、数据无错并且无重复的数据发送服务。

④使用 UDP 的称为数据报套接字，提供数据打包发送服务。

⑤java.net.ServerSocket 类和 Socket 类分别用于构建服务器端、客户端流套接字应用。

参 考 文 献

郭霖. 2016. 第一行代码——Android [M]. 2 版. 北京：人民邮电出版社.

李刚. 2017. 疯狂 Android 讲义[M]. 3 版. 北京：电子工业出版社.

李伟梦, 何晨光, 李洪刚. 2012. Android 编程入门经典[M]. 北京：清华大学出版社.

卫颜俊. 2016. Android 程序设计. 北京：机械工业出版社.

DiMarzio J F. 2017. Android 7 编程入门经典：使用 Android Studio 2[M]. 4 版. 刘建, 译. 北京：清华大学出版社.